大数据导论

李建伟　主编

内容简介

本书系统地介绍了大数据技术的基础知识。本书实战环节的知识是在大数据培训的基础上总结提炼出来的，案例都为企业实际开发中的案例，所以内容的科学性和有效性已经被证实过，期望读者通过对本书的学习和对本书案例的实践，理解大数据技术的概念和原理，掌握 Hadoop 大数据技术中最基础和最重要的知识和实践。

本书的主要内容包括大数据的概念及价值，Hadoop2.0 介绍，分布式文件系统 HDFS 的原理、常用命令操作和编程实践，分布式计算框架 MapReduce 的原理、基础编程和高级编程，分布式资源管理系统 YARN 平台，分布式锁服务 ZooKeeper，Hadoop 高可用集群搭建和 Hadoop 实战项目。

本书可作为高等院校成人教育数据科学与大数据技术、计算机科学与技术和软件工程等专业的大数据课程教材，也可作为相关技术人员的参考书。

图书在版编目(CIP)数据

大数据导论 / 李建伟主编. -- 北京：北京邮电大学出版社，2019.9
ISBN 978-7-5635-5881-0

Ⅰ. ①大…　Ⅱ. ①李…　Ⅲ. ①数据处理—高等学校—教材　Ⅳ. ①TP274

中国版本图书馆 CIP 数据核字(2019)第 204847 号

书　　名：大数据导论
作　　者：李建伟
责任编辑：马晓仟
出版发行：北京邮电大学出版社
社　　址：北京市海淀区西土城路 10 号(邮编：100876)
发 行 部：电话：010-62282185　**传真**：010-62283578
E-mail：publish@bupt.edu.cn
经　　销：各地新华书店
印　　刷：保定市中画美凯印刷有限公司
开　　本：787 mm×1 092 mm　1/16
印　　张：16.25
字　　数：422 千字
版　　次：2019 年 9 月第 1 版　2019 年 9 月第 1 次印刷

ISBN 978-7-5635-5881-0

定价：42.00 元

·如有印装质量问题，请与北京邮电大学出版社发行部联系·

前　言

当今社会是一个高速发展的社会，科技发达，信息流通，人们之间的交流越来越密切，生活也越来越方便，大数据就是这个高科技时代的产物。阿里巴巴创办人马云在一次演讲中提到，未来的时代将不是IT时代，而是DT时代，DT就是Data Technology，即数据科技。

大数据技术的迅速发展得益于计算速度越来越快、存储成本越来越低和人工智能越来越能理解数据。因此，"用数据说话""让数据发声"已成为人类认知世界的一种全新方法。

大数据技术起源于行业应用发展，其发展速度领先于高校的人才培养速度。所以，目前大数据领域的人才缺口非常大。据2017年数联寻英发布的《大数据人才报告》显示，目前全国的大数据人才仅46万人，未来3～5年内大数据人才的缺口将高达150万人。在百度、阿里巴巴、腾讯、今日头条、美团和滴滴等大型互联网企业发布的招聘职位中，大数据相关岗位占比已经超过60%。

在如此巨大的人才需求和国家政策的鼓励下，全国普通高等院校、高职高专院校等纷纷启动大数据人才培养计划。但是，数据科学与大数据技术专业的建设面临很多困难。2016年2月，教育部公布新增"数据科学与大数据技术"专业，北京大学、对外经济贸易大学、中南大学成为首批获批高校。2017年3月，教育部公布第二批"数据科学与大数据技术"专业获批的32所高校。国内培养大数据人才的院校大多都处于起步阶段，院校普遍缺少对口专业的教师和教材，缺少完善的培养计划，缺少大数据实验平台，缺少开展大数据教学的海量数据。

成人教育可以被理解为一个以成人的方式指导教育的过程。成人教育是指有别于普通全日制教学形式的教育形式。从教育学的观点看，当我们说一个人进入成人期意味着其认知能力及学习能力均达到了成熟水平，如能够运用经验去认知周围的事物，能够自导学习的过程，等等。成人继续教育学历有4种主要形式，分别是高等教育自学考试（自考）、网络教育（远程教育）、成人高考（学习形式有脱产、业余、函授）、开放大学（原广播电视大学现代远程开放教育）。

由于成人教育的特征与普通高等教育不同，所以，成人教育的教学内容也不同于普通高等教育，以大数据技术为例，目前市场上有很多与大数据技术基础相关的图书都是以普通高等教育的学生和社会上需要培训的人员为对象的，很少以成人教育的学生为对象，这些图书对大数据的讲解主要存在以下两种问题。

① 对大数据技术的内容介绍追求大而全，例如，介绍Hadoop、数据采集、数据挖掘算法和工具、NoSQL数据库、Spark技术、数据可视化等几乎所有的大数据技术，对这些技术主要介绍基本概念和原理，内容不够深入和具体，学生只能简单地了解这些大数据技术，不能较深入地理解和掌握其中的某一项技术。

② 有些图书是在大数据培训的基础上总结整理出来的，这些书的内容比较偏向实践，内容范围控制得不错，不追求大而全的内容讲解，内容介绍比较深入，与实际案例的结合也比较多。但是，这类图书太注重实践，对相关理论的介绍偏少，不利于学生对整个大数据知识体系

的了解，影响学生对知识的扩展。

本书以成人教育的学生为对象，总结吸取以上列举图书的优点，并结合成人学历教育学生“边工作边学习”的特点，注重理论与实战的结合。本书的内容聚焦于大数据技术的基础知识和实践，由浅入深地对“Hadoop2.0”的概念、原理和技术进行全面而详细的介绍，主要内容包括大数据概述、Hadoop介绍、分布式文件系统HDFS、访问HDFS的常用接口、分布式计算框架MapReduce、MapReduce基础编程、分布式资源管理系统YARN、分布式锁服务ZooKeeper和Hadoop高可用集群的搭建，并结合目前企业的实际开发应用，引入真实的MapReduce高级编程案例。学生通过学习本书，将真正掌握Hadoop2.0技术的概念、原理、编程和部署，并为以后Hadoop生态圈相关技术的学习打下坚实的基础。

本书的另外一个特点是考虑成人学生的基础薄弱，起点参差不齐，特意在第2章中加入“Hadoop依赖的技术基础”内容，把与学习Hadoop密切相关的先修基础知识，如Java编程基础、Web可视化技术、关系数据库和Linux基础等知识，进行了详细的补充讲解，以避免因学生基础知识不足而导致学习困难等方面的问题，为后续章节的内容学习做铺垫。

本书的编写得益于北京邮电大学网络教育学院的大力支持，苏占玖、高大永两位老师为本书提供了部分内容，张文辉和王晓军老师对本书提出了很多宝贵的意见。另外，在本书编写过程中，北京思开教育科技有限公司的郎伟提供了部分实战编程内容。最后，本书还参考了相关技术的官方文档和大量的互联网资源，并尽量在参考文献部分一一列出，若有遗漏和不妥之处，敬请相关作者指正。在此，向有关单位、作者表示由衷的感谢。

由于编者水平有限，加之时间仓促，书中难免存在不足之处，敬请读者批评指正。请大家将遇到的错误和问题发邮件到jwli321@126.com。希望您能提出宝贵的意见，期待您的真挚反馈。

李建伟

2019年5月13日

目　　录

第1章 大数据概述

现在的社会是一个科技与信息高速发展的社会，人们之间的交流越来越密切，生活也越来越方便，大数据技术已经不知不觉地渗入人们生活的方方面面，人们不仅生产大数据，同时也在使用大数据。

阿里巴巴创办人马云在一次演讲中提到，未来的时代将不是IT时代，而是DT时代，DT就是Data Technology，数据科技，表明了大数据对于阿里巴巴集团来说举足轻重。随着大数据价值逐渐被发现，传统的互联网公司将从IT科技公司转变为大数据技术公司，大数据技术将成为IT企业的核心技术。

有人把数据比喻为蕴藏能量的煤矿。大数据并不在"大"，而在于"有用"。价值含量、挖掘成本比数量更为重要。对于很多行业而言，如何利用这些大规模数据是赢得竞争的关键。

本章主要介绍大数据的概念、价值、应用场景和相关技术，并分析大数据与云计算和人工智能之间的区别与联系。

1.1 大数据概念及价值

随着移动互联网、移动终端和数据传感器的出现，数据正以超乎想象的速度快速增长。近几年，数据量已经从太字节级别跃升到拍字节乃至泽字节级别。

根据有"互联网女皇"之称的玛丽·米克尔发布的2019年互联网趋势报告，2018年中国移动互联网数据流量同比增长189%，增速在逐年加快。

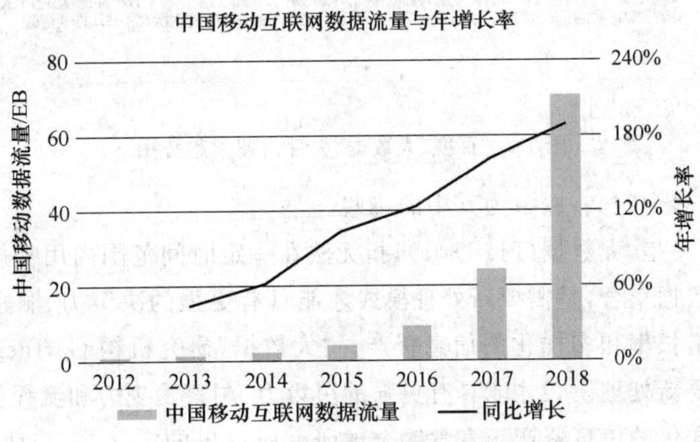

图1-1 中国移动互联网数据流量走势图

2011年5月，麦肯锡全球研究院发布《大数据：下一代具有创新力、竞争力与生产力的前沿领域》，提出"大数据"时代的到来。各国政府也相继出台了一系列促进大数据产业发展的政策。例如,2012年3月,美国奥巴马政府发布了《大数据研究和发展倡议》,正式启动"大数据发展计划",大数据上升为美国国家发展战略。2014年5月,美国政府发布2014年全球"大数据"白皮书——《大数据:抓住机遇、守护价值》,报告鼓励使用数据来推动社会进步。2015年8月,国务院印发《促进大数据发展行动纲要》系统部署我国大数据发展工作,加快建设数据强国。2015年9月18日我国在贵州省启动我国首个大数据综合试验区的建设工作,力争通过3~5年的努力,将贵州大数据综合试验区建设成为全国数据汇聚应用新高地、综合治理示范区、产业发展聚集区、创业创新首选地、政策创新先行区。2016年3月17日,《中华人民共和国国民经济和社会发展第十三个五年规划纲要》发布,其中第二十七章"实施国家大数据战略"提出:把大数据作为基础性战略资源,全面实施促进大数据发展行动,加快推动数据资源共享开放和开发应用,助力产业转型升级和社会治理创新。具体包括:加快政府数据开放共享、促进大数据产业健康发展。

通过百度关于"大数据"关键词的搜索指数,可以看出,大数据从2012年开始逐渐被大家关注,在2017年和2018年达到了最高关注度,目前,搜索指数已经逐渐趋向平稳,如图1-2所示。

图1-2 百度"大数据"关键词搜索趋势图

大数据目前有多个定义,以下为其中的一些。

百度百科的定义是,大数据(Big Data),指无法在一定时间范围内用常规软件工具进行捕捉、管理和处理的数据集合,是需要新处理模式才能具有更强的决策力、洞察发现力和流程优化能力的海量、高增长率和多样化的信息资产。"大数据"研究机构Gartner给出了这样的定义:"大数据"是需要新处理模式才能具有更强的决策力、洞察发现力和流程优化能力来适应海量、高增长率和多样化的信息资产。麦肯锡全球研究所给出的定义是:一种规模大到在获取、存储、管理、分析方面大大超出了传统数据库软件工具能力范围的数据集合,具有海量的数据规模、快速的数据流转、多样的数据类型和价值密度低四大特征。

在维克托·迈尔-舍恩伯格及肯尼斯·库克耶编写的《大数据时代》一书中大数据指不用

随机分析法(抽样调查)这样的捷径,而采用所有数据进行分析处理。

业界通常用 4V 来概括大数据的特征:Volume(大量)、Variety(多样)、Value(低价值密度)、Velocity(速度快、时效高)。

(1) 数据量大(Volume)

第 1 个特征是数据量大。大数据的起始计量单位至少是拍字节(约 1 000 个太字节)、艾字节(约 100 万个太字节)或泽字节(约 10 亿个太字节)。截至目前,人类生产的所有印刷材料的数据量是 200 PB(1 PB=1 024 TB),而历史上全人类说过的所有的话的数据量大约是 5 EB(1 EB=1 024 PB)。当前,典型个人计算机硬盘的容量为太字节量级,而一些大企业的数据量已经接近艾字节量级。截止到 2018 年,互联网用户数已达到 39 亿人,据 Statista 2018 年最新统计数据显示,2018 年全球连接设备的数量将超过 230 亿人。微信发布的 2018 数据报告中显示:月活跃用户人数超 10.8 亿人,每天发出 450 亿次信息。

(2) 类型繁多(Variety)

第 2 个特征是数据类型繁多。数据的格式是多样化的,如文字、图片、视频、音频、地理位置信息等,数据也可以有不同的来源,如传感器、互联网等。这种类型的多样性也让数据被分为结构化数据和非结构化数据。相对于以往便于存储的以文本为主的结构化数据,非结构化数据越来越多,包括网络日志、音频、视频、图片、地理位置信息等。这些多类型的数据对数据的处理能力提出了更高要求。

(3) 价值密度低(Value)

第 3 个特征是数据价值密度相对较低。随着物联网的广泛应用,信息感知无处不在,信息海量,但价值密度较低,例如监控视频,一部 1 小时的视频,在连续不间断的监控中,有用数据可能仅有一二秒。如何通过强大的机器算法更迅速地完成数据的价值“提纯”成为目前大数据背景下亟待解决的难题。

(4) 速度快、时效高(Velocity)

第 4 个特征是处理速度快,时效性要求高。这是大数据区分于传统数据挖掘最显著的特征。根据互联网数据中心(IDC)的“数字宇宙”的报告,预计到 2020 年,全球数据使用量将达到 35 ZB。在如此海量的数据面前,处理数据的效率就是企业的生命。

另外,数据具有一定的时效性,是不停变化的,数据量可以随时间逐渐增大,也可在空间上不断移动变化的数据。如果采集到的数据不经过流转,最终会过期作废。客户的体验在分秒级别,海量的数据,带来的第 1 个问题就是大大延长了各类报表生成的时间,我们能否在极端的时间内提取最有价值的信息呢?数据在 1 秒内得不到流转处理,就会给客户带来较差的使用体验,若数据处理软件达不到“秒”处理,所带来的商业价值就会大打折扣。

大数据技术的价值不在于掌握庞大的数据信息,而在于对这些含有意义的数据进行专业化处理。换而言之,如果把大数据比作一种产业,那么这种产业实现盈利的关键,就在于提高对数据的“加工能力”,通过“加工”实现数据的“增值”。既有的 IT 技术架构和路线,已经无法高效处理如此海量的数据,而对于相关组织来说,如果投入巨额财力而采集的信息无法通过及时处理得到有效信息,那将是得不偿失的。可以说,大数据时代对人类的数据驾驭能力提出了新的挑战,也为人们获得更为深刻、全面的洞察能力提供了前所未有的空间与潜力。

1.2 大数据数据源

关于大数据的来源，普遍认为互联网及物联网是产生并承载大数据的基地。主要通过各种数据传感器、数据库、网站、移动App等产生大量的结构化和非结构化数据。互联网公司是天生的大数据公司，在搜索、社交、媒体、交易等各自核心业务领域，积累并持续产生海量数据。例如，百度公司数据总量超过了千拍字节级别，数据涵盖了中文网页、百度日志、用户生产的内容（UGC）、百度推广等多个部分，并占有国内70%以上的搜索市场份额。阿里巴巴公司目前保存的数量超过百拍字节级别，其中90%以上是电商数据、交易数据、用户浏览数据。腾讯公司保存的数据总量超过百拍字节级别，主要是社交和游戏数据。物联网设备每时每刻都在采集数据，设备数量和数据量都与日俱增，Statista 2018年统计显示，2015～2025年全球连接设备的数量将从15亿个增加到750亿个。这两类数据资源作为大数据金矿，正在不断产生各类应用数据。

此外，还有一些行业大数据，如电信、金融与保险、电力与石化、制造业、医疗、教育和交通运输等行业的大数据。这些行业的企事业单位在业务中也积累了许多数据。例如，电信行业包括用户上网记录、通话、信息、地理位置信息等，运营商拥有的数据量都在10 PB以上；国家电网采集获得的数据总量就达到10 PB级别；列车、水陆路运输产生的各种视频、文本类数据，每年大约几十拍字节级；金融系统每年产生数据达到几十拍字节级；整个医疗卫生行业一年能够保存下来的数据有数百拍字节级。从严格意义上讲，这些数据资源比较分散，还算不上大数据，但对商业应用而言，却是最易获得和比较容易加工处理的数据资源，也是当前在国内比较常见的应用资源。

还有一类是政府部门掌握的数据资源，如公共安全、政务、气象与地理、人口与文化等数据。例如，北京市有50多万个监控摄像头，每天采集的视频数据量约3 PB，整个视频监控每年保存下来的数据有近千拍字节级；中国幅员辽阔，气象局保存的气象数据为5 PB，各种地图和地理位置信息每年约为几十拍字节。这些数据普遍认为质量好、价值高，但开放程度低。国务院印发的《促进大数据发展行动纲要》中部署三方面主要任务，其中首要任务就是要加快政府数据开放共享，推动资源整合，提升治理能力。大力推动政府部门数据共享，稳步推动公共数据资源开放，统筹规划大数据基础设施建设，支持宏观调控科学化，推动政府治理精准化，推进商事服务便捷化，促进安全保障高效化，加快民生服务普惠化。

数据从哪里来是我们评价大数据应用的第1个关注点。一是要看这个应用是否真有数据支撑，数据资源是否可持续，来源渠道是否可控，数据安全和隐私保护方面是否有隐患。二是要看这个应用的数据资源质量如何，是“富矿”还是“贫矿”，能否保障这个应用的实效。对于来自自身业务的数据资源，具有较好的可控性，数据质量一般也有保证，但数据覆盖范围可能有限，需要借助其他资源渠道。对于从互联网抓取的数据，技术能力是关键，既要有能力获得足够大的量，又要有能力筛选出有用的内容。对于从第三方获取的数据，需要特别关注数据交易的稳定性。数据从哪里来是分析大数据应用的起点，如果一个应用没有可靠的数据来源，再好、再高超的数据分析技术都是无本之木。

1.3　大数据技术应用场景

大数据技术的应用已经渗透各行各业，如医疗、金融、餐饮、电商、农业、交通、教育、体育、环保、食品和政务等领域。下面将重点介绍几个行业中大数据应用的场景。

1. 大数据在医疗领域的应用

医疗行业很早就遇到了海量数据和非结构化数据的挑战，而近年来很多国家都在积极推进医疗信息化发展，这使得很多医疗机构有资金来做大数据分析。

医疗行业拥有大量的病例、病理报告、治愈方案、药物报告等，如果这些数据可以被整理和应用将会极大地帮助医生和病人，疾病的治疗将变得更加精准和高效。

如果未来基因技术发展成熟，可以根据病人的基因序列特点进行分类，建立医疗行业的病人分类数据库。在医生诊断病人时可以参考病人的疾病特征、化验报告和检测报告，参考疾病数据库来快速帮助病人确诊，明确定位疾病。在制定治疗方案时，医生可以依据病人的基因特点，调取相似基因、年龄、人种、身体情况的有效治疗方案，制定出适合病人的治疗方案，帮助更多人及时进行治疗。同时这些数据也有利于医药行业开发出更加有效的药物和医疗器械。

除此之外，利用大数据技术还可以实现流行病预测，如 Google 流感趋势（Google Flu Trends）便是利用搜索关键词预测禽流感的散布情况。

2. 大数据在零售和电商行业的应用

首先，零售行业可以利用大数据技术进行精准营销。例如，商家可以根据客户消费喜好和趋势，进行商品的精准营销，降低营销成本，当客户购买商品以后，再依据客户购买的产品，为客户提供可能购买的其他产品，扩大销售额。其次，零售行业可以通过大数据掌握未来消费趋势，有利于热销商品的进货管理和过季商品的处理。再次，零售行业的数据对于产品生产厂家是非常宝贵的，零售商的数据信息将会有助于资源的有效利用，降低产能过剩，厂商依据零售商的信息按实际需求进行生产，减少不必要的生产浪费。最后，零售行业还可以根据市场需求和库存情况实时定价，例如，梅西百货根据需求和库存的情况，基于 SAS 的系统对多达 7 300 万种货品进行实时调价。

电商是最早利用大数据进行精准营销的行业，除了精准营销，电商可以依据客户消费习惯来提前为客户备货，并利用便利店作为货物中转点，在客户下单 15 分钟内将货物送上门，提高客户体验。马云的菜鸟网络宣称的 24 小时完成在中国境内的送货，以及刘强东宣传未来京东将在 15 分钟完成送货上门都是基于客户消费习惯的大数据分析和预测。

电商可以利用其交易数据和现金流数据，为其生态圈内的商户提供基于现金流的小额贷款，电商也可以将此数据提供给银行，同银行合作为中小企业提供信贷支持。未来，电商还可以利用大数据预测流行趋势、消费趋势、地域消费特点、客户消费习惯、各种消费行为的相关度、消费热点、影响消费的重要因素等。

3. 大数据在金融行业的应用

大数据在金融行业应用范围较广。例如，花旗银行利用 IBM 沃森计算机为财富管理客户推荐产品；美国银行利用客户点击数据集为客户提供特色服务，如有竞争的信用额度；招商银行通过客户刷卡、存取款、电子银行转账、微信评论等行为对数据进行分析，每周给客户发送针对性广告信息，里面有客户可能感兴趣的产品和优惠信息。大数据在金融行业的应用可以总结为以下5个方面。

① 精准营销:依据客户消费习惯、地理位置、消费时间进行推荐。

② 风险管控:依据客户消费和现金流提供信用评级或融资支持,利用客户社交行为记录实施信用卡反欺诈。

③ 决策支持:利用决策树技术进行抵押贷款管理,利用数据分析报告实施产业信贷风险控制。

④ 效率提升:利用金融行业全局数据了解业务运营薄弱点,利用大数据技术加快内部数据处理速度。

⑤ 产品设计:利用大数据计算技术为财富客户推荐产品,利用客户行为数据设计满足客户需求的金融产品。

4. 大数据在交通出行领域的应用

交通作为人类行为的重要组成和重要条件之一,对于大数据的感知也是最急迫的。近年来,我国的智能交通已实现了快速发展,许多技术手段都达到了国际领先水平。但是,问题和困境也非常突出,从各个城市的发展状况来看,智能交通的潜在价值还没有得到有效挖掘,对交通信息的感知和收集有限,对存在于各个管理系统中的海量的数据无法共享运用、有效分析,对交通态势的研判预测乏力,很难满足公众对交通信息服务的需求。

目前,交通领域的大数据应用主要体现在两个方面,一方面可以利用大数据传感器收集的数据来了解车辆通行密度,合理进行道路规划包括单行线路规划。另一方面可以利用大数据来实现即时信号灯调度,提高已有线路运行能力。科学地安排信号灯是一个复杂的系统工程,必须利用大数据计算平台才能计算出一个较为合理的方案。科学的信号灯安排将会将已有道路的通行能力提高30%~40%。例如,2018年11月在乌镇召开的第五届世界互联网大会人工智能论坛上,百度董事长李彦宏发表演讲,称从北京海淀区开始,百度将接管海淀区的所有红绿灯,并称以后将使人们等待红绿灯的时间减少30%~40%。在美国,政府依据某一路段的交通事故信息来增设信号灯,降低了50%以上的交通事故率。机场的航班起降依靠大数据将会提高航班管理的效率,航空公司利用大数据可以提高上座率,降低运行成本。铁路利用大数据可以有效安排客运和货运列车,提高效率、降低成本。

5. 大数据在教育领域的应用

美国新媒体联盟(NMC)与北京师范大学智慧学习研究院合作的《2016新媒体联盟中国基础教育技术展望:地平线项目区域报告》指出,大数据学习分析技术将在未来两至三年成为极具影响力的教育技术,并表明有效运用学习分析技术可以设计更好的教学活动,让学生积极主动地参与学习,准确定位处于危险中的学生群体,评估预测影响学生成绩的因素。

利用大数据分析方法可以对学生的在线学习数据进行全面的收集、测量和分析,理解与优化教学过程及其情境,为教学决策、学业预警提供支持,真正实现个性化学习,提高教学效果,这是大数据学习分析在教育领域的价值所在。例如,美国的Knewton就是一家利用大数据技术提供个性化教育的公司,它利用适配学习技术,通过数据收集、推断和建议三部曲来提供个性化的教学。国内的松鼠AI利用大数据和人工智能技术为接受基础教育(小学、初中)和高中教育的学生提供自适应个性化教学,让每个学生都清楚自己的潜力,了解自己的强项和弱项。

大数据还可以帮助家长和教师甄别孩子的学习差距和有效的学习方法。比如,美国的麦格劳-希尔教育出版集团就开发出了一种预测评估工具,帮助学生评估他们已有的知识和达标测验所需程度的差距，进而指出学生有待提高的地方。评估工具可以让教师跟踪学生学习情况，从而找到学生的学习特点和方法。有些学生适合按部就班，有些则更适合图式信息和整合信息的非线性学习。这些都可以通过大数据搜集和分析很快识别出来，从而为教育教学提供坚实的依据。

未来，大数据在教育领域的应用主要集中在自适应个性化学习、英语语音测评、教育机器人、智能陪练、分级阅读等几个方向。

6. 大数据在制造业的应用

利用大数据推动信息化和工业化深度融合，研究推动大数据在研发设计、生产制造、经营管理、市场营销、售后服务等产业链各环节的应用，研发面向不同行业、不同环节的大数据分析应用平台，选择典型企业、重点行业、重点地区开展工业企业大数据应用项目试点，积极推动制造业网络化和智能化。最近几年，从国家到地方政府，日益重视大数据在制造业特别是高端智能制造领域的应用，如《中国制造 2025》的发布。从这个意义上来说，大数据在制造业将发挥巨大潜力，释放更大空间。未来，利用工业大数据将提升制造业水平，主要集中在产品故障诊断与预测、分析工艺流程、改进生产工艺、优化生产过程能耗、工业供应链分析与优化、生产计划与排程等方面。

1.4　大数据处理流程及技术

大数据处理流程如图 1-3 所示，主要包括数据收集、数据预处理、数据存储、数据处理与分析、数据展示/数据可视化等环节，每一个数据处理环节都会对大数据质量产生影响。通常，一个好的大数据产品要有大量的数据规模、快速的数据处理能力、精确的数据分析与预测能力、优秀的可视化图表以及简练易懂的结果解释，下面将分别介绍大数据处理流程及相关的主要技术。

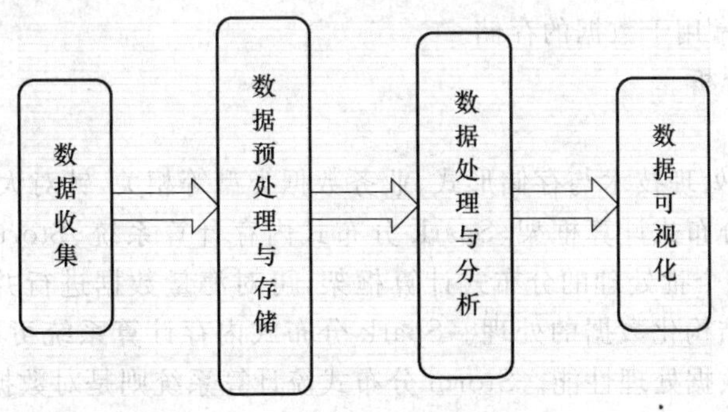

图 1-3　大数据处理流程图

1. 数据收集

大数据的采集指利用多个数据库来接收发自客户端（Web、App 或者传感器形式等）的数据，并且用户可以通过这些数据库来进行简单的查询和处理工作，另外，大数据的采集不是抽样调查，它强调数据尽可能完整和全面，尽量保证每一个数据精确有用。

在大数据的采集过程中，其主要特点和挑战是并发数高，因为同时有可能会有成千上万的用户来进行访问和操作，比如火车票售票网站和淘宝，它们并发的访问量在峰值时达到上百万并发数，所以需要在采集端部署大量数据库才能支撑。

在数据采集过程中，数据源会影响数据的真实性、完整性、一致性、准确性和安全性。对于Web数据，多采用网络爬虫方式进行收集，这需要对爬虫软件进行时间设置以保障收集到的数据具有时效性。

数据采集的技术有ETL(Extract-Transform-Load)工具(如Sqoop等)、日志采集工具(如Flume、Kafka等)。

2. 数据预处理与存储

因为数据价值密度低是大数据的特征之一，所以，收集来的数据会有很多的重复数据、无用数据、噪声数据，会有数据值缺失和数据冲突的情况等，需要对数据进行清洗和预处理，然后，将不同来源的数据导入一个集中的大型分布式数据库或者分布式存储集群，为接下来的大数据处理与分析提供可靠数据，保证大数据分析与预测结果的准确性与价值性。

大数据的预处理环节主要包括数据清理、数据集成、数据归约与数据转换处理等内容，可以提升大数据的一致性、准确性、真实性、可用性、完整性、安全性和价值性等方面的质量。

① 数据清理技术包括对数据的不一致检测、噪声数据的识别、数据过滤与修正等，有利于提升大数据在一致性、准确性、真实性和可用性等方面的质量。

② 数据集成则是将多个数据源的数据进行集成，从而形成集中、统一的数据库、数据立方体等，这一过程有利于提升大数据在完整性、一致性、安全性和可用性等方面的质量。

③ 数据归约是在不损害分析结果准确性的前提下降低数据集规模，使之简化，包括维归约、数量归约、数据抽样等技术，这一过程有利于提高大数据的价值密度，即提高大数据存储的价值性。

④ 数据转换处理包括基于规则或元数据的转换、基于模型与学习的转换等技术，可通过转换实现数据统一，这一过程有利于提升大数据的一致性和可用性。

大数据存储主要利用分布式文件系统、数据仓库、关系数据库、NoSQL数据库、云数据库等，实现对结构化、半结构化和非结构化海量数据的存储和管理。例如，电商会使用传统的关系型数据库MySQL和Oracle等来存储每一笔事务数据，除此之外，Redis和MongoDB这样的NoSQL数据库也常用于数据的存储。

3. 数据处理与分析

(1) 数据处理

大数据的分布式处理技术与存储形式、业务数据类型等相关，针对大数据处理的主要计算模型有MapReduce分布式计算框架、Spark分布式内存计算系统、Storm分布式流计算系统等。MapReduce是一个批处理的分布式计算框架，可对海量数据进行并行分析与处理，它适合对各种结构化、非结构化数据的处理。Spark分布式内存计算系统可有效减少数据读写和移动的开销，提高大数据处理性能。Storm分布式流计算系统则是对数据流进行实时处理，以保障大数据的时效性和价值性。

大数据的类型和存储形式决定了其所采用的数据处理系统，而数据处理系统的性能与优劣直接影响大数据质量的价值性、可用性、时效性和准确性。因此在进行大数据处理时，要根据大数据类型选择合适的存储形式和数据处理系统，以实现大数据质量的最优化。

(2) 数据分析

大数据分析技术主要包括已有数据的分布式统计分析技术和未知数据的分布式挖掘、深度学习技术。分布式统计分析技术可由数据处理技术完成，分布式挖掘和深度学习技术则在大数据分析阶段完成，包括聚类与分类、关联分析、回归分析、神经网络等算法，可挖掘大数据集合中的数据关联性，形成对事物的描述模式或属性规则，可通过构建机器学习模型和海量训练数据提升数据分析与预测的准确性。

数据分析是大数据处理与应用的关键环节，它决定了大数据集合的价值性和可用性。在数据分析环节，应根据大数据应用情境与决策需求，选择合适的数据分析技术，提升大数据分析结果的可用性、价值性和准确性。

4. 数据可视化与应用环节

数据可视化是指将大数据分析与预测结果以计算机图形或图像的直观方式显示给用户的过程，并可与用户进行交互式处理。数据可视化环节可大大提高大数据分析结果的直观性，便于用户理解与使用，就如同看图说话一样简单明了，所以，数据可视化是影响大数据可用性和易于理解性质量的关键因素。

大数据应用是指将经过分析处理后挖掘得到的大数据结果应用于管理决策、战略规划等的过程，它是对大数据分析结果的检验与验证，大数据应用过程直接体现了大数据分析处理结果的价值性和可用性。

大数据处理流程基本是这 4 个步骤，不过在具体应用时，应对具体应用场景进行充分调研、对需求进行深入分析，明确大数据处理与分析的目标，从而为大数据收集、存储、处理、分析等过程选择合适的技术和工具，并保障大数据分析结果的可用性、价值性和用户需求的满足。

1.5　大数据与云计算的关系

云计算比大数据的概念出现要早，大数据这一概念在 2011 年诞生，而在 2006 年 8 月 9 日，谷歌首席执行官埃里克·施密特在搜索引擎大会上就首次提出了云计算的概念，并说谷歌自 1998 年创办以来，就一直采用这种新型的计算方式。谷歌在 2004 年前后发表的 3 篇论文，分别是分布式文件系统 GFS、大数据分布式计算框架 MapReduce 和 NoSQL 数据库系统 BigTable。谷歌自己也没有想到，它开启了一个云计算、大数据的新时代。

云计算最初的定义主要包含两类含义：一类是以谷歌的 GFS 和 MapReduce 为代表的大规模分布式并行计算技术；另一类是以亚马逊的虚拟机和对象存储为代表的按需租用的商业计算模式。但是随着大数据概念的提出，云计算中的分布式计算技术开始更多地被列入大数据技术，大数据侧重于对海量数据的存储、处理与分析，从海量数据中发现价值；而云计算更多指的是将底层基础 IT 资源整合优化后通过网络以服务的方式廉价地提供给用户使用，云计算的商业服务包括将基础设施作为服务(IaaS)、将平台作为服务(PaaS)和将软件作为服务(SaaS)3 种类型。

从技术上看，大数据与云计算的关系就像一枚硬币的正反面一样密不可分。大数据必然无法用单台的计算机进行处理，必须采用分布式架构，它的特色在于对海量数据进行分布式数据挖掘。但它必须依托云计算的分布式处理、分布式数据库、云存储和虚拟化技术。大数据是云计算非常重要的应用场景，而云计算则为大数据的处理和数据挖掘提供了最佳的技术解决方案。

整体来看，未来的趋势是云计算作为计算资源的底层，支撑着上层的大数据处理，而大数据的发展趋势是，实时交互式的查询效率和分析能力将越来越明显。借用 Google 一篇技术论文中的话："动一下鼠标就可以在秒级操作拍字节级别的数据"，确实让人兴奋不已。市场也会对大数据和云计算提出更高的技术需求，迫使大数据和云计算实现技术上的改进和创新以应对市场新需求，所以它们应该始终会是相辅相成、不断发展的关系。

1.6 大数据与人工智能的关系

1956年夏，麦卡锡、明斯基和香农等科学家在美国达特茅斯学院开会研讨“如何用机器模拟人的智能”，首次提出“人工智能（Artificial Intelligence，简称AI）”这一概念，这标志着人工智能学科的诞生。

人工智能是研究开发能够模拟、延伸和扩展人类智能的理论、方法、技术及应用系统的一门新的技术科学，研究目的是促使智能机器会听（语音识别、机器翻译等）、会看（图像识别、文字识别等）、会说（语音合成、人机对话等）、会思考（人机对弈、定理证明等）、会学习（机器学习、知识表示等）、会行动（机器人、自动驾驶汽车等）。

人工智能充满未知的探索道路曲折起伏。谭铁牛院士将人工智能的发展历程划分为以下6个阶段。

一是起步发展期：1956年～20世纪60年代初。人工智能概念提出后，学界相继取得了一批令人瞩目的研究成果，如机器定理证明、跳棋程序等，掀起人工智能发展的第一个高潮。

二是反思发展期：20世纪60年代～70年代初。人工智能发展初期的突破性进展大大提升了人们对人工智能的期望，人们开始尝试更具挑战性的任务，并提出了一些不切实际的研发目标，使人工智能的发展走入低谷。

三是应用发展期：20世纪70年代初～20世纪80年代中。20世纪70年代出现的专家系统模拟人类专家的知识和经验解决特定领域的问题，实现了人工智能从理论研究走向实际应用、从一般推理策略探讨转向运用专门知识的重大突破，推动人工智能走入应用发展的新高潮。

四是低迷发展期：20世纪80年代中～20世纪90年代中。随着人工智能的应用规模不断扩大，专家系统存在的应用领域狭窄、缺乏常识性知识、知识获取困难、推理方法单一、缺乏分布式功能、难以与现有数据库兼容等问题逐渐暴露出来。

五是稳步发展期：20世纪90年代中～2010年。由于网络技术特别是互联网技术的发展，加速了人工智能的创新研究，促使人工智能技术进一步走向实用化。1997年国际商业机器公司（IBM）深蓝超级计算机战胜了国际象棋世界冠军卡斯帕罗夫，2008年IBM提出“智慧地球”的概念。

六是蓬勃发展期：2011年至今。随着大数据、云计算、互联网、物联网等信息技术的发展，泛在感知数据和图形处理器等计算平台推动以深度神经网络为代表的人工智能技术飞速发展，大幅跨越了科学与应用之间的“技术鸿沟”，诸如图像分类、语音识别、知识问答、人机对弈、无人驾驶等人工智能技术实现了从“不能用、不好用”到“可以用”的技术突破，迎来爆发式增长的新高潮。

如果把人工智能看成一个嗷嗷待哺拥有无限潜力的婴儿，某一领域专业的海量的深度的数据就是喂养这个婴儿的奶粉。奶粉的数量决定了婴儿是否能长大，而奶粉的质量则决定婴儿后续的智力发育水平。

基于神经网络算法的深度学习的提出，在人工智能领域中是一个重大突破。与以往传统的算法相比，这一算法并无多余的假设前提（比如线性建模需要假设数据之间的线性关系），而是完全利用输入的数据自行模拟和构建相应的模型结构。例如，人们用深度学习做图像识别，不一定要具备非常丰富、专业的图像知识。这一算法特点决定了它是更为灵活的，且可以根据不同的训练数据而拥有自优化的能力。但这一显著的优点带来的便是显著增加的运算量。在计算机运算能力取得突破以前，这样的算法几乎没有实际应用的价值。十几年前，我们尝试用神经网络运算一组并不海量的数据，整整等待三天都不一定会有结果。但今天的情况却大大不同了。高速并行运算、海量数据、更优化的算法共同促成了人工智能的突破性发展。

信息技术经过几十年的发展，已经在算法（人工智能算法）、算力（云计算）和算料（大数据）“三算”方面取得了重要突破，所以，人工智能应用正处于从“不能用”到“可以用”的技术拐点，但是，不是所有问题，只要有数据，就能够做到这么好的，这要受 4 个条件限制：首先是需要有大量的数据，第二是完全信息，第三是确定性，第四是单领域和单任务。只有这 4 个限定条件满足后才有可能做到刚才说的，达到或者超过人类的水平。

大数据的应用从搜索引擎到深度学习，发展思路其实是一脉相承的，就是想发现数据中的规律并为我们所用。那么如何从这些庞大的数据中发掘出我们想要的知识价值，这正是大数据技术目前正在解决的问题，未来，大数据、云计算和人工智能技术的结合将产生更多意想不到的结果，它们将彻底改变社会和生活的方方面面。

本章小结

本章介绍了大数据技术的产生背景和发展历程，并详细介绍了大数据的 4V 特征。大数据技术的价值不在于掌握庞大的数据信息，而在于对这些含有意义的数据进行专业化处理，通过“加工”实现数据的“增值”。

数据从哪里来是我们评价大数据应用的第一个关注点，如果一个应用没有可靠的数据来源，再好、再高超的数据分析技术都是无本之木。本章介绍了大数据的 3 个主要来源：互联网和物联网，电信等行业数据源和政府部门掌握的数据资源。

大数据技术的应用已经渗透各行各业，本章重点介绍了大数据在医疗、零售与电商、金融、交通、教育和制造业几个行业中的应用场景。

大数据处理流程主要包括数据收集、数据预处理与存储、数据处理与分析和数据可视化 4 个环节，每一个数据处理环节都会对大数据质量产生影响，本章对这 4 个处理环节进行了介绍。

本章最后对大数据、云计算和人工智能的概念和发展历程进行了介绍，并详细阐述了它们之间的联系和区别。

习　题　一

1. 详细描述大数据的 4 个特征。
2. 举例说明你身边的大数据应用案例。
3. 详细描述大数据的处理流程。
4. 详细分析大数据、云计算和人工智能的关系。
5. 大数据是如何进行分类存储的？
6. 大数据如何进行预处理？

第 2 章 Hadoop 介绍

自从大数据的概念被提出后，出现了很多相关技术，其中对大数据发展最有影响力的就是开源的分布式计算平台 Hadoop 了，它就像软件发展史上的 Windows、Linux 和 Java 一样，它的出现给接下来的大数据技术发展带来了巨大的影响，很多大的公司和知名学校都加入 Hadoop 相关项目的开发中，如 Facebook、Yahoo、加利福尼亚大学伯克利分校（UCB）等，他们围绕 Hadoop 产生了一系列大数据的相关技术，如 Spark、Hive、HCatalog、HBase、ZooKeeper、Oozie、Pig 和 Sqoop 等，这些项目组成了大数据技术的开源生态圈，开源的 Hadoop 项目极大地促进了大数据技术在很多行业的应用发展。本章将详细介绍 Hadoop 的由来和相关项目，最新的 Hadoop2.0 的体系架构，以及在学习 Hadoop 前，必须掌握的技术基础（如 Java 语言和编程、关系型数据库、Linux 操作系统等），最后，还详细介绍了 Hadoop2.0 的集群搭建。

2.1 Hadoop 简介

Hadoop 是一个由 Apache 基金会开发的适合大数据的分布式系统基础架构。Hadoop 框架最核心的设计就是 Hadoop 分布式文件系统（HDFS，Hadoop Distributed File System）和 MapReduce。HDFS 为海量的数据提供了存储，而 MapReduce 则为海量的数据提供了计算。

2.1.1 Hadoop 由来

2003～2004 年，Google 通过论文公布了部分 Google 文件系统（GFS，Google File System）和 MapReduce 思想的细节，当时开源搜索引擎 Nutch 的创始人道格·卡廷（Doug Cutting）在阅读了 Google 的论文后，非常兴奋，紧接着就根据论文原理用 2 年的业余时间初步实现了类似 GFS 和 MapReduce 的机制，使 Nutch 性能飙升。2005 年，Hadoop 作为 Lucene 的子项目 Nutch 的一部分正式引入 Apache 基金会。

2006 年开发人员将 Nutch 分布式文件系统（NDFS，Nutch Distributed File System）和 MapReduce 移出 Nutch，形成独立项目，起名为 Hadoop，Hadoop 名字不是一个缩写，而是一个生造出来的词，是 Hadoop 之父 Doug Cutting 儿子的一只大象毛绒玩具的名字。

Google 的 GFS 对应 Hadoop 的 HDFS，Google 的 MapReduce 对应 Hadoop 的 MapReduce，Google 的 BigTable 对应 Hadoop 的 HBase。

2.1.2 Hadoop 发展历程

Hadoop 发布之后，Yahoo 很快就用了起来。2007 年，百度和阿里巴巴也开始使用

Hadoop 进行大数据存储与计算。

2008 年，Hadoop 正式成为 Apache 的顶级项目，后来 Doug Cutting 本人也成为 Apache 基金会的主席。同年，专门运营 Hadoop 的商业公司 Cloudera 成立，Hadoop 得到进一步的商业支持。

接下来，一些大公司开始介入 Hadoop 相关项目的研发，Hadoop 的发展步入快轨道。例如，Yahoo 觉得用 MapReduce 进行大数据编程太麻烦了，于是便开发了 Pig。Pig 是一种脚本语言，使用类 SQL 的语法，开发者可以用 Pig 脚本描述要对大数据集上进行的操作，Pig 经过编译后会生成 MapReduce 程序，然后在 Hadoop 上运行。

编写 Pig 脚本虽然比直接用 MapReduce 编程容易，但是依然需要学习新的脚本语法。于是 Facebook 又发布了 Hive。Hive 支持使用 SQL 语法来进行大数据计算，你可以写 Select 语句进行数据查询，然后 Hive 会把 SQL 语句转化成 MapReduce 的计算程序。这样，熟悉数据库的数据分析师和工程师便可以无门槛地使用大数据进行数据分析和处理了。Hive 出现后极大程度地降低了 Hadoop 的使用难度，迅速得到开发者和企业的追捧。据说，2011 年的时候，Facebook 大数据平台上运行的作业 90% 都来源于 Hive。

随后，众多 Hadoop 周边产品开始出现，大数据生态体系逐渐形成，其中包括：专门将关系数据库中的数据导入导出到 Hadoop 平台的 Sqoop；针对大规模日志进行分布式收集、聚合和传输的 Flume；MapReduce 工作流调度引擎 Oozie 等。

在 2012 年，UCB 的 AMP 实验室（Algorithms、Machine 和 People 的缩写）开发的 Spark 开始崭露头角。当时 AMP 实验室的马铁博士发现使用 MapReduce 进行机器学习计算的时候性能非常差，因为机器学习算法通常需要进行很多次的迭代计算，而 MapReduce 每执行一次 Map 和 Reduce 计算都需要重新启动一次作业，带来大量的无谓消耗。还有一点就是 MapReduce 主要使用磁盘作为存储介质，而 2012 年的时候，内存已经突破容量和成本限制，成为数据运行过程中主要的存储介质。Spark 一经推出，立即受到业界的追捧，并逐步替代 MapReduce 在企业应用中的地位。

一般说来，像 MapReduce、Spark 这类计算框架处理的业务场景都被称作批处理计算，因为它们通常针对以“天”为单位产生的数据进行一次计算，然后得到需要的结果，这中间计算需要花费大概几十分钟甚至更长的时间。因为计算的数据是非在线得到的实时数据，而是历史数据，所以这类计算也被称为大数据离线计算。

而在大数据领域，还有另外一类应用场景，它们需要对实时产生的大量数据进行即时计算，比如对于遍布城市的监控摄像头进行人脸识别和嫌犯追踪。这类计算称为大数据流计算，相应地，有 Storm、Flink、Spark Streaming 等流计算框架来满足此类大数据应用的场景。流计算要处理的数据是实时在线产生的数据，所以这类计算也被称为大数据实时计算。

除了大数据批处理和流处理，NoSQL 系统处理的主要也是大规模海量数据的存储与访问，所以也被归为大数据技术。NoSQL 曾经在 2011 年左右非常火爆，涌现出 HBase、Cassandra 等许多优秀的产品，其中 HBase 是从 Hadoop 中分离出来的、基于 HDFS 的 NoSQL 系统。

当前 Hadoop 版本比较混乱，让很多用户不知所措。实际上，当前 Hadoop 只有两个版本：Hadoop1.0 和 Hadoop2.0。其中，Hadoop1.0 由一个分布式文件系统 HDFS 和一个离线计算框架 MapReduce 组成；而 Hadoop2.0 则包含一个支持 NameNode 横向扩展的 HDFS，一个资源管理系统 YARN（Yet Another Resource Negotiator）和一个运行在 YARN 上的离线计算框架 MapReduce。相比于 Hadoop1.0，Hadoop2.0 功能更加强大，且具有更好的扩展性、性能，并支持多种计算框架。接下来将主要介绍 Hadoop2.0。

Hadoop 除了开源版本外，还有一些商业公司推出的 Hadoop 商业版。例如，2008 年第一家 Hadoop 商业化公司 Cloudera 成立，2011 年 Yahoo 和硅谷风险投资公司 Benchmark Capital 创建了 Hortonworks。2018 年 10 月，均为开源平台的 Cloudera 与 Hortonworks 公司宣布他们以 52 亿美元的价格合并。商业公司旨在让 Hadoop 更加可靠，并让企业用户更容易安装、管理和使用 Hadoop。

2.1.3 Hadoop 生态系统

自 2008 年 Hadoop 成为 Apache 的顶级项目以来，经过全世界无数开发者的不懈努力，Hadoop 生态系统发展非常迅速，目前已经包含了多个子项目，Hadoop 生态系统如图 2-1 所示，核心组件包括 HDFS、MapReduce 和 YARN，其他包括 ZooKeeper、HBase、Hive、Pig、Mahout、Sqoop、Ambari 等功能组件。此外，Hadoop 生态系统还包含了 Spark 及其相关项目（如 MLib、Streaming）。在未来一段时间内，Hadoop 将与 Spark 共存，Hadoop 与 Spark 都能部署在 YARN、Mesos 的资源管理系统之上。下面将简述一些重要的组件。

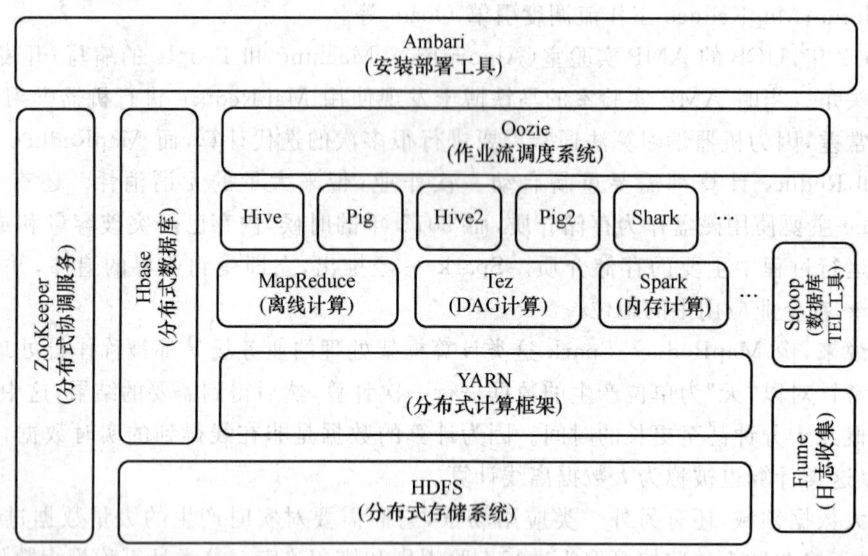

图 2-1 Hadoop 生态系统

① Ambari：一种基于 Web 的工具，用于提供、管理和监控 Apache Hadoop 集群，其中包括对 Hadoop HDFS、Hadoop MapReduce、Hive、HCatalog、HBase、ZooKeeper、Oozie、Pig 和 Sqoop 的支持。Ambari 还提供了一个仪表盘，用于查看集群运行状况（如 Heatmap），并能够直观地查看 MapReduce、Pig 和 Hive 应用程序，以及具有以用户友好的方式诊断其性能特征的功能。

② Avro：数据序列化系统。Avro 是一个数据序列化系统，设计用于支持大批量数据交换的应用。它的主要特点有：支持二进制序列化方式，可以便捷、快速地处理大量数据；动态语言友好，Avro 提供的机制使动态语言可以方便地处理 Avro 数据。

③ Cassandra：一个无单点故障的可扩展的 NoSQL 数据库。Cassandra 是一个混合型的

非关系的数据库，类似于 Google 的 BigTable。其主要功能比 Amazon 的 Dynamo（分布式的 Key-Value 存储系统）更丰富，但支持度却不如文档存储 MongoDB。Cassandra 最初由 Facebook 开发，后转变成开源项目。它以 Amazon 专有的完全分布式的 Dynamo 为基础，结合了 Google BigTable 基于列族（Column Family）的数据模型。由于 Cassandra 良好的可扩展性，被 Digg、Twitter 等知名 Web 2.0 网站所采纳，成为一种流行的分布式结构化数据存储方案。

④ Chukwa：用于管理大型分布式系统的数据采集系统。Chukwa 是构建在 Hadoop 的 HDFS 和 Map/Reduce 框架之上的，继承了 Hadoop 的可伸缩性和健壮性。Chukwa 还包含了一个强大而灵活的工具集，可用于展示、监控和分析已收集的数据。

⑤ HBase：一个可扩展的分布式数据库，支持大型表的结构化数据存储。源自 Google 发表于 2016 年 11 月的 BigTable 论文，HBase 是 BigTable 的克隆版，它是建立在 HDFS 之上的，针对结构化数据的可伸缩、高可靠、高性能、分布式和面向列的动态模式数据库。HBase 采用了 BigTable 的数据模型：增强的稀疏排序映射表（Key/Value），其中，键由行关键字、列关键字和时间戳构成。HBase 提供了对大规模数据的随机、实时读写访问，同时，HBase 中保存的数据可以使用 MapReduce 来处理，它将数据存储和并行计算完美地结合在一起。

⑥ Hive：提供数据汇总和临时查询的数据仓库基础结构。由 Facebook 开源，最初用于解决海量结构化的日志数据统计问题。Hive 定义了一种类似 SQL 的查询语言（HQL），将 SQL 转化为 MapReduce 任务在 Hadoop 上执行，通常用于离线分析。

⑦ Mahout：一个可扩展的机器学习和数据挖掘库。Mahout 起源于 2008 年，最初是 Apache Lucent 的子项目，它在极短的时间内取得了长足的发展，现在是 Apache 的顶级项目。Mahout 的主要目标是创建一些可扩展的机器学习领域经典算法的实现，旨在帮助开发人员更加方便快捷地创建智能应用程序。Mahout 现在已经包含了聚类、分类、推荐引擎（协同过滤）和频繁集挖掘等广泛使用的数据挖掘方法。除了算法，Mahout 还包含数据的输入/输出工具、与其他存储系统（如数据库、MongoDB 或 Cassandra）集成等数据挖掘支持架构。

⑧ Pig：用于并行计算的高级数据流语言和执行框架。由 Yahoo 开源，设计动机是提供一种基于 MapReduce 的 Ad-hoc（计算在 query 时发生）数据分析工具。Pig 定义了一种数据流语言 Pig Latin，它是 MapReduce 编程的复杂性的抽象，Pig 平台包括运行环境和用于分析 Hadoop 数据集的脚本语言（Pig Latin）。其编译器将 Pig Latin 编写的程序翻译成 MapReduce 程序，然后再转换为 MapReduce 任务在 Hadoop 上执行。通常用于离线分析。

⑨ Spark：用于 Hadoop 数据的快速通用计算引擎。Spark 提供了一个简单而富有表现力的编程模型，支持广泛的应用，包括 ETL、机器学习、流处理和图形计算。Spark 被标榜为"快如闪电的集群计算"。它拥有一个繁荣的开源社区，并且是目前最活跃的 Apache 项目。最早 Spark 是 UCB 的 AMP 实验室所开源的类 Hadoop MapReduce 的通用并行计算框架。Spark 提供了一个更快、更通用的数据处理平台。和 Hadoop 相比，Spark 可以让你的程序在内存中运行时速度提升 100 倍，或者在磁盘上运行时速度提升 10 倍。

⑩ Tez：一个基于 Hadoop Sharn 的通用数据流编程框架，它提供了一个强大而灵活的引擎来执行任意有向无环图（DAG，Directed Acyclic Graph）任务，以处理批处理和交互用例的数据。Hadoop 生态系统中的 Hive、Pig 和其他框架以及其他商业软件（如 ETL 工具）正在采用 Tez 来取代 Hadoop 的 MapReduce 作为底层执行引擎。

⑪ ZooKeeper：一种用于分布式应用程序的高性能协调服务。源自 Google 的 Chubby 论

文,发表于 2006 年 11 月,ZooKeeper 是 Chubby 的克隆版,解决分布式环境下的数据管理问题,如统一命名、状态同步、集群管理、配置同步等。Hadoop 的许多组件依赖于 ZooKeeper,它运行在计算机集群上面,用于管理 Hadoop 操作。

⑫ Sqoop(数据同步工具):Sqoop 是 SQL-to-Hadoop 的缩写,主要用于传统数据库和 Hadoop 之间的数据传输。数据的导入和导出本质上是 MapReduce 程序,充分利用了 MapReduce 的并行化和容错性。

⑬ Flume(日志收集工具):Cloudera 开源的日志收集系统,具有分布式、高可靠、高容错、易于定制和扩展的特点。它将数据从产生、传输、处理并最终写入目标的路径的过程抽象为数据流,在具体的数据流中,数据源支持在 Flume 中定制数据发送方,从而支持收集各种不同协议数据。同时,Flume 数据流提供对日志数据进行简单处理的能力,如过滤、格式转换等。此外,Flume 还具有能够将日志写往各种数据目标(可定制)的能力。总的来说,Flume 是一个可扩展、适合复杂环境的海量日志收集系统。当然也可以用于收集其他类型的数据。

⑭ Oozie(作业流调度引擎):Oozie 是一个基于工作流引擎的服务器,可以在上面运行 Hadoop 的 MapReduce 和 Pig 任务等。它其实就是一个运行在 Java Servlet 容器(如 Tomcat)中的 Javas Web 应用。

⑮ Hue:它是 Hadoop 自己的监控管理工具。Hue 是一个可快速开发和调试 Hadoop 生态系统各种应用的一个基于浏览器的图形化用户接口。

⑯ Phoenix:可以把 Phoenix 只看成一种代替 HBase 语法的工具。虽然可以用 Java、JDBC 来连接 Phoenix,然后操作 HBase,但是在生产环境中,不可以用在在线事务处理(OLTP)中。在 OLTP 环境中,需要低延迟,而 Phoenix 在查询 HBase 时,虽然做了一些优化,但延迟还是不小。所以 Phoenix 依然用在联机分析处理(OLAP)中,再将结果返回存储下来。

⑰ Storm:Storm 是 Twitter 开源的分布式实时大数据处理框架,最早开源于 GitHub,从 0.9.1 版本之后,归于 Apache 社区,被业界称为实时版 Hadoop。随着越来越多的场景对 Hadoop 的 MapReduce 高延迟无法容忍,如网站统计、推荐系统、预警系统、金融系统(高频交易、股票)等,大数据实时处理解决方案(流计算)的应用日趋广泛,目前已是分布式技术领域最新爆发点,而 Storm 更是流计算技术中的佼佼者和主流。

⑱ Flink 是一个针对流数据和批数据的分布式处理引擎。其所要处理的主要场景就是流数据,批数据只是流数据的一个极限特例而已。换句话说,Flink 会把所有任务当成流来处理,这也是其最大的特点。Flink 可以支持本地的快速迭代,以及一些环形的迭代任务。并且 Flink 可以定制化内存管理。在这点上,如果要对比 Flink 和 Spark 的话,Flink 并没有将内存完全交给应用层。这也是 Spark 相对于 Flink 更容易出现 OOM(Out of Memory)的原因。

⑲ Kafka 是一种高吞吐量的分布式发布/订阅消息系统,它可以处理消费者规模的网站中的所有动作流数据。这些数据通常是因吞吐量的要求而通过处理日志和日志聚合来处理。对于像 Hadoop 这样的日志数据离线分析系统,但又有要求实时处理的限制,这是一个可行的解决方案。Kafka 通过 Hadoop 的并行加载机制来统一线上和离线的消息处理,也通过集群来提供实时的消费。

⑳ MLlib(机器学习库):Spark MLlib 是一个机器学习库,它提供了各种各样的通用机器学习算法,如分类、回归、聚类和协同过滤等,其目标是使实际的机器学习具有可扩展性和易用性。

㉑ Streaming(流计算模型):Spark Streaming 支持对流数据的实时处理,以微批的方式对

实时数据进行计算。

㉒ Giraph(图计算模型)：Apache Giraph 是一个可伸缩的分布式迭代图处理系统，基于 Hadoop 平台，灵感来自整体同步并行计算模型(BSP，Bulk Synchronous Parallel)和 Google 的 Pregel。最早出自 Yahoo。Yahoo 在开发 Giraph 时采用了 Google 工程师 2010 年发表的论文《Pregel：大规模图表处理系统》中的原理。后来，Yahoo 将 Giraph 捐赠给 Apache 软件基金会。目前所有人都可以下载 Giraph，它已经成为 Apache 软件基金会的开源项目，并得到 Facebook 的支持，获得多方面的改进。

㉓ GraphX(图计算模型)：Spark GraphX 最先是 UCB 的 AMP 实验室的一个分布式图计算框架项目，目前整合在 Spark 运行框架中，为其提供 BSP 大规模并行图计算能力。

2.2　Hadoop 的体系架构

图 2-2 展示了 Hadoop1.0 与 Hadoop2.0 的架构区别。Hadoop1.0 的核心由 HDFS 和 MapReduce 构成。而在 Hadoop2.0 中增加了 YARN 和 Common 2 个模块，其中 YARN 负责集群资源的统一管理和调度，而 Common 主要为其他模块提供公共服务。实际对外提供服务时，只能看到 HDFS 和 YARN，MapReduce 只是 YARN 模块里 YARN 编程的一种方式而已。本书将主要介绍 Hadoop2.0 的核心技术及应用。

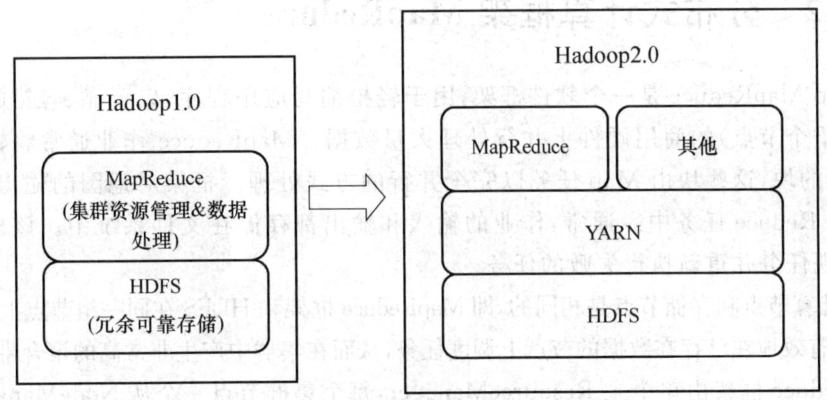

图 2-2　Hadoop1.0 与 Hadoop2.0 架构比较

2.2.1　分布式文件系统 HDFS

HDFS 是一种分布式文件系统，为在商用硬件上运行而设计。HDFS 具有高度容错能力，旨在部署在低成本硬件上。HDFS 提供对应用程序数据的高吞吐量访问，适用于具有大型数据集的应用程序。HDFS 放宽了一些对可移植操作系统接口(POSIX，Portable Operating System Interface of UNIX)的要求，以实现对文件系统数据的流式访问。HDFS 最初是作为 Apache Nutch 网络搜索引擎项目的基础设施而构建的。HDFS 是 Apache Hadoop 核心项目的一部分。

HDFS 集群主要由管理文件系统元数据的 NameNode，存储实际数据的 DataNode 和定期合并日志的 SecondaryNameNode 组成。从用户使用的角度来看，HDFS 有以下一些明显特征。

- Hadoop(包括 HDFS)非常适合使用商用硬件进行分布式存储和分布式处理。它具有容错性、可扩展性，非常简单。MapReduce 以其简单性和适用于大型分布式应用程序而闻名，是 Hadoop 不可或缺的一部分。
- HDFS 具有高度可配置性，其默认配置非常适合许多安装。在大多数情况下，只需要针对非常大的集群调整配置。
- Hadoop 是用 Java 编写的，并且在所有主要平台上都被支持。
- Hadoop 支持类似 shell 的命令直接与 HDFS 交互。
- NameNode 和 DataNode 内置了 Web 服务器，可以轻松检查集群的当前状态。
- HDFS 中定期实施新功能和改进。

HDFS 采用 Master/Slave 的架构来存储数据，该架构主要由 4 个部分组成。

① Client：切片，用来与 NameNode 交互。

② NameNode：管理节点，用来管理元数据，与 Client 交互，与 DataNode 通信。

③ DataNode：数据节点，用来存储数据，与 NameNode 通信。

④ SecondaryNameNode：NameNode 的冷备份①，主要功能是编辑日志。定期合并 fsimage 和 edits 日志(执行过程：从 NameNode 上下载元数据信息，然后将二者合并生成新的 fsimage 在本地保存，并将其推送到 NameNode，替换旧的 fsimage)。

2.2.2 分布式计算框架 MapReduce

Hadoop MapReduce 是一个软件框架，用于轻松编写应用程序，以可靠、容错的方式在大型集群(数千个节点)的商用硬件上并行处理大量数据。MapReduce 作业通常将输入数据集拆分为独立的块，这些块由 Map 任务以完全并行的方式处理。框架对地图的输出进行排序，然后输入到 Reduce 任务中。通常，作业的输入和输出都存储在文件系统中。该框架负责调度任务、监视任务并重新执行失败的任务。

通常，计算节点和存储节点是相同的，即 MapReduce 框架和 HDFS 在同一组节点上运行。此配置允许框架有效地在已存在数据的节点上调度任务，从而在集群中产生非常高的聚合带宽。

MapReduce 框架由单个主 ResourceManager，每个集群节点一个从 NodeManager 和每个应用程序的 MRAppMaster 组成。最小的应用程序通过适当的接口和/或抽象类的实现来指定输入/输出位置并提供映射和减少功能。然后，Hadoop 作业客户端将作业(jar/可执行文件等)和配置提交给 ResourceManager，然后 ResourceManager 负责将软件/配置分发给从站，调度任务并监视它们，并为作业客户端提供状态和诊断信息。

虽然 Hadoop 框架是用 Java 实现的，但 MapReduce 应用程序不需要用 Java 编写。

2.2.3 分布式资源调度系统 YARN

YARN 的基本思想是将资源管理和作业调度/监视的功能分解为单独的守护进程。方法

① 冷备份：如果 NameNode 宕机，SecondaryNameNode 可以辅助其重新复活；热备份：如果 NameNode 宕机，SecondaryNameNode 可以替换宕机的 NameNode，自己变为新的 NameNode。

是拥有一个全局的 ResourceManager(RM)和每个应用程序的 ApplicationMaster(AM)。应用程序可以是单个作业,也可以是作业的 DAG。

ResourceManager 和 NodeManager 构成了数据计算框架。ResourceManager 在系统中的所有应用程序之间仲裁资源的最终权限;NodeManager 是每台机器框架代理,负责容器,监视自身资源使用情况(CPU、内存、磁盘、网络)并将其报告给 ResourceManager/Scheduler。

每个应用程序的 ApplicationMaster 实际上是一个特定于框架的库,其任务是协调来自 ResourceManager 的资源,并与 NodeManager 一起执行和监视任务。

ResourceManager 有两个主要组件:调度器(Scheduler)和应用程序管理器(ASM,ApplicationsManager)。

Scheduler 负责根据熟悉的容量、队列等约束将资源分配给各种正在运行的应用程序。调度程序是纯调度程序,因为它不执行应用程序状态的监视或跟踪。此外,由于应用程序故障或硬件故障,它无法保证重新启动失败的任务。调度程序根据应用程序的资源需求执行其调度功能;它基于资源容器的抽象概念,包含内存、CPU、磁盘、网络等元素。

Scheduler 具有可插入策略,该策略负责在各种队列、应用程序等之间对集群资源进行分区。当前的调度程序(如 CapacityScheduler 和 FairScheduler)是插件的一些示例。

ApplicationsManager 负责接受作业提交,协商第一个容器以执行特定于应用程序的 ApplicationMaster,并提供在失败时重新启动 ApplicationMaster 容器的服务。每个应用程序的 ApplicationMaster 负责从调度程序处协商适当的资源容器,跟踪其状态并监视进度。

2.3　Hadoop 依赖的技术基础

2.3.1　Java 编程基础

Java 是目前使用广泛的编程语言,它具有的众多特性,作为面向对象编程语言的代表,极好地实现了面向对象理论,允许程序员以优雅的思维方式进行复杂的编程,所以,特别适合作为大数据应用的开发语言。更重要的是,Hadoop 以及其他大数据处理技术很多都是用 Java API 开发的,因此学习 Hadoop 的一个首要条件,就是必须要掌握 Java 语言编程。下面将介绍需要掌握的 Java 编程知识点。读者可以根据本书的指导,在学习 Hadoop 之前,自己学习相关的 Java 知识。

1. Java 语言基础

主要掌握 Java 语言的基本数据类型、运算符与表达式以及语句与控制结构。

(1) Java 的基本数据类型

Java 语言定义了两类数据类型:简单数据类型和复合数据类型

简单数据类型有时也称原子类型、基本类型、标量类型或内建类型,其值不能再分解。Java 的基本数据类型是由 Java 编程语言预定义的,并通过其保留的关键字命名。简单数据类型通常有整数类型、实数类型、字符类型、布尔类型等。

复合数据类型也叫引用类型("引用"是个专有名词。对象的引用是指对象的名称、地址、句柄等可以获得或操纵对象的途径,相对于对象本身,对象的引用所占用的内存空间小得多。

它只是找到对象的一条线索),复合数据类型是用来表示对象或数组的引用的。复合数据类型通常有数组、记录、类、文件等。

(2) 运算符与表达式

Java 的运算符代表着特定的运算指令,程序运行时,将对运算符连接的操作数进行相应的运算,得到运算结果。按运算功能来分,可以分为 7 种:赋值运算、算术运算、关系运算、条件运算、逻辑运算、位运算和其他运算。按运算符连接操作数的多少来分,可以分为 3 种:一元运算、二元运算和三元运算。

运算符和操作数的组合形成了表达式,单独的一个常量或变量也是表达式,Java 中的一些特定终结符、关键字和字面量也用于组成表达式,如 ( )、[ ]、new、this、super instanceof 等。

表达式代表着一个确定的量。不管一个表达式有多么复杂,其最终结果仍是一个有确定类型和大小的量。表达式在使用上总是先计算后使用。

表达式的种类有 7 种,分别是算术表达式、逻辑表达式、条件表达式、实例创建表达式、方法调用表达式、方法引用表达式和 Lambda 表达式。

包含多个运算符的表达式称为复杂表达式,重点掌握复杂表达式的运算符的优先级和运算符的结合性。运算符的优先级是指同一表达式中有多个运算符时,运算符被执行的次序,

对于复杂表达式的计算,要按运算符优先级顺序,从高到低进行计算。同一级别的运算符具有相同的优先级,它们的运算次序由结合方向决定。表达式加小括号则优先运算。

运算符优先级的基本规律是,算术运算符高于关系运算符,关系运算符高于逻辑运算符,大部分逻辑运算符高于赋值运算符,小括号运算最优先,具体的 Java 运算符的优先级及结合性如表 2-1 所示。

表 2-1 Java 运算符的优先级及结合性

优先级	运算符	结合性
1	() []	从左向右
2	! +(正) -(负) ~ ++ --	从右向左
3	* / %	从左向右
4	+(加) -(减)	从左向右
5	<< >> >>>	从左向右
6	< <= > >= instanceof	从左向右
7	== !=	从左向右
8	&(按位与)	从左向右
9	^	从左向右
10	|	从左向右
11	&&	从左向右
12	||	从左向右
13	?:	从右向左
14	= += -= *= /= %= &= |= ^= ~= <<= >>= >>>=	从右向左

(3) 语句与控制结构

Java 语句是 Java 标识符的集合，由关键字、常量、变量和表达式构成。一个计算过程由一系列计算步骤组成，Java 语句用于描述计算步骤。从功能角度，Java 语句分为基本语句、复合语句、控制结构语句以及 package 语句和 import 语句等。从程序执行的角度，Java 语句分为说明性语句和操作性语句。

例如，Java 的基本语句包括空语句、标号语句、表达式语句、结构控制语句、break 语句、continue 语句、return 语句等。Java 的复合语句也叫块。块是放在大括号中的一系列语句、本地类声明和局部变量声明。块是通过按它所包含的第一个到最后一个语句的顺序执行的。

结构化程序设计方法推荐使用 3 种程序结构，如图 2-3 所示，包括：顺序结构、分支结构和循环结构。在程序设计中，只需要使用这 3 种结构就能实现所有可计算任务。

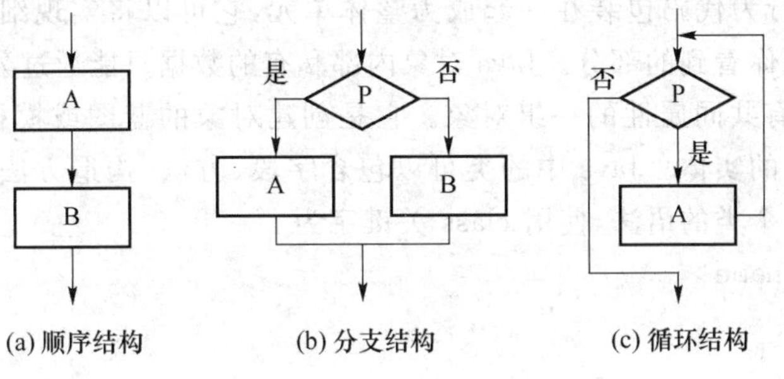

图 2-3　程序结构

程序设计语言的每条语句都使程序执行一个相应的动作，它被直接翻译成一条或多条计算机可执行的指令。语句有多种，其中的控制语句就是一个可以改变程序中语句执行顺序的命令语句。顺序结构不用单独的控制语句，分支结构用选择语句(也叫分支语句)控制，循环结构用循环语句控制。

选择语句为程序提供了分支结构。分支结构根据条件值或表达式值的不同，选择不同的语句序列，其他与条件值或表达式值不匹配的语句序列则被跳过不执行。循环结构根据条件值或表达式值的不同，重复执行一些语句。

2. Java 类和对象的基本概念

面向对象编程是一种使用类和对象来设计程序的方法或模式。它通过提供一些概念来简化软件的开发和维护，如对象、类、继承、多态性、抽象、封装。一切都可表示为对象的编程模式被称为真正的面向对象编程。Java 是目前最流行和应用最广的面向对象的编程语言之一。

(1) 对象

真实世界里，对象意味着真实的实体。任何具有状态和行为的实体都称为对象。例如，椅子、桌子、计算机、电视机等。它可以是物理和逻辑的。逻辑的如课程、计算机里的文件。对象有 3 个特点。① 状态：表示一个对象的数据(值)，通过属性表示。② 行为：表示对象的行为(功能)，通过方法表示。③ 标识：对象标识通常通过唯一 ID 实现。该 ID 的值对外部用户不可见。但是，它由 Java 虚拟机(JVM，Java Virtual Machine)内部使用来唯一地标识每个对象。

(2) 类

类用来描述一类对象的行为和状态。它是对具体对象的逻辑定义。

(3) 继承

一个对象获取到父对象的所有属性和行为,称为继承。它提供了代码的可重用性。用于实现运行时的多态性。

(4) 多态性

当一个任务通过不同的方式执行时,称为多态性。在 Java 中,使用方法重写和重载来实现多态性。

(5) 抽象

从具体事物抽出、概括出事物共同的方面、本质属性与关系等,这种思维过程,称为抽象。Java 中的抽象是抽取关键相关特性(属性和方法构成对象,用程序的方法逻辑和数据结构模拟现实世界的对象)。

(6) 封装

将属性数据和行为代码包装在一起成为整体单元,它可以将实现细节部分包装、隐藏起来,你只能看到它让你看到的部分。Java 对象内部私有的数据只能通过公共的方法去访问。

Java 的类是具有共同属性的一组对象。它是创建对象的蓝图或模板。它是一个逻辑实体,不能是物理存在的实体。Java 中的类可以包含字段、方法、构造方法、代码块和嵌套类和接口。例如,声明一个类的语法,使用 class 关键字为

```
class <class_name>{
    field;
    method;
}
```

一个类可以包含以下类型变量。

- 局部变量:在方法、构造方法或者代码块中定义的变量被称为局部变量。变量声明和初始化都是在方法中,方法结束后,变量就会自动销毁。
- 成员变量(实例变量、属性、字段):成员变量是定义在类中,方法体之外的变量。这种变量在创建对象的时候实例化。成员变量可以被对象中的方法、构造方法和代码块访问。同一个类实例化的每个对象的成员变量是不同的,是个性化的,只属于该对象。
- 类变量:类变量也声明在类中,方法体之外,但必须声明为 static 类型。类变量对于所有该类实例化的对象来说都是一样的、共享的,是共性的。

Java 中的方法类似函数,用于暴露对象的行为,一个类可以拥有多个方法。Java 方法是语句的集合,它们在一起执行一个功能。方法是解决一类问题的步骤的有序组合。方法包含在类或对象中。

方法包含一个方法头和一个方法体。下面是一个方法的所有部分,定义语法:

```
修饰符 返回值类型 方法名(参数类型 参数名,...){
    ...
    方法体
    ...
    return 返回值;
}
```

对象和类之间有很多区别,如表 2-2 所示。

表 2-2　对象与类的比较

编号	对象	类
1	对象是类的一个实例	类是创建对象的蓝图或模板
2	对象是真实世界的实体，如笔、笔记本计算机、手机、床、键盘、鼠标、椅子等	类是一组类似的对象
3	对象是一个物理实体	类是一个逻辑实体
4	对象主要通过 new 关键字创建，如 Student s1＝new Student()；	类使用 class 关键字，如 class Student {}；
5	对象根据需要可创建多次	类只声明一次
6	对象在创建时分配内存	类在创建时不需要分配内存
7	在 Java 中创建对象有很多方法，如 new 关键字、newInstance()方法、clone()方法、反序列化	在 Java 中只有一种方法——使用 class 关键字来定义类

Java 提供包（package）机制，用于区别类名的命名空间，把功能相似或相关的类或接口组织在同一个包中，方便类的查找或使用。另外，包机制可以防止命名冲突，进行访问控制，提供搜索和定位类（class）、接口（interface）、枚举（enumerations）和注解（annotation）等。

Java 中有两种类型的修饰符：访问修饰符和非访问修饰符。Java 中的访问修饰符指定成员变量、方法、构造方法或类的可见性范围。一共有 4 种类型的 Java 访问修饰符：private、default (package)、protected、public。还有许多非访问修饰符，如 static、final、abstract、transient、synchronized、volatile、native 等修饰符。

3. Java 面向对象编程的核心概念

封装（Encapsulation）：在面向对象设计方法中，封装是指一种将抽象性方法接口的实现细节部分包装、隐藏起来的方法。

继承（Inheritance）：继承是 Java 面向对象编程技术的一块基石，因为它允许创建分等级层次的类。继承就是子类继承父类的特征和行为，使子类对象（实例）具有父类的实例变量和方法，使子类具有父类相同的特征和行为。

重写（Overriding）：重写是子类对父类的允许访问的方法进行重新实现，返回值和参数都不能改变，即外壳不变，核心重写。

重载（Overloading）：重载是指在类中可以创建多个方法，它们具有相同的名字，但具有不同参数和不同的定义。调用方法通过传递它们不同的参数个数和参数类型来决定具体使用哪个方法，这就是多态性。当然，方法的返回类型可以相同也可以不同。Java 方法的重写和重载是 Java 多态性的不同表现，重写是父类与子类之间多态性的一种表现，重载是一个类本身多态性的表现。

抽象（Abstract）：抽象是隐藏实现细节并仅向用户显示功能的过程。它只向用户显示重要的事情，并隐藏内部详细信息。例如，发送短信，只需输入文本并发送消息，不需要知道有关短信网络传递的内部处理过程。在 Java 中有两种实现抽象的方法，它们分别是抽象类和接口。

接口（Interface）：Java 中的接口类似于生活中的接口（如一个三接头的插头能接在三孔

插座中)，是一个抽象类型，是一些抽象方法的集合，但没有方法的实现。接口通常以 interface 来声明。

多态(Polymorphism)：多态是同一个行为具有多个不同表现形式或形态的能力，即同一个接口，使用不同的实例而执行相同的方法。

Java 对象之间除了继承、实现接口这种明确定义的面向对象关系之外，还有其他的一些对象之间的引用关系，如统一建模语言(UML，Unified Modeling Language)中定义的依赖、关联、聚合、组合。关系的耦合性从弱到强依次是依赖、关联、聚合、组合、实现和继承。

4. Java 集合框架

集合框架包含接口、实现(类)、算法、迭代器。接口是集合的抽象数据类型。接口提供统一标准的集合操作方法。实现(类)是集合接口的具体实现，它们是可重复使用的数据结构。算法是实现集合接口的对象里的方法执行的一些有用的计算，如搜索和排序。迭代器能够遍历集合中的元素。

Java 集合类按类的继承结构分为两大类，其一是继承自 Collection 接口，这类集合包含 List、Set 和 Queue 等集合类；其二是继承自 Map 接口，这主要包含了哈希表相关的集合类。

(1) Collection 继承结构体系

Collection 继承结构体系，如图 2-4 所示。

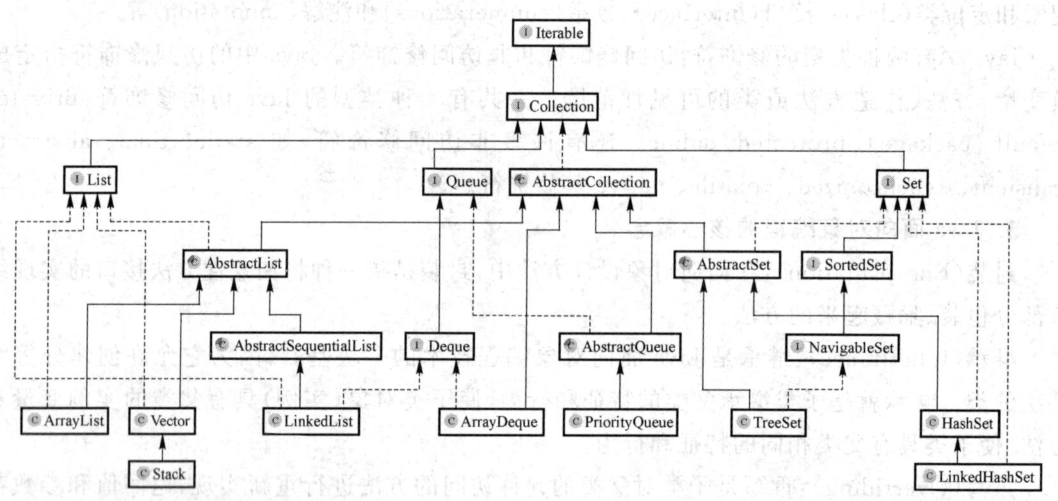

图 2-4 Collection 类继承体系

- List 和数组类似，可以动态增长，根据实际存储的数据的长度自动增加 List 的长度。查找元素效率高，插入删除效率低，因为会引起其他元素位置的改变。常用 List 接口的实现(类)有 ArrayList、LinkedList 和 Vector。
- Set 接口实例存储的是无序的、不重复的数据。List 接口实例存储的是有序的、可以重复的元素。
- Set 检索效率低，删除和插入效率高，删除和插入不会引起元素位置的改变。常用 Set 接口的实现(类)有 HashSet 和 TreeSet。
- Queue 用来模拟队列数据结构，常用 Queue 接口的实现(类)有 PriorityQueue、

ArrayDeque 和 LinkedList。

(2) Map 继承结构体系

Map 继承结构体系,如图 2-5 所示。

- HashMap 不能保证元素存放的顺序,根据键的 HashCode 值存储数据,根据键可以直接获取它的值,非线程同步。
- LinkedHashMap 能够保证插入集合的元素顺序与输出顺序一致,非线程同步。
- TreeMap 是根据键值进行排序的,非线程同步。
- HashTable 不允许记录的键或者值为空,支持线程的同步。

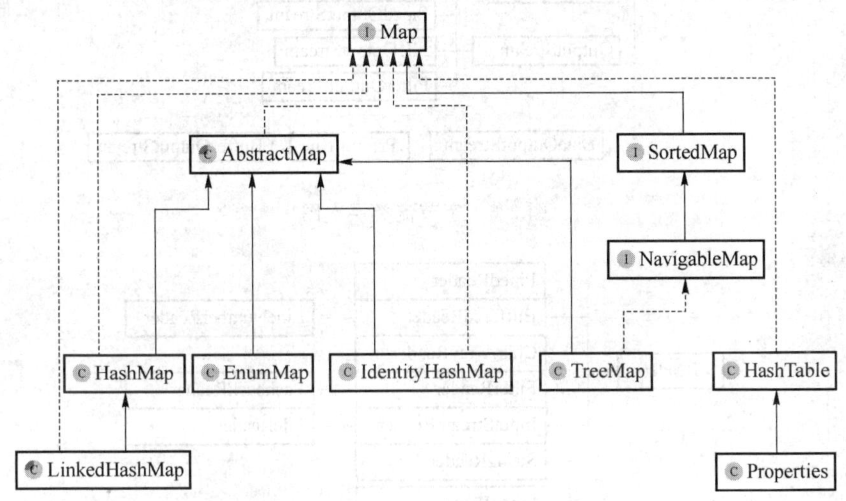

图 2-5　Map 类继承体系

5. Java 的 I/O 流技术

数据流是指一组有顺序的、有起点的和有终点的数据集合。使用数据流的目的是,使程序的输入和输出操作独立于相关设备,使程序能够用于多种 I/O 设备,不需要对源代码做任何修改,从而增强程序的可移植性。Java 的数据流都包含在 java. io 包中。按数据流的方向不同可以分为输入流(InputStream)和输出流(OutputStream);按处理数据单位不同可以分为字节流和字符流;按功能不同可以分为节点流和过滤流。

在 Java 中,程序可以打开一个输入流,输入流的信息源可以位于文件、内存或网络套接字(socket)等地方,信息源的类型可以是包括对象、字符、图像、声音在内的任何类型。一旦打开输入流后,程序就可从输入流串行地读数据。与输入流类似,输出流程序也能通过打开一个输出流并顺序地写入数据来将信息送至目的端。

如图 2-6 所示,字节流是从 InputStream 和 OutputStream 派生出来的一系列类,以字节为处理单位的流。主要用于处理二进制数,是最基本的流。如图 2-7 所示,字符流是从 Reader 和 Writer 派生出的一系列类,以字符为处理单位的流,一个字符为两个字节。

节点流是从特定的地方读写的流类,例如磁盘或一块内存区域。过滤流需要使用已经存在的节点流来构造,提供带缓冲的读写等功能,提高了读写的效率。

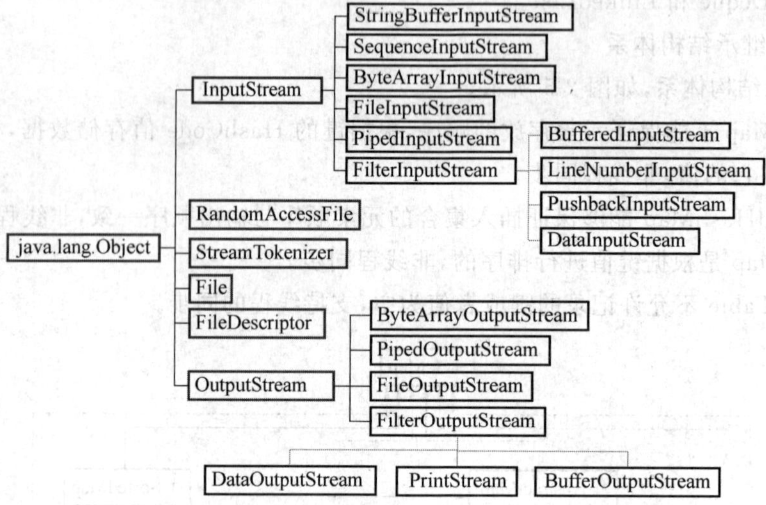

图 2-6　字节流类层次图

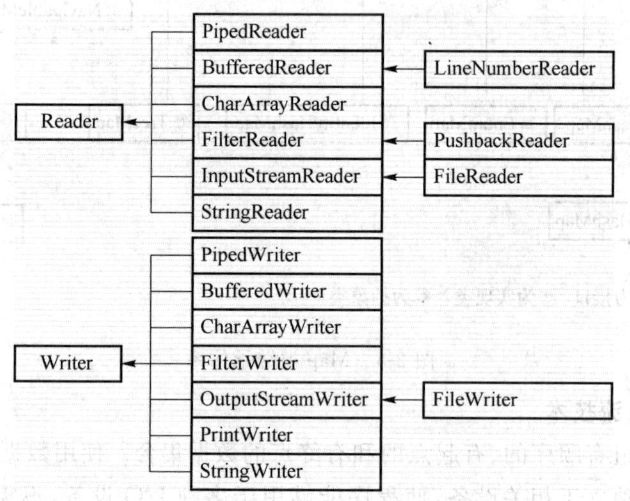

图 2-7　字符流类层次图

6. Java 常用 API

Java 的标准应用程序编程接口(API,Application Programming Interface)很多,重点掌握以下常用 API。

- 字符串操作:Java. lang. String。
- 日期操作:Java. util. Date 和 Java. util. Calendar。
- 格式化:Java. text. Format。
- 随机数:Java. util. Random。
- 系统和属性:Java. lang. System 和 Java. util. Properties。
- 数学计算 Math 和正则表达式。

正则表达式(regular expression)描述了一种字符串匹配的模式,可以用来检查一个串是否含有某种子串、将匹配的子串替换或者从某个串中取出符合某个条件的子串等。

2.3.2　Web 可视化技术基础

数据可视化即以图形或图表格式通过人工或以其他方式组织和显示数据，以使受众能够更清楚地查看分析结果，帮助人们理解数据，并做更好的决策。数据可视化是大数据生命周期管理的最后一步，也是最重要的一步。

数据可视化起源于图形学、计算机图形学、人工智能、科学可视化以及用户界面等领域的相互促进和发展，是当前计算机科学的一个重要研究方向，它利用计算机对抽象信息进行直观表示，以利于快速检索信息和增强认知能力。

这里主要介绍 Web 可视化技术，需要读者掌握网页开发的 3 种主要技术：HTML、CSS 和 JavaScript。

1. HTML

超文本标记语言（HTML，HyperText Markup Language）是标准通用标记语言下的一个应用，也是一种规范，一种标准，它通过标记符号来标记要显示的网页中的各个部分。网页文件本身是一种文本文件，通过在文本文件中添加标记符，可以告诉浏览器如何显示其中的内容（如文字如何处理，画面如何安排，图片如何显示等）。浏览器按顺序阅读网页文件，然后根据标记符解释和显示其标记的内容，对书写出错的标记将不指出其错误，且不停止其解释执行过程，编制者只能通过显示效果来分析出错原因和出错部位。但需要注意的是，对于不同的浏览器，对同一标记符可能会有不完全相同的解释，因而可能会有不同的显示效果。HTML 不是一种编程语言，而是一种标记语言（markup language），标记语言是一套标记标签（markup tag），HTML 使用标记标签来描述网页。

HTML 的运行环境包括主流网页浏览器，如 Mozilla Firefox、Internet Explorer、Microsoft、Edge、Google Chrom、Opera 及 Safari。

HTML 的特点如下。

- 简易性：HTML 版本升级采用超集方式，从而更加灵活方便。
- 可扩展性：HTML 的广泛应用带来了加强功能，增加标识符等要求，HTML 采取子类元素的方式，为系统扩展带来保证。
- 平台无关性：虽然个人计算机大行其道，但使用 MAC 等其他机器的也大有人在，HTML 可以使用在广泛的平台上，这也是万维网（WWW）盛行的另一个原因。
- 通用性：另外，HTML 是网络的通用语言，一种简单、通用的全置标记语言。它允许网页制作人建立文本与图片相结合的复杂页面，这些页面可以被网上任何其他人浏览，无论使用的是什么类型的计算机或浏览器。

常用 HTML 标签如表 2-3 所示。

- HTML 标签原本被设计为用于定义文档内容。通过使用< html >、< title >、< h1 >、< p >、< table > 这样的标签，HTML 的初衷是表达“这是标题”“这是段落”“这是表格”之类的信息。同时文档布局由浏览器来完成，而不使用任何的格式化标签。
- HTML 标记标签通常被称为 HTML 标签（HTML tag）。
- HTML 标签是由尖括号包围的关键词，如 < html >。
- HTML 标签通常是成对出现的，如 < b > 和 </b>。
- 标签对中的第 1 个标签是开始标签，第 2 个标签是结束标签。

• 开始标签和结束标签也被称为开放标签和闭合标签。

表 2-3 常用 HTML 标签

标签	名称	实例
<title>	标题	<title>百度一下，你就知道</title>
<p>	段落	<p>这是一个段落</p>
<a>	超链接	<a href="http://kaixt.cn/">开学堂</a>
<img>	图片	<img src="url" />
<table>	表格	<table> <tr> <td>100</td> </tr> </table>
<div>	块	<div></div>
<input>	输入框	<input type="text" name="username"/>

2. CSS

层叠样式表(CSS，Cascading Style Sheets)是一种用来表现 HTML(标准通用标记语言的一个应用)或 XML(标准通用标记语言的一个子集)等文件样式的计算机语言。CSS 不仅可以静态地修饰网页，还可以配合各种脚本语言动态地对网页各元素进行格式化。

CSS 能够对网页中元素位置的排版进行像素级精确控制，支持几乎所有的字体字号样式，拥有对网页对象和模型样式编辑的能力。

20 世纪 90 年代，由于两种主要的浏览器(Netscape 和 Internet Explorer)不断地将新的 HTML 标签和属性(如字体标签和颜色属性)添加到 HTML 规范中，创建文档内容清晰地独立于文档表现层的站点变得越来越困难。万维网联盟(W3C)，这个非营利的标准化联盟，肩负起了 HTML 标准化的使命，并在 HTML 4.0 之外创造出样式(Style)。优点是表现和内容分离，文档结构清晰，开发和修改都相对独立。CSS 控制网页的样式，HTML 负责网页的内容组织。

CSS 为 HTML 标记语言提供了一种样式描述，定义了其中元素的显示方式。CSS 在 Web 设计领域是一个突破。利用它可以实现通过修改一个小的样式文件，就能更新与之相关的所有页面元素的功能，极大地提高了效率。

总体来说，CSS 具有以下特点。

• 丰富的样式定义。CSS 提供了丰富的文档样式外观，以及设置文本和背景属性的能力；CSS 允许为任何元素创建边框，并支持设定元素边框与其他元素间和元素内容间的距离；允许随意改变文本的大小写方式、修饰方式以及其他页面效果。
• 易于使用和修改。CSS 可以将样式定义在 HTML 元素的 style 属性中，也可以将其定义在 HTML 文档的 header 部分，也可以将样式声明在一个专门的 CSS 文件中，以供 HTML 页面引用。总之，CSS 样式表可以将所有的样式声明统一存放，进行统一管理。另外，可以将相同样式的元素进行归类，使用同一个样式进行定义，也可以将某个样式应用到所有同名的 HTML 标签中，也可以将一个 CSS 样式指定到某个页面元素中。如果要修改样式，只需要在样式列表中找到相应的样式声明进行修改。
• 多页面应用。CSS 样式表可以单独存放在一个 CSS 文件中，这样就可以在多个页面中使用同一个 CSS 样式表。CSS 样式表理论上不属于任何页面文件，在任何页面文件中都可以将其引用。这样就可以实现多个页面风格的统一。

- 层叠。简单地说，层叠就是对一个元素多次设置同一个样式，这将使用最后一次设置的属性值。例如对一个站点中的多个页面使用了同一套 CSS 样式表，而某些页面中的某些元素想使用其他样式，就可以针对这些样式单独定义一个样式表应用到页面中。这些后来定义的样式将对前面的样式设置进行重写，在浏览器中看到的将是最后面设置的样式效果。
- 页面压缩。在使用 HTML 定义页面效果的网站中，往往需要大量或重复的表格和 font 元素形成各种规格的文字样式，这样做的后果就是会产生大量的 HTML 标签，从而使页面文件的体积增加。而将样式的声明单独放到 CSS 样式表中，可以大大减小页面的体积，这样在加载页面时使用的时间也会大大减少。另外，CSS 样式表的复用更大程度地缩减了页面的体积，减少了下载的时间。

3. JavaScript

JavaScript 是一种直译式脚本语言，是一种动态类型、弱类型、基于原型的语言，内置支持类型。它的解释器被称为 JavaScript 引擎，为浏览器的一部分，最早在 HTML 网页上使用，用来给 HTML 网页增加动态功能。

20 世纪 90 年代，绝大多数用户都在使用调制解调器上网，网速很慢。用户填写完一个表单点击提交，需要等待几十秒，服务器才能返回响应。那时正处于技术革新最前沿的 Netscape 开发了一个 LiveScript 的脚本语言。主要目的是处理以前由服务器端负责的一些表单验证。把验证工作放到客户端进行，即由浏览器检查表单，合格后再提交。就在 Netscape Navigator 2.0 网页浏览器即将正式发布前，Netscape 将其更名为 JavaScript，目的是利用 Java 这个因特网时髦词汇。

JavaScript 1.0 获得了巨大的成功，Netscape 随后在 Netscape Navigator 3.0 中发布了 JavaScript 1.1。之后作为竞争对手的微软在自家的 IE3 中加入了名为 JScript(名称不同是为了避免侵权)的 JavaScript 实现。由于市场上存在不同的 JavaScript 版本，但又没有标准规定 JavaScript 的语法和特性，因此导致很多问题。1997 年，以 JavaScript 1.1 为蓝本的建议被提交给欧洲计算机制造商协会(ECMA)，协会成员(各个大公司的代表)经过共同协商，推出 ECMA-262——定义了一种名为 ECMAScript 的新脚本语言的标准。

JavaScript 由 3 个部分组成。

- 核心(ECMAScript)：由 ECMA-262 定义，提供核心语言功能，如语法、类型、语句、关键字、保留字、操作符、对象。
- 文档对象模型(DOM)：描述访问和操作网页内容的方法和接口。
- 浏览器对象模型(BOM)：描述与浏览器交互的方法和接口。

JavaScript 是一种属于网络的脚本语言，已经被广泛用于 Web 应用开发，常用来为网页添加各式各样的动态功能，为用户提供更流畅美观的浏览效果。通常 JavaScript 脚本是通过嵌入 HTML 中来实现自身的功能的。它有以下 4 个特点。

- 是一种解释性脚本语言(代码不进行预编译)。
- 主要用来向 HTML 页面添加交互行为。
- 可以直接嵌入 HTML 页面，但写成单独的 js 文件有利于结构和行为的分离。
- 跨平台特性，在绝大多数浏览器的支持下，可以在多种平台下运行(如 Windows、Linux、Mac、Android、iOS 等)。

此外，JavaScript 脚本语言同其他语言一样，有它自身的基本数据类型、表达式和算术运算符及基本程序框架。JavaScript 提供了 4 种基本的数据类型和 2 种特殊的数据类型来处理数据和文字。而变量提供存放信息的地方，表达式则可以完成较复杂的信息处理。

2.3.3 关系数据库基础

目前，有相当一部分大数据分析处理的原始数据来自关系数据库，处理结果也存放在关系数据库中。原因在于目前超过 99%的软件系统采用传统的关系数据库，大家对它们很熟悉，用起来得心应手。例如，在一个大数据项目中，数仓（数据仓库 Hive＋HBase）的数据收集同样来自 Oracle 或 MySQL，处理后的统计结果和明细，尽管保存在 Hive 中，但也会定时推送到 Oracle/MySQL，供前台系统读取展示，生成各种报表。所以，学习大数据技术之前需要有关系数据库的基础，并能熟练地应用 SQL 语句操作数据库。

关系数据库，是建立在关系模型基础上的数据库，借助于集合代数等数学概念和方法来处理数据库中的数据。现实世界中的各种实体以及实体之间的各种联系均可用关系模型来表示。关系模型是由埃德加・科德于 1970 年首先提出的，并配合“科德十二定律”。现如今虽然对此模型有一些批评意见，但它还是数据存储的传统标准。标准数据查询语言 SQL 就是一种基于关系数据库的语言，这种语言执行对关系数据库中数据的检索和操作。关系模型由关系数据结构、关系操作集合、关系完整性约束三部分组成。简单说，关系数据库是由多张能互相连接的二维行列表格组成的数据库。常用的关系数据库有 Oracle、MySQL、PostgreSQL、SQL server 和 DB2 等。

结构化查询语言（SQL，Structured Query Language），是一种数据库查询和程序设计语言，用于存取数据以及查询、更新和管理关系数据库系统；同时也是数据库脚本文件的扩展名。SQL 是最重要的关系数据库操作语言，并且它的影响已经超出数据库领域，得到其他领域的重视和采用，如人工智能领域的数据检索，第 4 代软件开发工具中嵌入 SQL 语言等。

结构化查询语言包含 6 个部分。

1. 数据查询语言

数据查询语言（DQL，Data Query Language）的语句，也称为“数据检索语句”，用来从表中获得数据，确定数据怎样在应用程序给出。保留字 SELECT 是 DQL（也是所有 SQL）用得最多的动词，其他 DQL 常用的保留字有 WHERE、ORDER BY、GROUP BY 和 HAVING。这些 DQL 保留字常与其他类型的 SQL 语句一起使用。

2. 数据操作语言

数据操作语言（DML，Data Manipulation Language）的语句包括动词 INSERT、UPDATE 和 DELETE。它们分别用于添加、修改和删除表中的行。也称动作查询语言。

3. 事务处理语言

事务处理语言（TPL，Transaction Processing Language）的语句能确保被 DML 语句影响的表的所有行及时得以更新。TPL 语句包括 BEGIN TRANSACTION、COMMIT 和 ROLLBACK。

4. 数据控制语言

数据控制语言（DCL，Data Control Language）的语句通过 GRANT 或 REVOKE 获得许可，确定单个用户和用户组对数据库对象的访问。某些 RDBMS 可用 GRANT 或 REVOKE 控制对表单各列的访问。

5. 数据定义语言

数据定义语言(DDL,Data Definition Language)的语句包括动词 CREATE 和 DROP。可在数据库中创建新表或删除表(CREATE TABLE 或 DROP TABLE),为表加入索引等。DDL 还包括查看表结构的功能,它是指查看数据库中已经存在的表的定义。

6. 指针控制语言

指针控制语言(CCL,Cursor Control Language)的语句,如 DECLARE CURSOR、FETCH INTO 和 UPDATE WHERE CURRENT,用于对一个或多个表单独行的操作。

2.3.4 Linux 基础

Linux 是一套免费使用和自由传播的类 Unix 操作系统,是一个基于 POSIX 和 UNIX 的多用户、多任务、支持多线程和多 CPU 的操作系统。它能运行主要的 UNIX 工具软件、应用程序和网络协议。它支持 32 位和 64 位硬件。Linux 继承了 UNIX 以网络为核心的设计思想,是一个性能稳定的多用户网络操作系统。这个系统是由全世界各地的成千上万的程序员设计和实现的。其目的是建立不受任何商品化软件版权制约的、全世界都能自由使用的 UNIX 兼容产品。Hadoop 在实际的工业环境中运行在 Linux 环境下,所以读者要掌握 Linux 操作系统的基本操作。

Red Hat 是国内使用人群最多的 Linux 版本,Red Hat 系列包括:①Red Hat Enterprise Linux,收费版本,稳定性非常好,适合服务器使用;②CentOS,RHEL 的社区克隆版本,开源免费版本,稳定性非常好,适合服务器使用。本书选用开源的 CentOS 操作系统。

主要需要掌握 Linux 操作系统的以下操作。

1. 虚拟机软件的安装和虚拟机的创建

虚拟机(Virtual Machine)指通过软件模拟的具有完整硬件系统功能的、运行在一个完全隔离环境中的完整计算机系统。流行的虚拟机软件有 VMware(VMware ACE)、Virtual Box 和 Virtual PC,它们都能在 Windows 系统上虚拟出多个计算机。下面用 VMware 虚拟机软件演示安装和创建过程。

① VMware 官网的下载页面如图 2-8 所示。其官网下载地址为 http://www.vmware.com/products/workstation/workstation-evaluation.html。

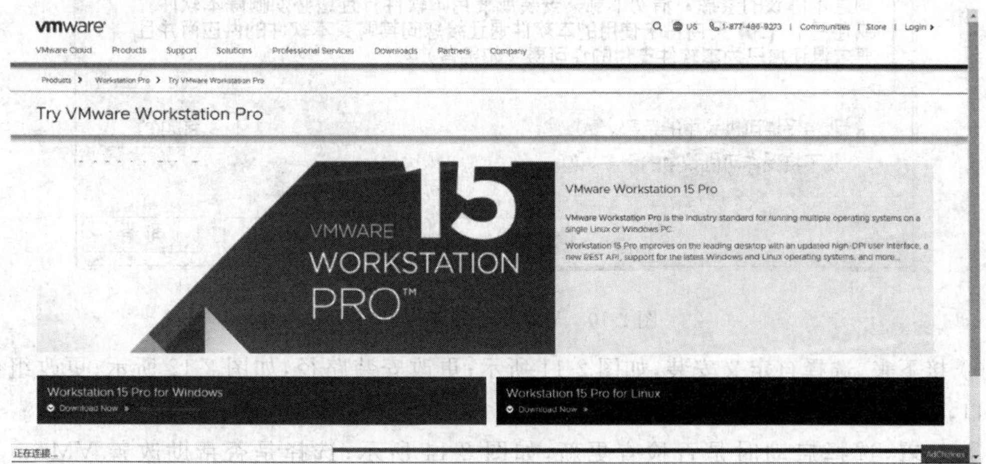

图 2-8　VMware 官网下载页面

② 下载软件后，双击软件包开始安装，如图 2-9 和图 2-10 所示。

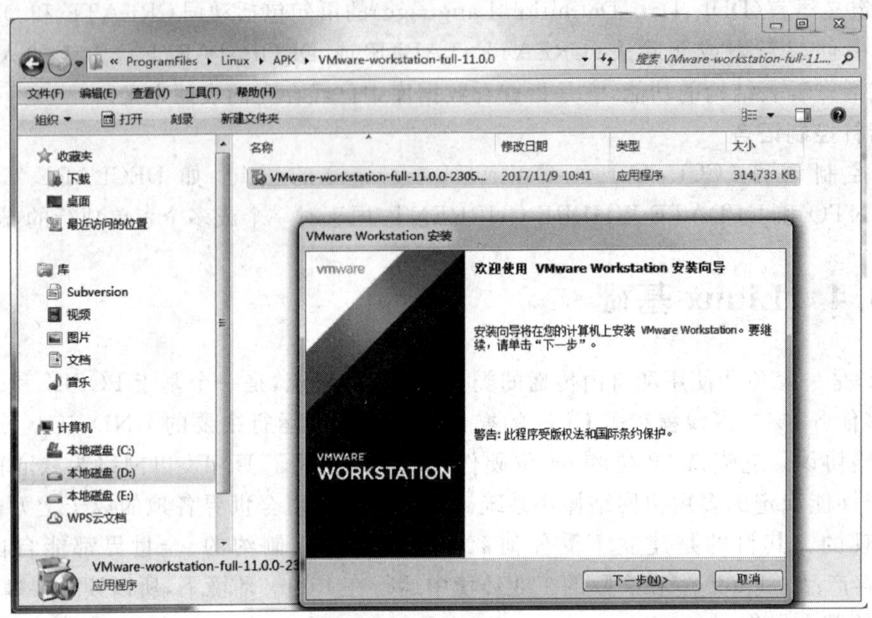

图 2-9　VMware 安装向导

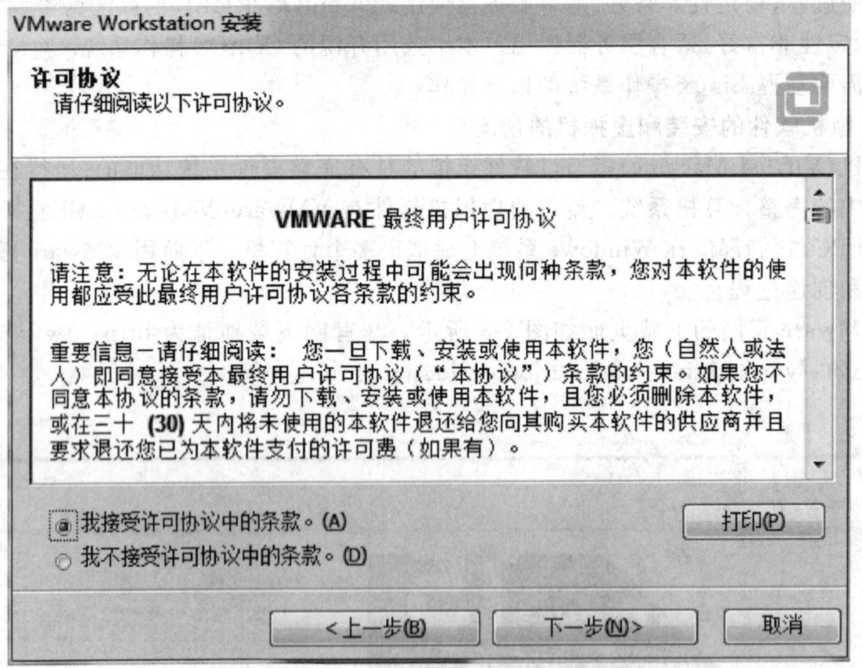

图 2-10　VMware 安装许可协议

③ 接下来，选择自定义安装，如图 2-11 所示；更改安装路径，如图 2-12 所示；更改组件侦听端口，如图 2-13 所示。

④ 接着，选择启动时是否检查更新，如图 2-14 所示；选择是否帮助改善 VMware，如图 2-15 所示；选择是否创建快捷方式，如图 2-16 所示；选择继续安装，如图 2-17 所示。

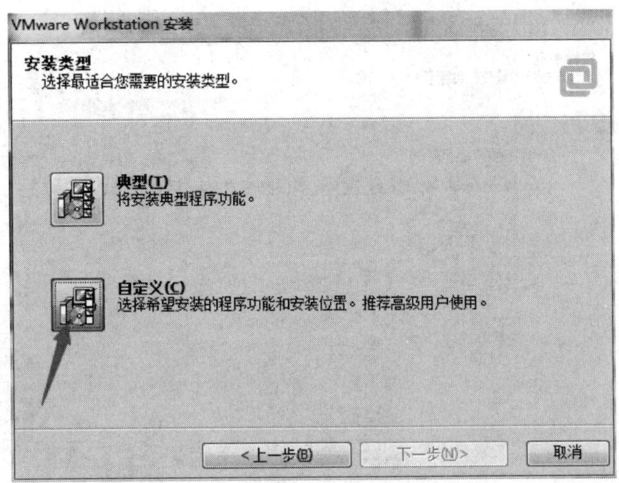

图 2-11　选择安装类型

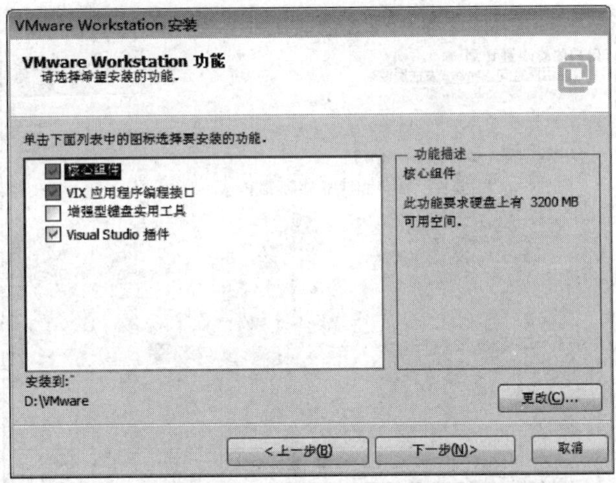

图 2-12　更改安装路径

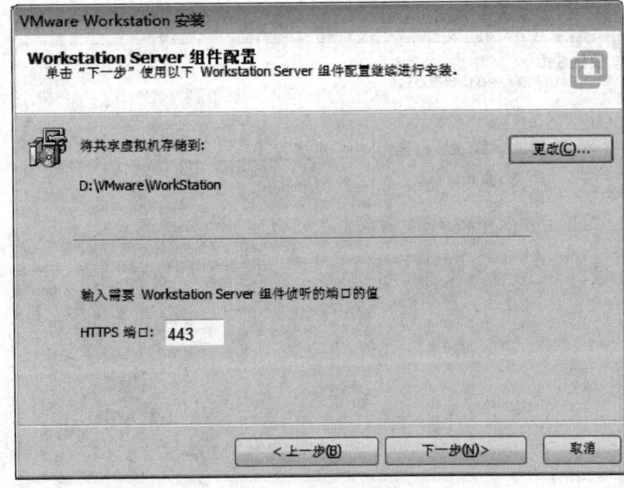

图 2-13　更改组件侦听端口

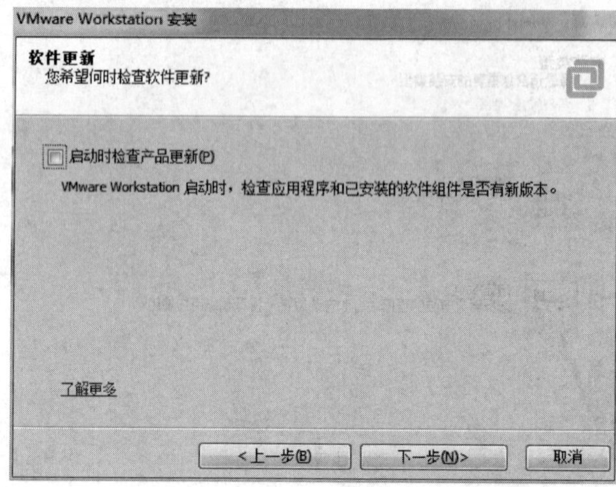

图 2-14　选择启动时是否检查更新

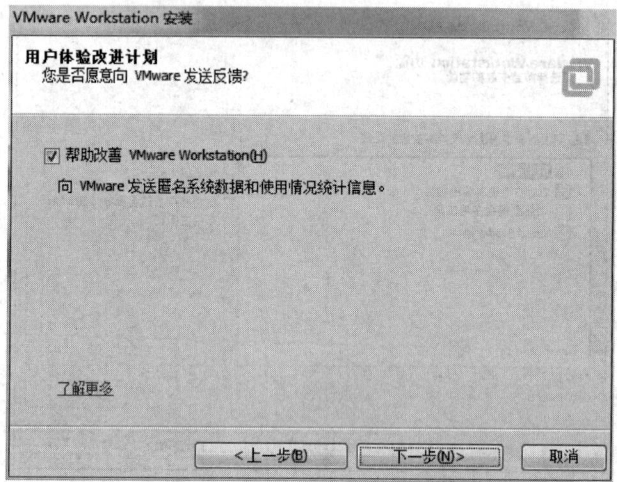

图 2-15　选择是否帮助改善 VMware

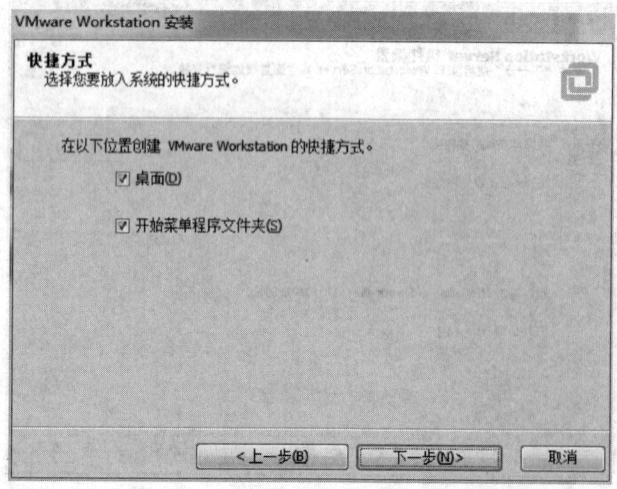

图 2-16　选择是否创建快捷方式

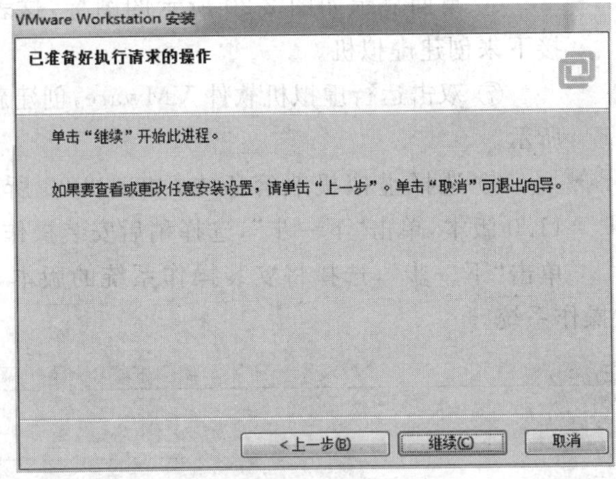

图 2-17　选择继续安装

⑤ 输入许可证密钥“1F04Z-6D111-7Z029-AV0Q4-3AEH8”，如图 2-18 所示；完成安装，如图 2-19 所示。

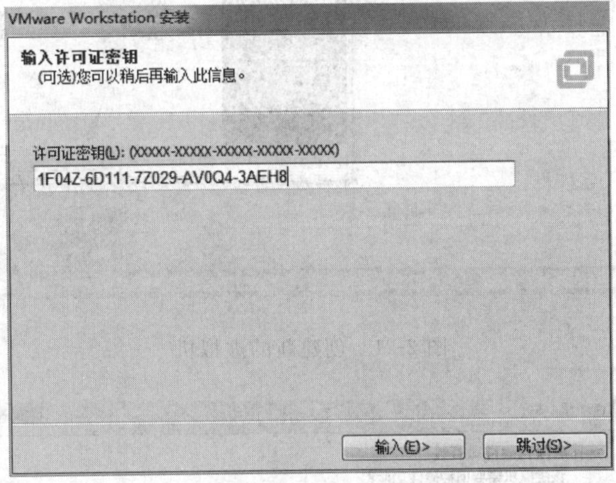

图 2-18　输入许可证密钥

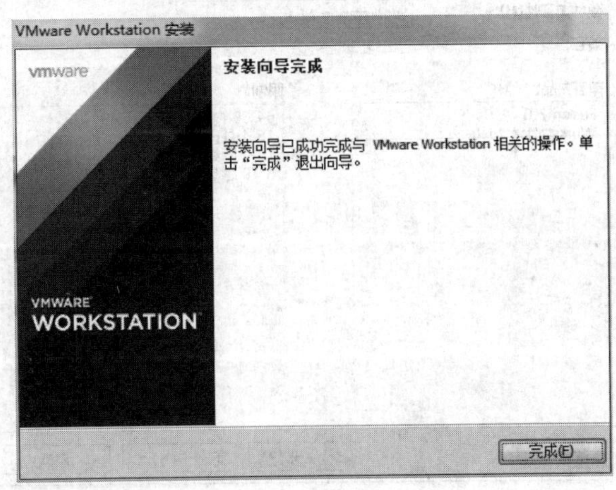

图 2-19　完成安装

图 2-20 VMware 桌面快捷图标

⑥ 桌面显示如图 2-20 所示的图标，这表示虚拟机安装完成，接下来创建虚拟机。

⑦ 双击运行虚拟机软件 VMware，创建新的虚拟机，如图 2-21 所示。

⑧ 选择虚拟机兼容版本，如图 2-22 所示；选择 Workstation 11.0 版本，单击“下一步”，选择稍后安装操作系统，如图 2-23 所示；单击“下一步”，选择将安装操作系统的版本，如图 2-24 所示，选择 Linux 的 CentOS 64 位操作系统。

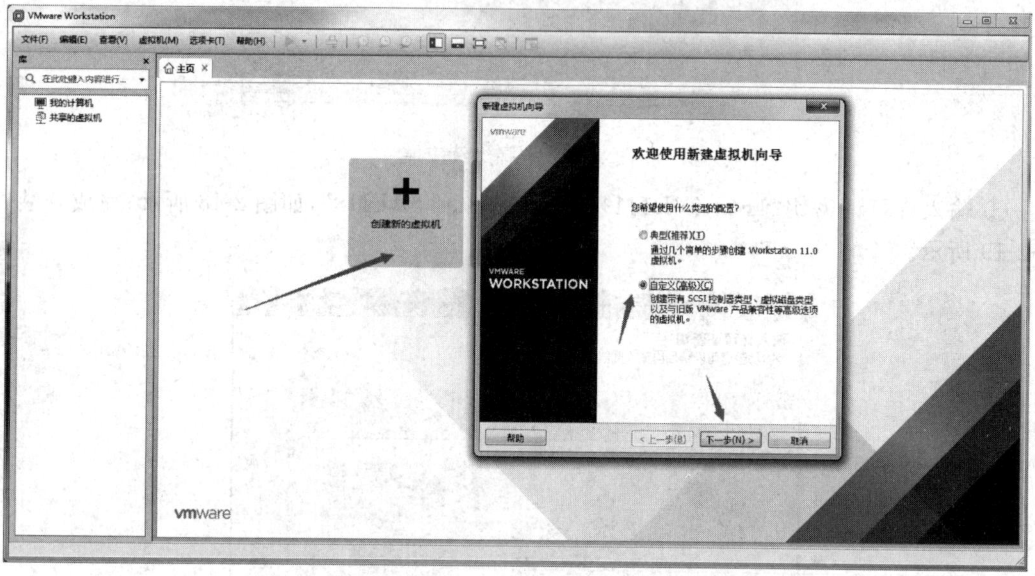

图 2-21 创建新的虚拟机

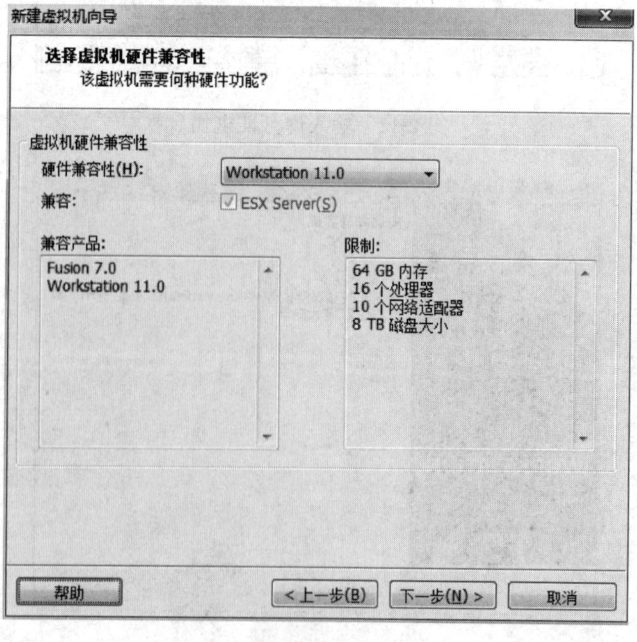

图 2-22 选择虚拟机兼容版本

⑨ 自定义虚拟机名称和安装位置，如图 2-25 所示，单击"下一步"。

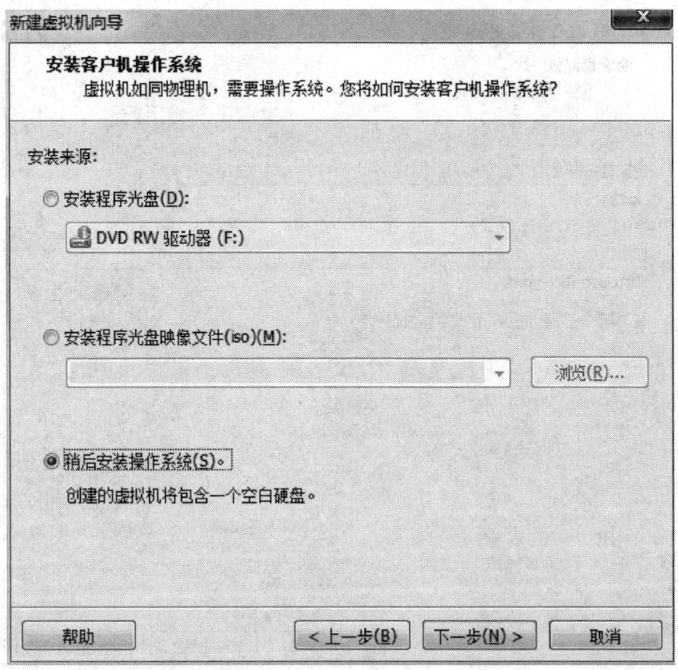

图 2-23 选择稍后安装操作系统

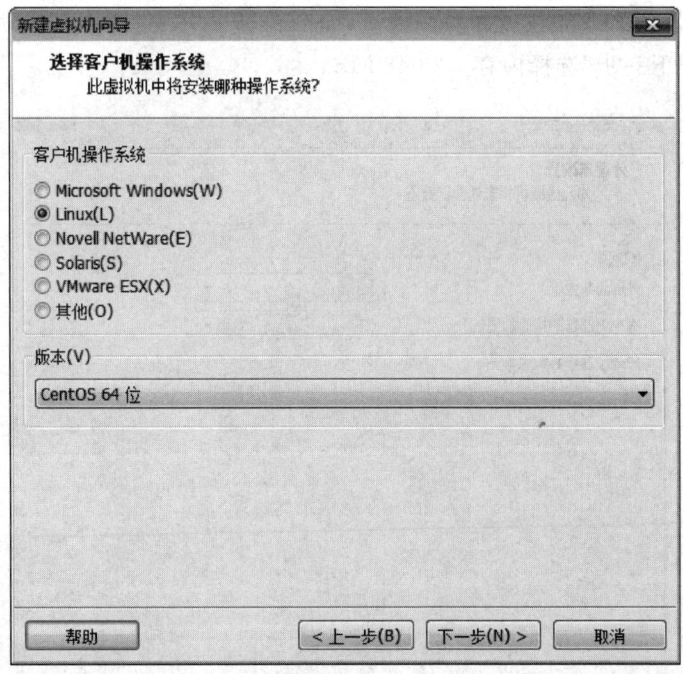

图 2-24 选择将安装操作系统的版本

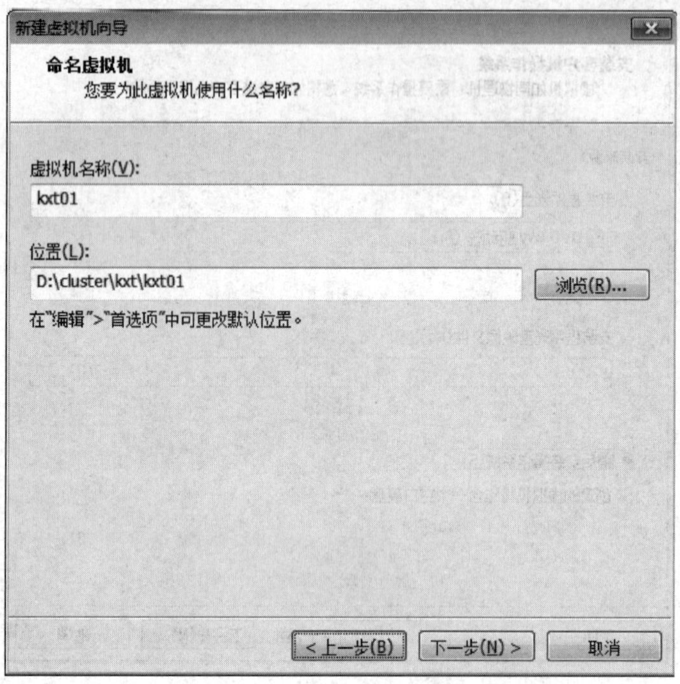

图 2-25　自定义虚拟机名称和安装位置

⑩ 配置处理器(CPU)的数量和核心数量,如图 2-26 所示,选择虚拟机处理器数量为 1,核心数量为 2,单击“下一步”选择内存≥2 048 MB。

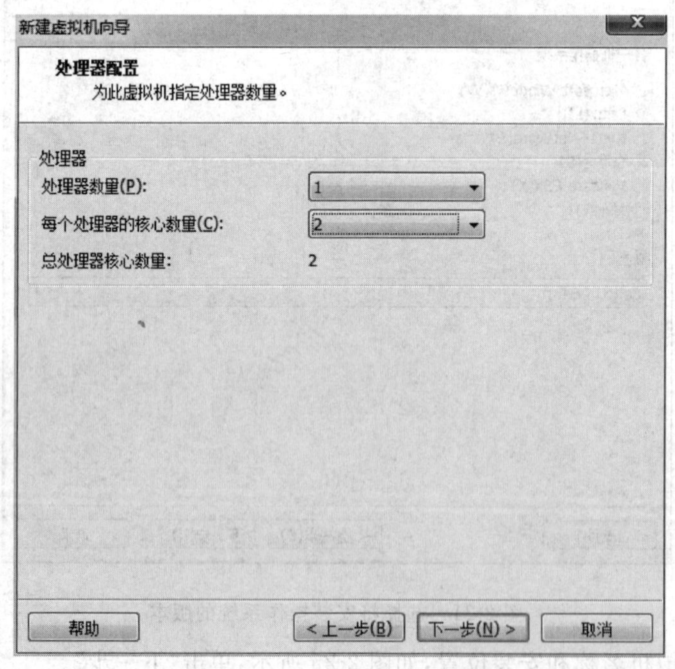

图 2-26　配置 CPU 数量和核心数量

⑪ 选择网络类型，如图 2-27 所示，选择使用网络地址转换(NAT)模式的网络连接。单击“下一步”，选择 I/O 控制器类型，如图 2-28 所示，选择 SCSI 控制器为 LSI Logic 类型。单击“下一步”，选择磁盘类型，如图 2-29 所示，选择 SCSI 磁盘类型，单击“下一步”。

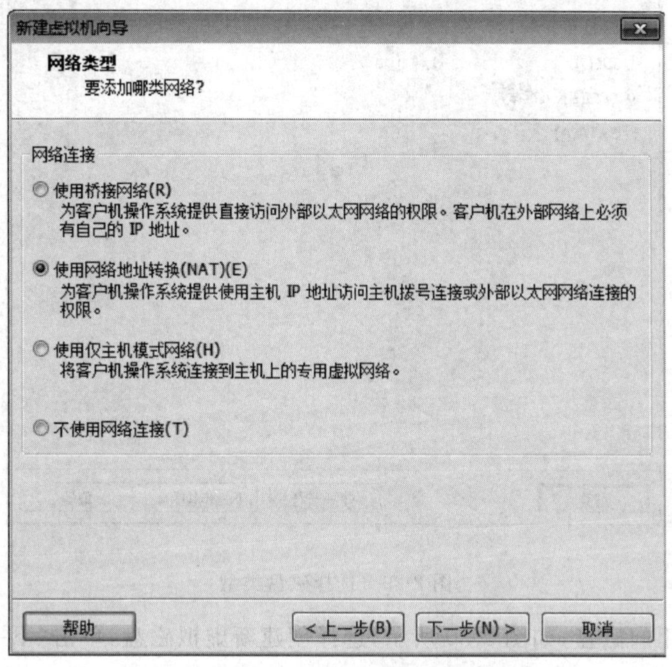

图 2-27　选择网络类型

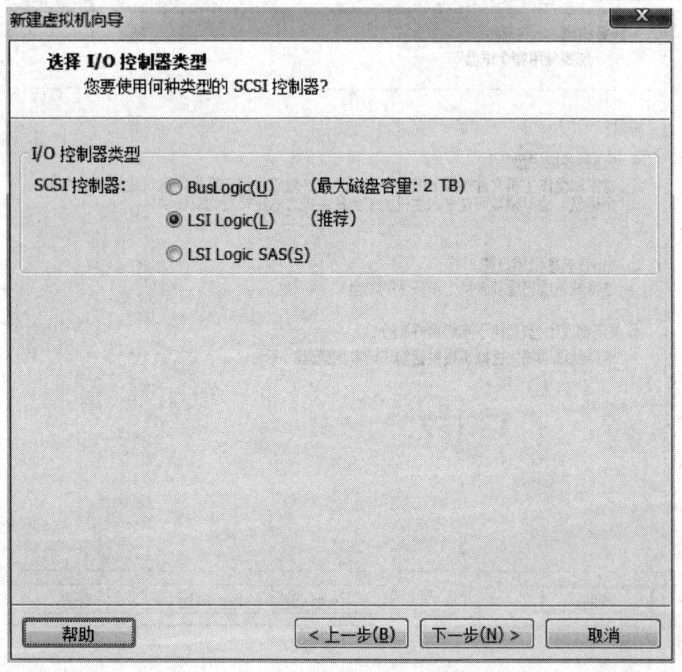

图 2-28　选择 I/O 控制器类型

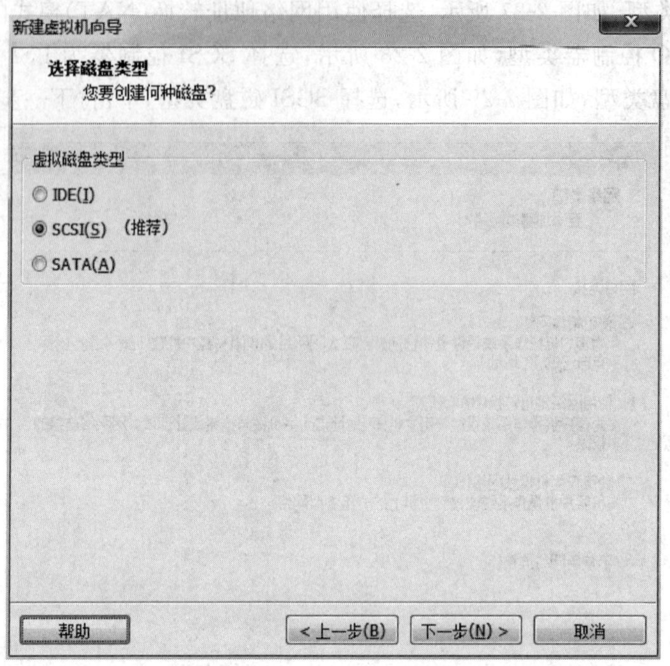

图 2-29　选择磁盘类型

⑫ 选择要使用的磁盘，如图 2-30 所示，选择创建新虚拟磁盘，单击“下一步”，指定磁盘容量，设定最大磁盘大小为 20.0 GB，并选择将虚拟磁盘拆分为多个文件，单击“下一步”。

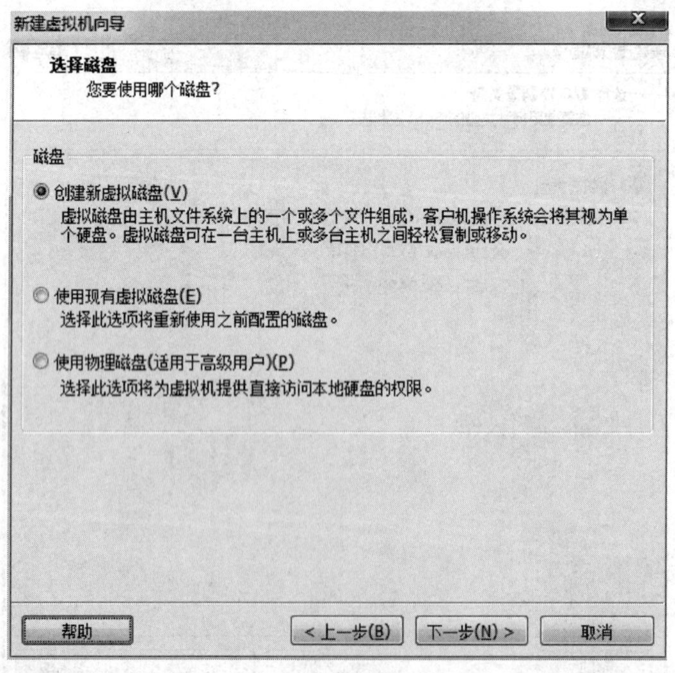

图 2-30　选择要使用的磁盘

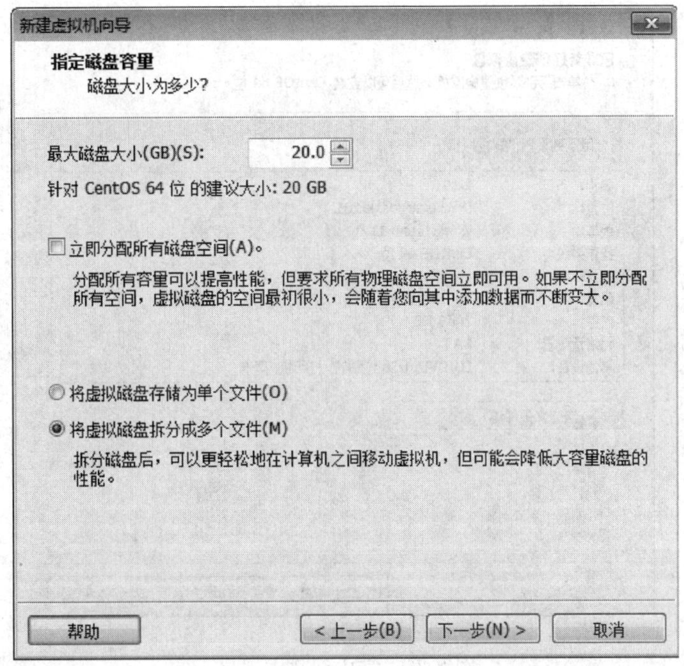

图 2-31　指定磁盘容量

⑬ 指定磁盘文件名称，如图 2-32 所示，指定磁盘文件名为 kxt01. vmdk，单击“下一步”，完成创建虚拟机，如图 2-33 所示，单击“完成”。

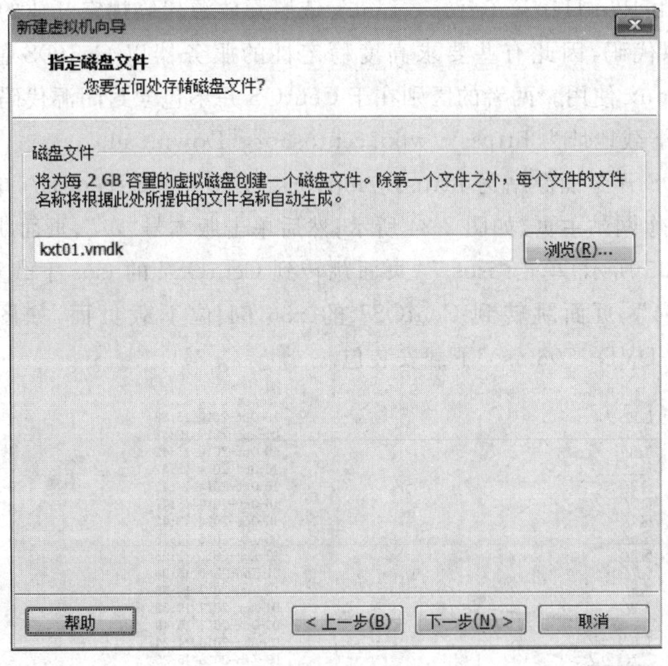

图 2-32　指定磁盘文件名称

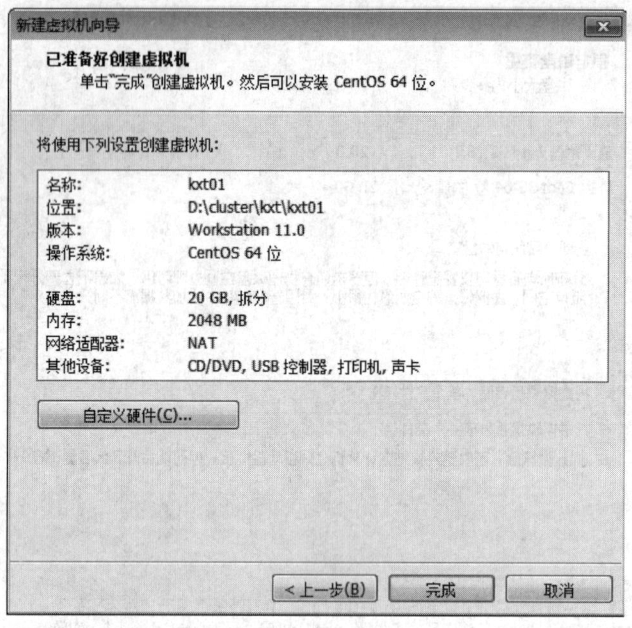

图 2-33　完成创建虚拟机

2. 安装 CentOS7 系统

首先,需要先下载 CentOS7 安装包。Community ENTerprise Operating System 是 Linux 发行版之一,它是由 Red Hat Enterprise Linux 依照开放源代码规定开放的源代码编译而成。由于出自同样的源代码,因此有些要求高度稳定性的服务器以 CentOS 替代商业版的 Red Hat Enterprise Linux 使用。两者的区别在于 CentOS 并不包含封闭源代码软件。

CentOS 官方下载地址为 https://wiki.centos.org/Download。

阿里云 CentOS 开源镜像站为 https://mirrors.aliyun.com/centos/,单击网址进入阿里云 CentOS 开源镜像网站主页,如图 2-34 所示;然后单击版本号"7/",页面跳转到 CentOS7 的下载页面,如图 2-35 所示;单击"isos/",页面跳转到 CentOS7 的 isos 下载页面,如图 2-36 所示;再单击"x86 64",页面跳转到 CentOS7 的 x86 64 位下载页面,如图 2-37 所示;单击"CentOS-7-x86 64-DVD-1708.iso"下载安装包。

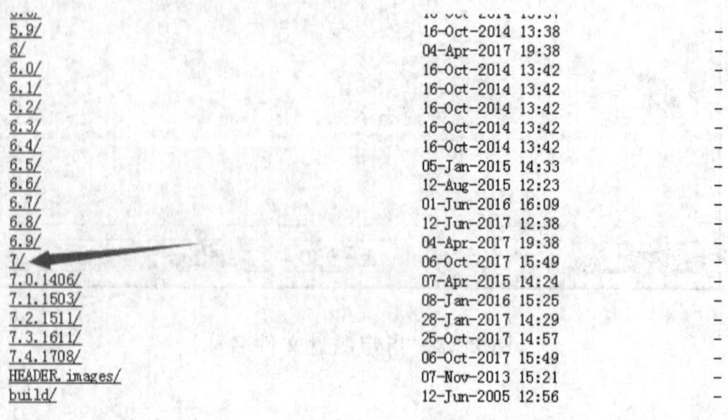

图 2-34　阿里云 CentOS 开源镜像站主页

Index of /centos/7/

Name	Last modified	Size
../		
atomic/	05-Jun-2015 11:33	-
centosplus/	04-Sep-2017 17:10	-
cloud/	03-Nov-2015 11:59	-
configmanagement/	06-Oct-2017 15:49	-
cr/	01-Sep-2017 10:49	-
dotnet/	29-Sep-2017 12:33	-
extras/	07-Sep-2017 20:44	-
fasttrack/	01-Sep-2017 11:08	-
isos/	04-Sep-2017 19:48	-
opstools/	13-Sep-2017 12:54	-
os/	30-Aug-2017 14:31	-
paas/	18-May-2016 15:36	-
rt/	10-Feb-2017 21:18	-
sclo/	04-Nov-2015 10:27	-
storage/	13-Nov-2015 17:33	-
updates/	11-Oct-2017 20:42	-
virt/	12-Nov-2015 12:07	-

图 2-35　CentOS7 下载目录

Index of /centos/7/isos/

Name	Last modified	Size
../		
x86_64/	19-Sep-2017 18:42	-

图 2-36　CentOS7 的 isos 下载页面

Index of /centos/7/isos/x86_64/

Name	Last modified	Size
../		
0_README.txt	13-Sep-2017 15:00	2483
CentOS-7-x86_64-DVD-1708.iso	06-Sep-2017 10:59	4521459712
CentOS-7-x86_64-DVD-1708.torrent	13-Sep-2017 14:38	173066
CentOS-7-x86_64-Everything-1708.iso	06-Sep-2017 10:59	8694792192
CentOS-7-x86_64-Everything-1708.torrent	13-Sep-2017 14:39	332287
CentOS-7-x86_64-LiveGNOME-1708.iso	05-Sep-2017 15:22	1287651328
CentOS-7-x86_64-LiveGNOME-1708.torrent	13-Sep-2017 14:39	49723
CentOS-7-x86_64-LiveKDE-1708.iso	05-Sep-2017 15:32	1793064960
CentOS-7-x86_64-LiveKDE-1708.torrent	13-Sep-2017 14:39	68997
CentOS-7-x86_64-Minimal-1708.iso	05-Sep-2017 14:15	830472192
CentOS-7-x86_64-Minimal-1708.torrent	13-Sep-2017 14:39	32276
CentOS-7-x86_64-NetInstall-1708.iso	05-Sep-2017 13:36	442499072
CentOS-7-x86_64-NetInstall-1708.torrent	13-Sep-2017 14:39	17485
sha1sum.txt	12-Sep-2017 20:55	454
sha1sum.txt.asc	12-Sep-2017 22:59	1314
sha256sum.txt	12-Sep-2017 20:55	598
sha256sum.txt.asc	12-Sep-2017 22:59	1458

图 2-37　CentOS7 的 x86 64 位下载页面

下载包说明如下。

- CentOS-7-x86 64：表示这个镜像叫 CentOS，版本号为 7，支持 64 位；
- DVD：普通安装版，需安装到计算机硬盘才能用，文件比较大，包含一系列常用的软件，适合在虚拟机中安装学习，安装的时候可以选择性地安装；
- Everything：最完整版，对普通安装版的软件进行补充，集成所有软件，很多软件暂时用不到，不推荐；

- LiveGNOME:GNOME 桌面版;
- LiveKDE:KDE 桌面版;
- Minimal:最小安装版,一般文本编辑器都没有,不推荐;
- NetInstall:网络安装的启动盘。

另外,.iso 代表着直接下载镜像,.torrent 是种子文件。阿里云提供的下载速度很快,直接下载 iso 就行。安装步骤如下。

① 如图 2-38 所示,选择节点“kxt01”,编辑虚拟机设置,修改 CD/DVD 的路径,选择使用下载的 CentOS7 的 ISO 映像文件。然后,单击“确定”,开始 CentOS7 的安装,如图 2-39 所示。

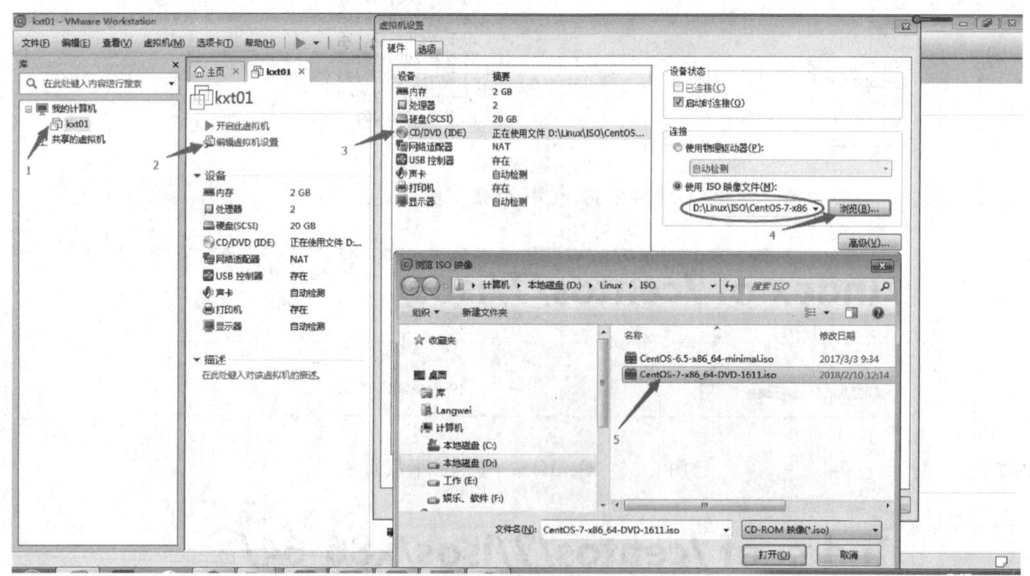

图 2-38　选择虚拟机安装 CentOS7 操作系统

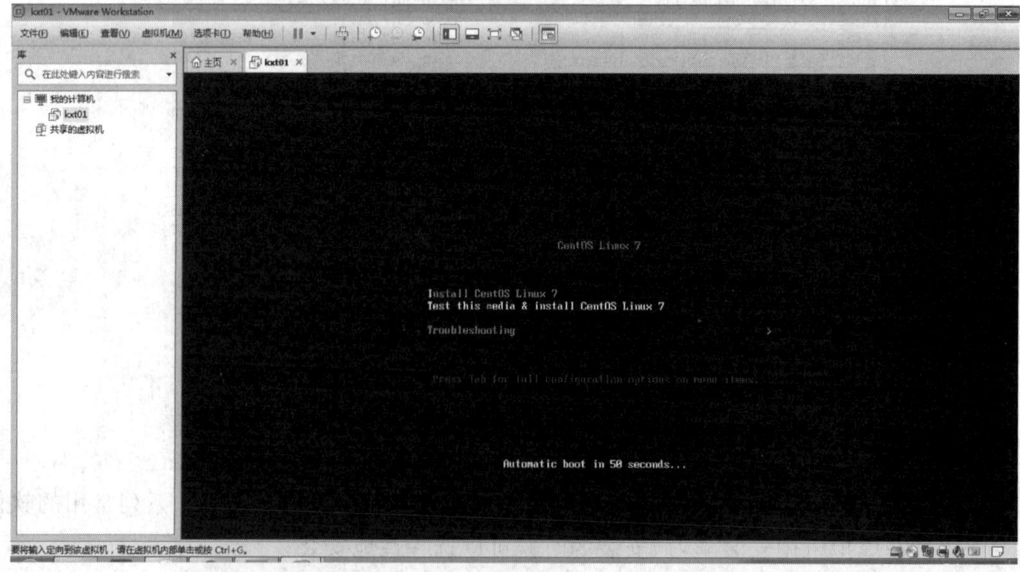

图 2-39　开始安装 CentOS7

② 选择默认的语言“English”，如图 2-40 所示，然后，单击“Continue”。

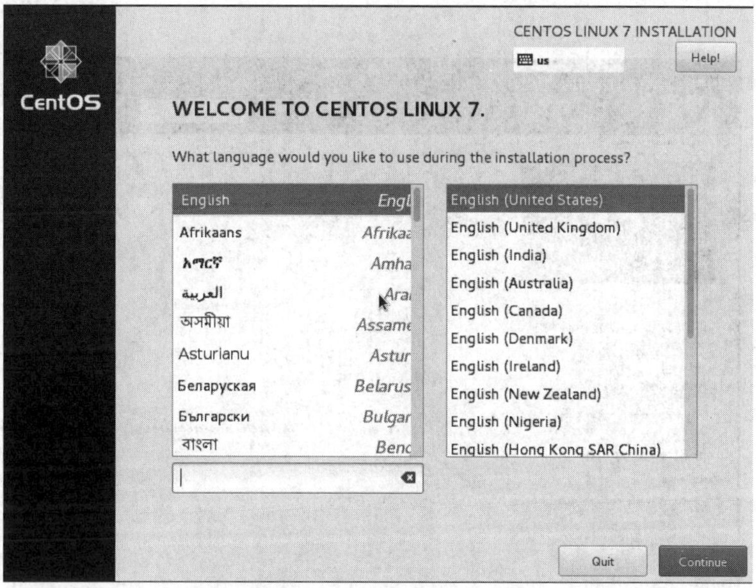

图 2-40　选择语言

③ 在 CentOS7 安装配置主界面，如图 2-41 所示，本地化（LOCALIZATION）和软件（SOFTWARE）两部分是不需要进行任何配置的，只需对系统（SYSTEM）部分进行配置，不过需要注意软件选件（SOFTWARE SELECTION）选项，这里采用的是默认值最小安装，以这种方式安装的 Linux 不包含图形界面的安装，至于其他组件，以后使用时，通过 yum 安装即可。

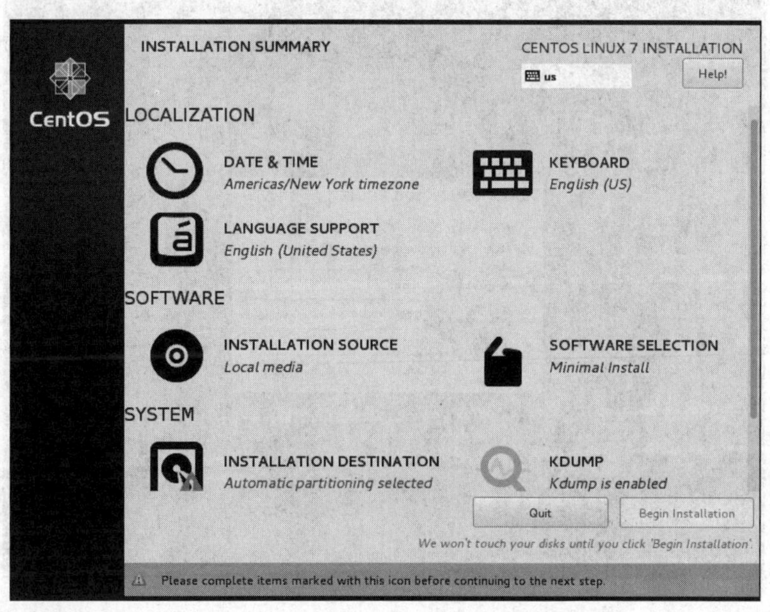

图 2-41　CentOS7 安装配置主界面

④ 选择系统(SYSTEM)的 INSTALLATION DESTINATION，配置磁盘分区，如图 2-42 所示。

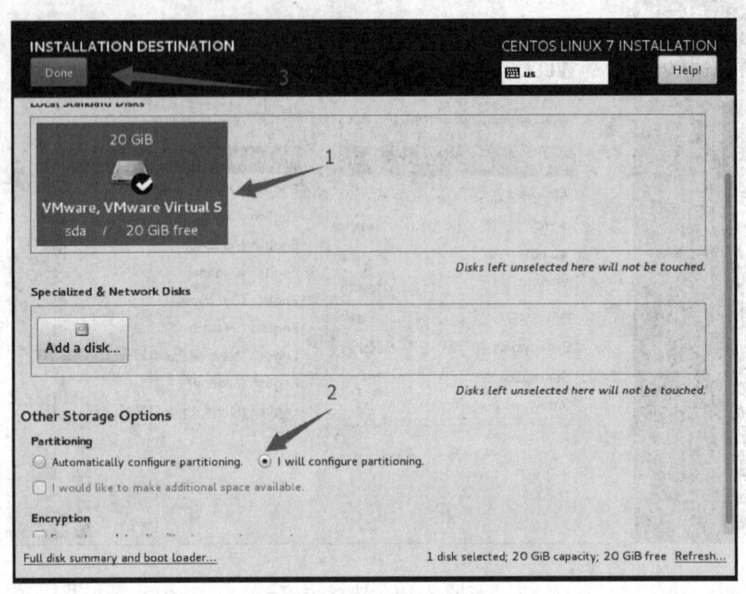

图 2-42　配置磁盘分区

⑤ 创建分区操作步骤，如图 2-43 所示，具体的分区方案是分配/boot：1 024 MiB，分配 swap：2 048 MiB，剩余所有磁盘空间都分配给 /，如图 2-44 所示。然后单击“Done”，弹出如图 2-45 所示的对话框，在弹出的对话框中单击“Accept Changes (接受更改)”。

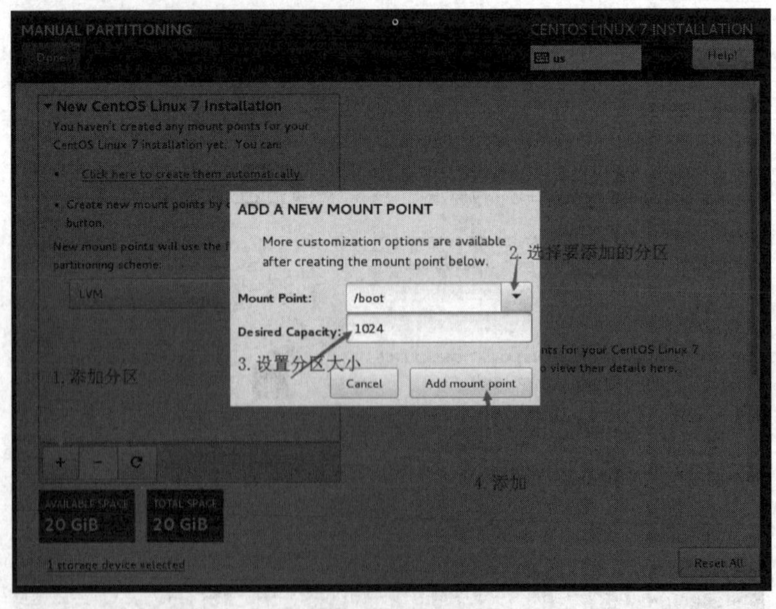

图 2-43　添加分区

⑥ 在 CentOS7 安装配置主界面(图 2-46)设置系统(SYSTEM)中的 HOST NAME，将主机名设置为“kxt01”，如图 2-47 所示。

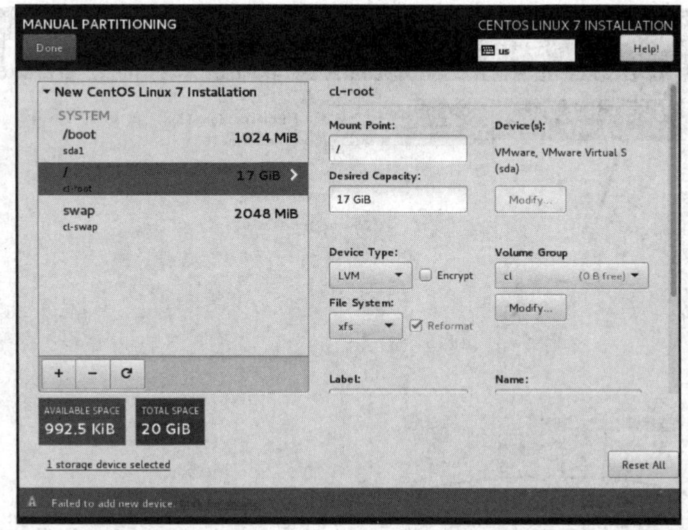

图 2-44　具体分区方案

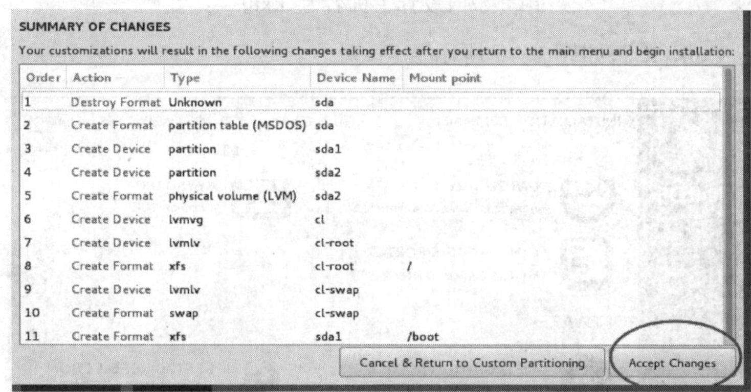

SUMMARY OF CHANGES

Your customizations will result in the following changes taking effect after you return to the main menu and begin installation:

Order	Action	Type	Device Name	Mount point
1	Destroy Format	Unknown	sda	
2	Create Format	partition table (MSDOS)	sda	
3	Create Device	partition	sda1	
4	Create Device	partition	sda2	
5	Create Format	physical volume (LVM)	sda2	
6	Create Device	lvmvg	cl	
7	Create Device	lvmlv	cl-root	
8	Create Format	xfs	cl-root	/
9	Create Device	lvmlv	cl-swap	
10	Create Format	swap	cl-swap	
11	Create Format	xfs	sda1	/boot

Cancel & Return to Custom Partitioning　Accept Changes

图 2-45　分区汇总

图 2-46　设置主机名

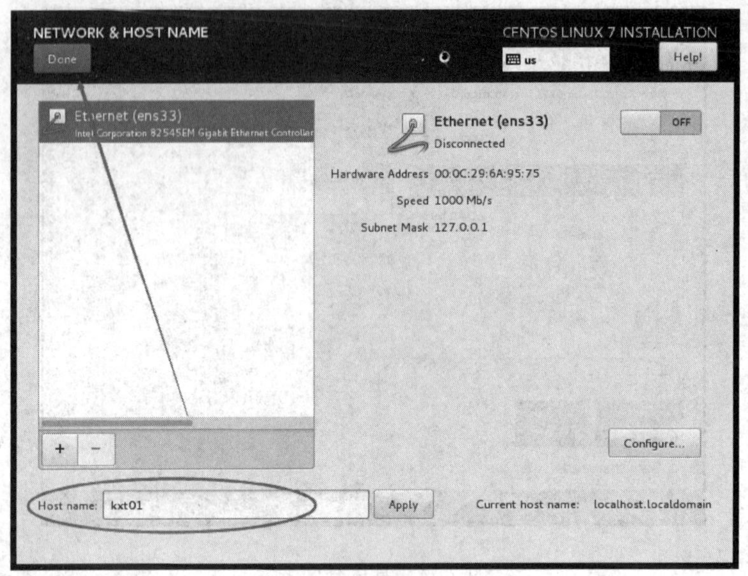

图 2-47 设置主机名为“kxt01”

⑦ 开始安装 CentOS7，如图 2-48 所示。

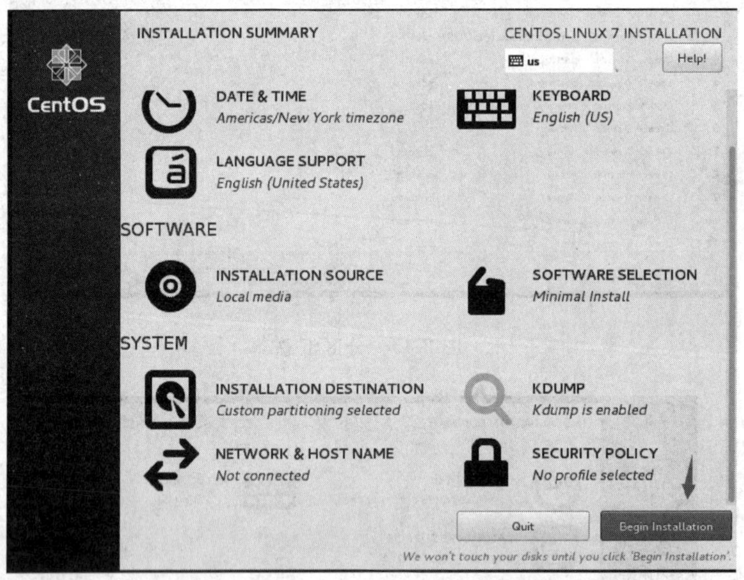

图 2-48 开始安装 CentOS

⑧ 设置 Root 密码，如图 2-49 所示。

⑨ 安装进度如图 2-50 所示，在进度条达到 100%之后，系统进入重启界面状态，如图 2-51 所示，单击“Reboot”，系统会重新启动。

⑩ 待系统重启后，在如图 2-52 所示的登录界面输入账户：root，密码：123456，进入 Linux 系统。

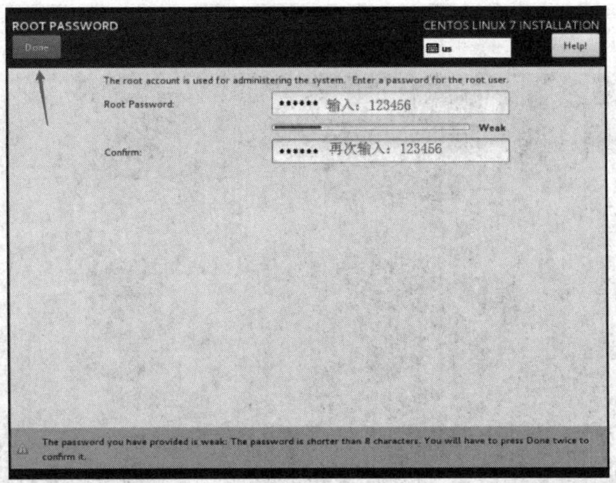

图 2-49　设置 Root 密码

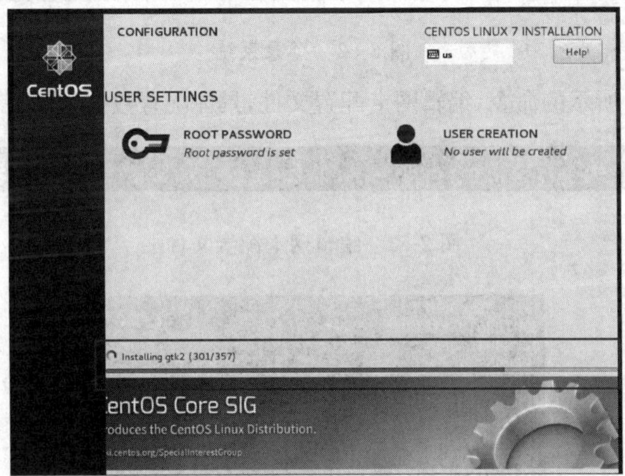

图 2-50　安装进度

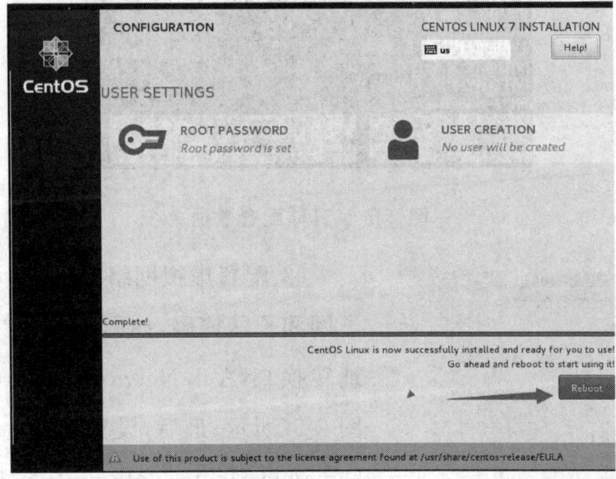

图 2-51　重启系统界面

kxt01 - VMware Workstation
CentOS Linux 7 (Core)
kxt01 login: root
Password:

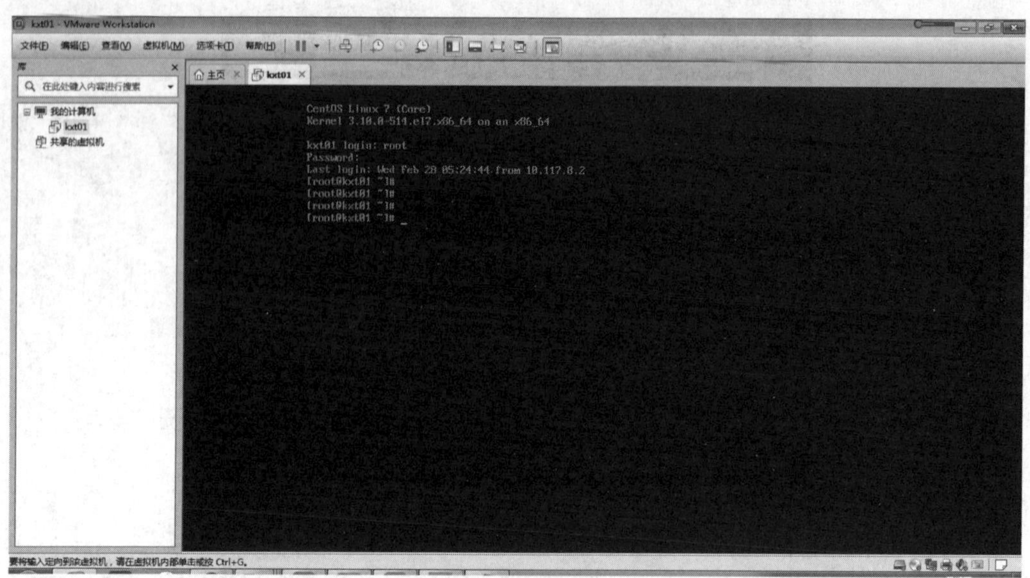

图 2-52　登录系统

⑪ 输入如图 2-53 所示的命令，编辑网卡配置文件，具体配置数据如图 2-54 所示的浅灰字标注。

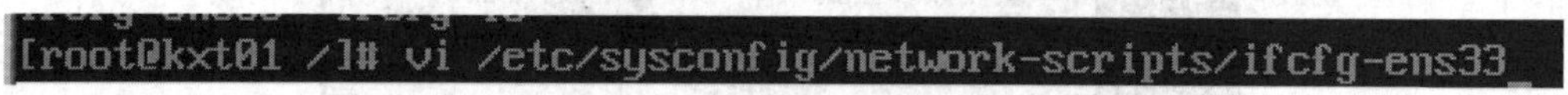

[root@kxt01 /]# vi /etc/sysconfig/network-scripts/ifcfg-ens33

图 2-53　编辑网卡配置文件

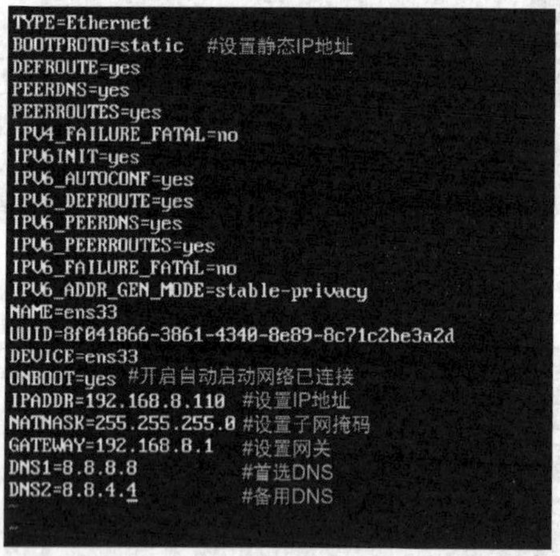

TYPE=Ethernet
BOOTPROTO=static #设置静态IP地址
DEFROUTE=yes
PEERDNS=yes
PEERROUTES=yes
IPV4_FAILURE_FATAL=no
IPV6INIT=yes
IPV6_AUTOCONF=yes
IPV6_DEFROUTE=yes
IPV6_PEERDNS=yes
IPV6_PEERROUTES=yes
IPV6_FAILURE_FATAL=no
IPV6_ADDR_GEN_MODE=stable-privacy
NAME=ens33
UUID=8f041866-3861-4340-8e89-8c71c2be3a2d
DEVICE=ens33
ONBOOT=yes #开启自动启动网络已连接
IPADDR=192.168.8.110 #设置IP地址
NATMASK=255.255.255.0 #设置子网掩码
GATEWAY=192.168.8.1 #设置网关
DNS1=8.8.8.8 #首选DNS
DNS2=8.8.4.4 #备用DNS

图 2-54　具体配置数据

编辑(E)
查看(V)
虚拟机(M)
选项卡(T
剪切(T) Ctrl+X
复制(C) Ctrl+C
粘贴(P) Ctrl+V
虚拟网络编辑器(N)...
首选项(R)... Ctrl+P

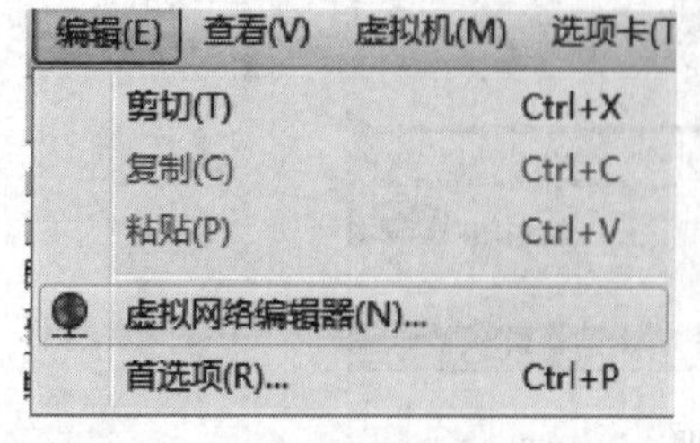

图 2-55　配置虚拟网络编辑器

⑫ 配置虚拟网络编辑器，如图 2-55 所示；修改子网和子网掩码，如图 2-56 所示；然后，设置网络地址转换（NAT，Network Address Translation），如图 2-57所示；最后，设置动态主机配置协议（DHCP，Dynamic Host Configuration Protocol），如图 2-58 所示。

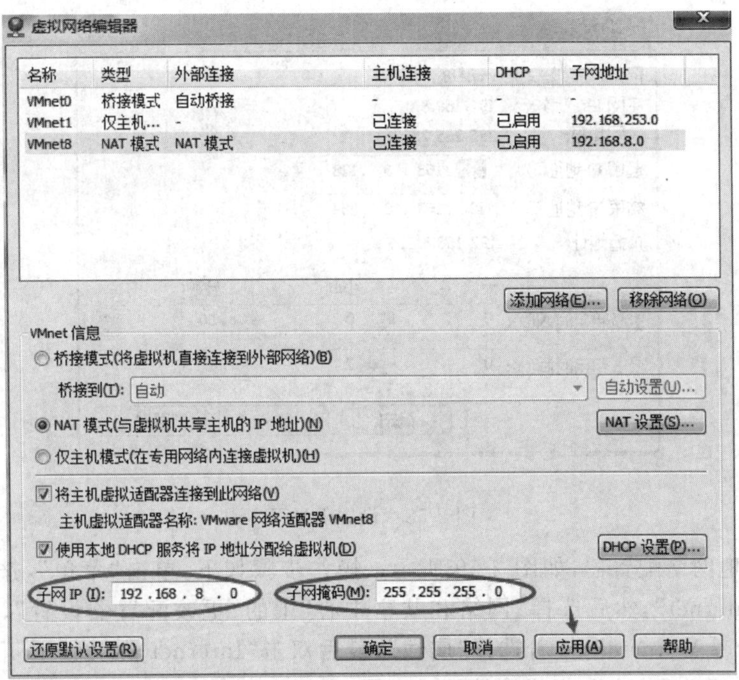

图 2-56　修改子网和子网掩码

图 2-57　设置 NAT

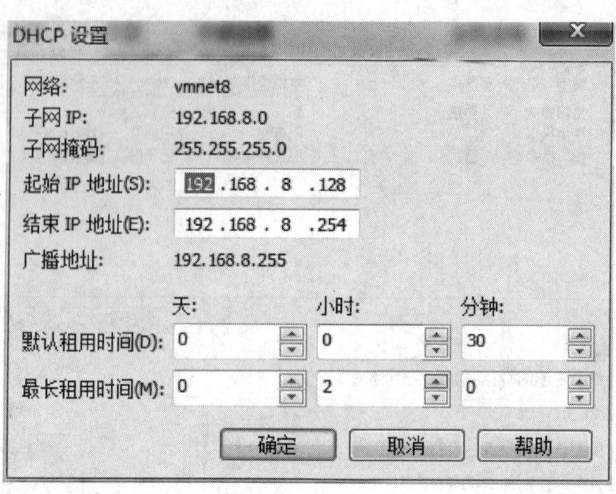

图 2-58　设置 DHCP

⑬ 更改本地网络配置器,如图 2-59 所示。操作步骤如下:单击"菜单",选择"控制面板"中的"网络和 Internet",然后选择"网络和共享中心"中的"更改配置器设置",右击"VMware Network Adapter VMnet8",接着选择"属性",最后双击"Internet 协议版本 4",修改 IP 地址和 DNS 服务器,单击"确定",完成本地网络配置。

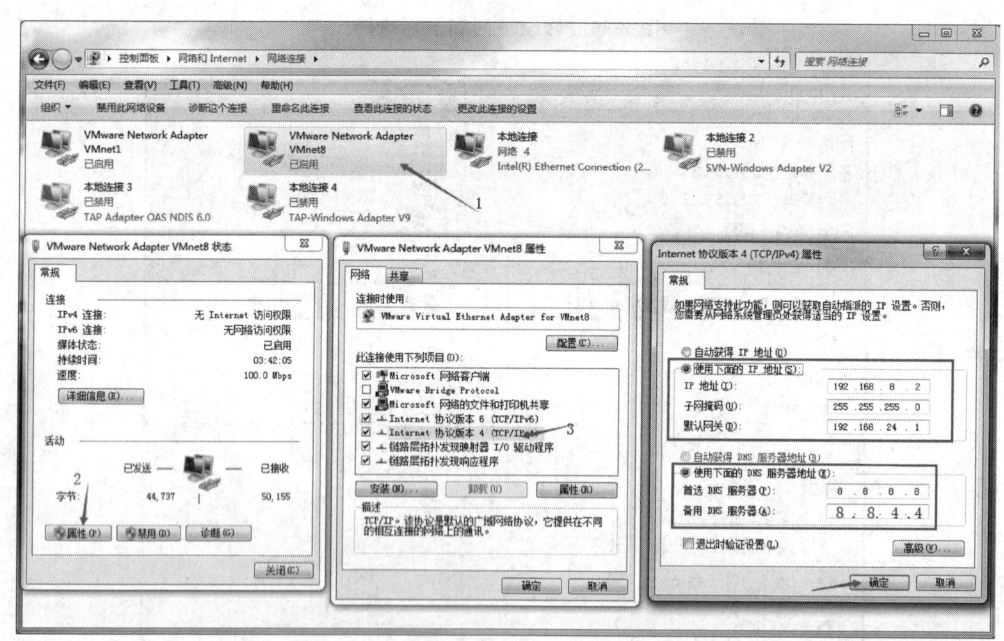

图 2-59　更改本地网络配置器

⑭ 返回 Linux,重启网络服务,如图 2-60 所示。然后,使用 PING 命令测试网络是否连通,如图 2-61 所示。例如,PING 192. 168. 8. 110 和 PING www. baidu. com,如果能成功连通,则网络配置成功。

```
[root@kxt01 /]# service network restart_
```

图 2-60　重启网络服务

```
[root@kxt01 ~]#
[root@kxt01 ~]# ping 192.168.8.110
PING 192.168.8.110 (192.168.8.110) 56(84) bytes of data.
64 bytes from 192.168.8.110: icmp_seq=1 ttl=64 time=0.076 ms
64 bytes from 192.168.8.110: icmp_seq=2 ttl=64 time=0.032 ms
64 bytes from 192.168.8.110: icmp_seq=3 ttl=64 time=0.035 ms
^C
--- 192.168.8.110 ping statistics ---
3 packets transmitted, 3 received, 0% packet loss, time 2000ms
rtt min/avg/max/mdev = 0.032/0.047/0.076/0.021 ms
[root@kxt01 ~]#
[root@kxt01 ~]#
[root@kxt01 ~]# ping www.baidu.com
PING www.a.shifen.com (119.75.213.61) 56(84) bytes of data.
64 bytes from 119.75.213.61 (119.75.213.61): icmp_seq=1 ttl=128 time=2.57 ms
64 bytes from 119.75.213.61 (119.75.213.61): icmp_seq=2 ttl=128 time=2.18 ms
64 bytes from 119.75.213.61 (119.75.213.61): icmp_seq=3 ttl=128 time=2.75 ms
64 bytes from 119.75.213.61 (119.75.213.61): icmp_seq=4 ttl=128 time=2.94 ms
^C
--- www.a.shifen.com ping statistics ---
4 packets transmitted, 4 received, 0% packet loss, time 3006ms
rtt min/avg/max/mdev = 2.186/2.615/2.942/0.281 ms
[root@kxt01 ~]#
```

图 2-61　测试网络

⑮ 修改主机名，如图 2-62 所示；然后，单击“i”键，进入编辑模式，编辑内容如图 2-63 所示。编辑好之后，单击“ESC”键，然后单击 “Shift”键和“:”键，接着在键盘上输入“:x”，保存并退出。

```
[root@kxt01 ~]#
[root@kxt01 ~]# vi /etc/sysconfig/network
```

图 2-62　修改主机名

```
# Created by anaconda
NETWORKING=yes
HOSTNAME=kxt01
~
```

图 2-63　编辑主机名

⑯ 修改主机名与 IP 的映射关系，如图 2-64 所示；然后，添加 IP＋主机名，具体内容如图 2-65 所示，保存并退出。

```
[root@kxt01 ~]#
[root@kxt01 ~]# vi /etc/hosts
```

图 2-64　修改主机名与 IP 映射关系

```
127.0.0.1   localhost localhost.localdomain localhost4 localhost4.localdomain4
::1         localhost localhost.localdomain localhost6 localhost6.localdomain6
192.168.8.110 kxt01
```

图 2-65　添加 IP＋主机名

⑰ 关闭防火墙，CentOS7 默认使用的是 firewall 作为防火墙。首先查看默认防火墙状态(关闭后显示 not running，开启后显示 running)，如图 2-66 所示。

```
[root@kxt01 ~]# firewall-cmd --state
running
[root@kxt01 ~]#
```

图 2-66　查看防火墙状态

从 CentOS7 开始使用 systemctl 来管理服务和程序，包括 service 和 chkconfig。开启防火墙如图 2-67 所示，关闭防火墙如图 2-68 所示。

```
[root@kxt01 ~]# systemctl list-unit-files|grep firewalld.service
firewalld.service                                          enabled
```

图 2-67　开启防火墙

```
[root@kxt01 ~]# systemctl stop firewalld.service  #停止 firewall
[root@kxt01 ~]# systemctl disable firewalld.service  #禁止 firewall开机启动
Removed symlink /etc/systemd/system/dbus-org.fedoraproject.FirewallD1.service.
Removed symlink /etc/systemd/system/basic.target.wants/firewalld.service.
[root@kxt01 ~]#
[root@kxt01 ~]#
[root@kxt01 ~]# firewall-cmd --state  #查看防火墙状态
not running  #关闭
[root@kxt01 ~]#
```

图 2-68　关闭防火墙

⑱ 查看 CentOS7 目录说明，如图 2-69 所示，完成 CentOS7 的安装。

```
[root@kxt01 /]# cd /
[root@kxt01 /]#
[root@kxt01 /]# ls
bin  boot  dev  etc  home  lib  lib64  media  mnt  opt  proc  root  run  sbin  srv  sys  tmp  usr  var
[root@kxt01 /]#
[root@kxt01 /]# ll
total 20
lrwxrwxrwx.   1 root root    7 Feb 24 13:47 bin -> usr/bin  #存放这一百多个Linux下常用的命令、工具。 如：ls，cp，mkdir等等；
dr-xr-xr-x.   4 root root 4096 Feb 24 14:09 boot  #存放Linux启动时内核 及 引导系统所需要的核心文件。 Linux就是从这里启动的；
drwxr-xr-x.  20 root root 3240 Feb 28 02:01 dev  #存放Linux系统下的设备文件；
drwxr-xr-x.  78 root root 8192 Feb 28 02:49 etc  #存放Linux系统下的配置文件；
drwxr-xr-x.   2 root root    6 Nov  5  2016 home  #系统默认的用户主目录。 普通用户的主目录；
lrwxrwxrwx.   1 root root    7 Feb 24 13:47 lib -> usr/lib  #静态态链接库；一些不能直接运行的，但确实许多程序运行所需的一些函数库文件；
lrwxrwxrwx.   1 root root    9 Feb 24 13:47 lib64 -> usr/lib64  #库文件；
drwxr-xr-x.   2 root root    6 Nov  5  2016 media  #一些Linux的发行版使用这个目录来挂载哪些usb接口的移动硬盘、CD/DVD驱动器；
drwxr-xr-x.   2 root root    6 Nov  5  2016 mnt  #用于存放 挂载存储设备的挂载目录；
drwxr-xr-x.   2 root root    6 Nov  5  2016 opt  #空目录，自定义的软件包安装在这里，自己编译的软件包，也可以安装在这个目录中；
dr-xr-xr-x. 113 root root    0 Feb 28 02:00 proc  #存放操作系统运行时的运行信息，如：进程信息、内核信息、网络信息等等；
dr-xr-x---.   2 root root  135 Feb 24 14:15 root  #管理员(超级用户)的目录，对于系统来说，系统管理员能对系统做任何事情，包括删除你的文件；
drwxr-xr-x.  22 root root  660 Feb 28 02:01 run  #一些进程产生的临时文件，重启会消失；
lrwxrwxrwx.   1 root root    8 Feb 24 13:47 sbin -> usr/sbin  #超级用户的命令所在地；
drwxr-xr-x.   2 root root    6 Nov  5  2016 srv  #空目录，存放一下服务产生的文件；
dr-xr-xr-x.  13 root root    0 Feb 28 02:01 sys  #存放一些内核文件，是一个虚拟的文件系统，主要记录与系统核心相关的信息，入系统当前已经载入的模块信息；
drwxrwxrwt.   9 root root 4096 Feb 28 03:19 tmp  #临时文件目录，任何人都可以访问；有些Linux系统会定期自动对这个目录进行清理，重要数据不可放在这里；
drwxr-xr-x.  13 root root  155 Feb 24 13:47 usr  #应用程序存放目录；
drwxr-xr-x.  19 root root  267 Feb 28 02:00 var  #这个目录的内容经常变动的，比如：/var/log 存放系统日志的目录；
[root@kxt01 /]#
```

图 2-69　CentOS7 目录说明

3. 远程管理工具的使用

大多数服务器的日常管理操作都是通过远程管理工具实现的。常见的远程管理方法有类似虚拟网络计算机(VNC，Virtual Network Computer)的图形远程管理、类似 Webmin 的基于浏览器的远程管理，不过最为常用的还是命令行操作。在 Linux 中，远程管理使用的是安全外壳(SSH，Secure Shell)协议。当然，在使用前要先设置宿主机 Windows 可以与虚拟机 Linux 连通，注意 VMware 的网卡设置，在 Linux 中更改网络设置可以使用 ifconfig 和 setup 命令。其他无法远程连接的原因，要么是 SSH 服务没有启动，要么是 Linux 防火墙默认屏蔽了 SSH 服务的端口。

Linux 下常用的远程管理工具有两个：一个是基于 CLI(命令行模式)的 SSH，另一个是基于 GUI(图形用户界面模式)的 VNC。

常用的命令行模式远程管理工具有 Putty、SecureCRT、WinSCP(基于 SSH 可以进行文件上传下载)、Xshell。常用的图形界面远程工具包括免费和商业两类，常用的免费软件是 VNC VIEWER 和 TightVNC 以及 TigerVNC。常用的商业软件包括 Xmanager、X-Win32、eXceed、Reflection X、MobaXterm。

下面以 SecureCRT 工具为例，演示远程管理工具的使用。

① 网页搜索"SecureCRT"，找到如图 2-70 所示的下载页，下载软件。下载好的安装包如图 2-71 所示。

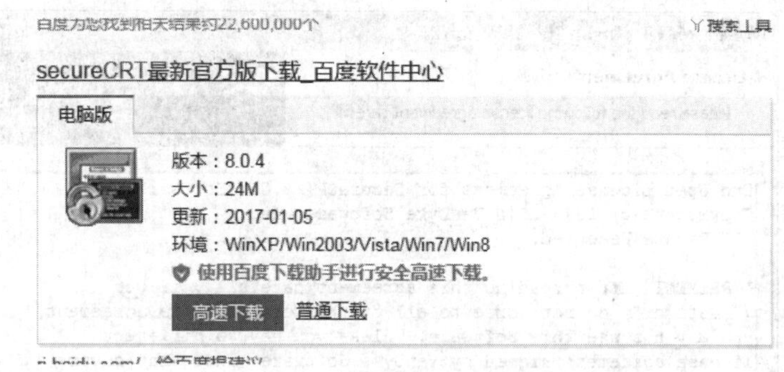

图 2-70　SecureCRT 下载页

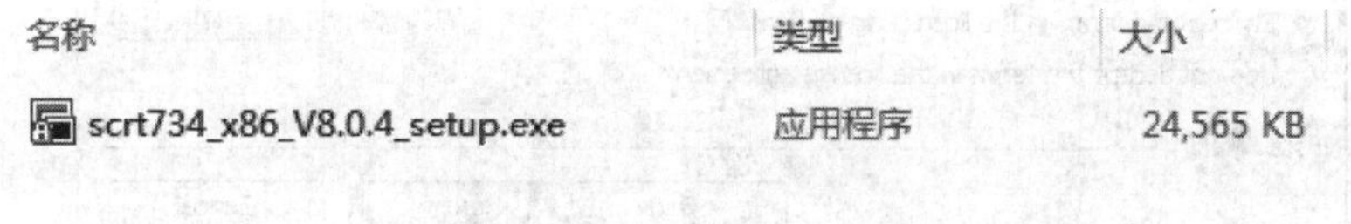

图 2-71　SecureCRT 安装包

② 双击运行 SecureCRT 的安装包，安装引导界面如图 2-72 所示。单击"Next"，系统可能提示是否将 32 位的 SecureCRT 安装在 64 位的 Windows 操作系统上，如图 2-73 所示，单击"Continue"继续安装。

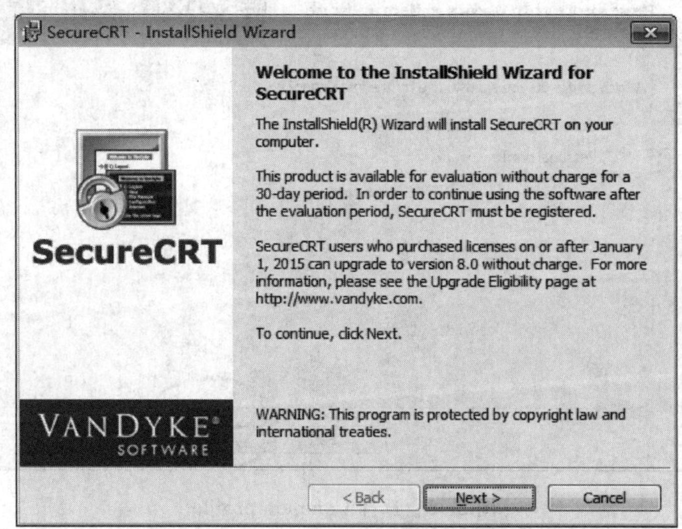

图 2-72　SecureCRT 安装引导界面

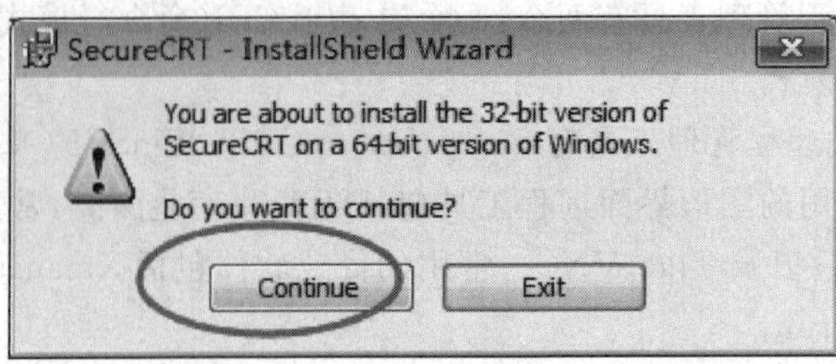

图 2-73　是否将 32 位的 SecureCRT 安装在 64 位 Windows 操作系统上

③ 选择接受注册条款，如图 2-74 所示，然后选择 Common profile，如图 2-75 所示。

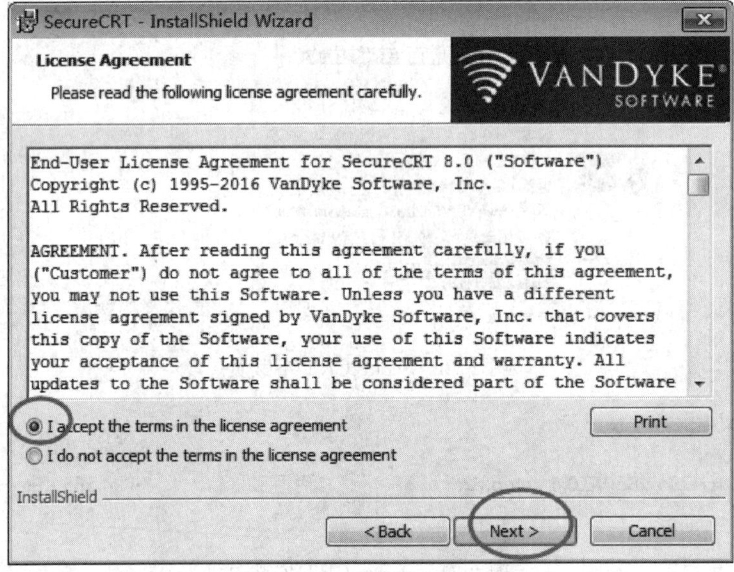

图 2-74　选择接受注册条款

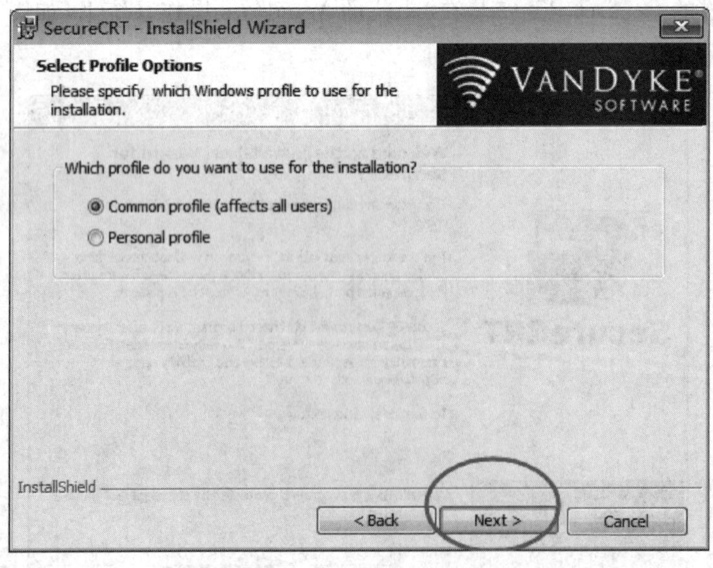

图 2-75　选择 Common profile

④ 选择自定义安装类型，如图 2-76 所示。

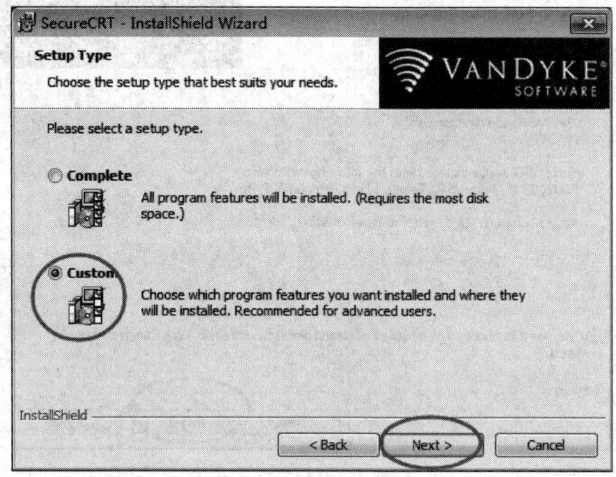

图 2-76　选择自定义安装类型

⑤ 自定义安装目录，如图 2-77 所示。

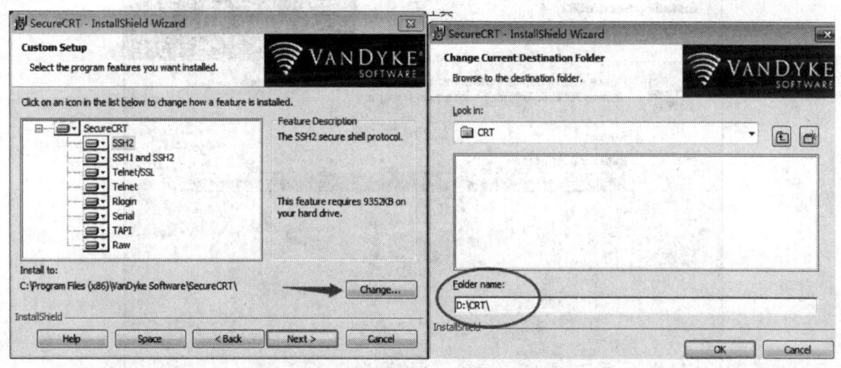

图 2-77　自定义安装目录

⑥ 选择应用图标选项，如图 2-78 所示；然后开始安装，如图 2-79 所示；系统显示安装进度，如图 2-80 所示；最后完成安装，如图 2-81 所示。

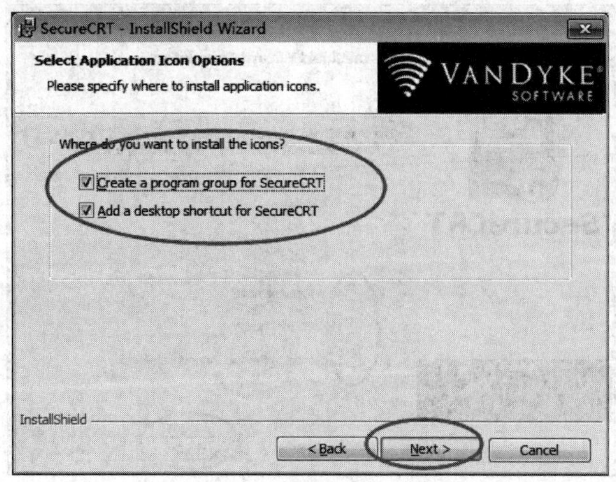

图 2-78　选择应用图标

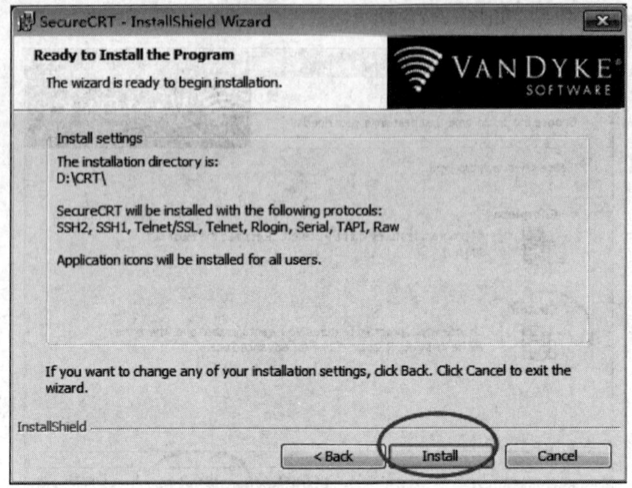

图 2-79　开始安装

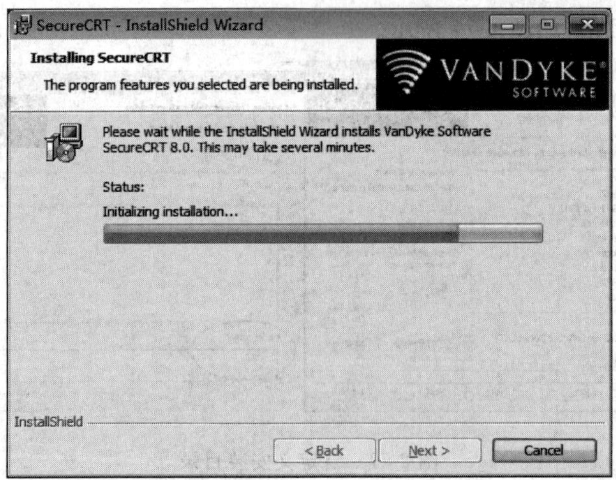

图 2-80　安装进度显示

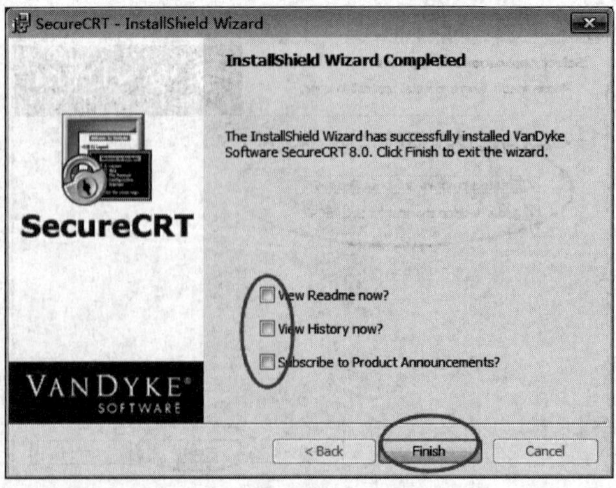

图 2-81　完成安装

⑦ 查看桌面，出现 SecureCRT 桌面图标，安装完成。

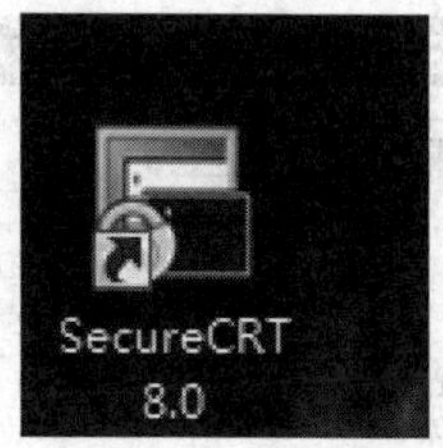

图 2-82　SecureCRT 桌面图标

⑧ 运行安装好的 Secure CRT，如果弹出注册的提示，请自行在网上搜索下载注册机并进行注册，如图 2-83 所示。

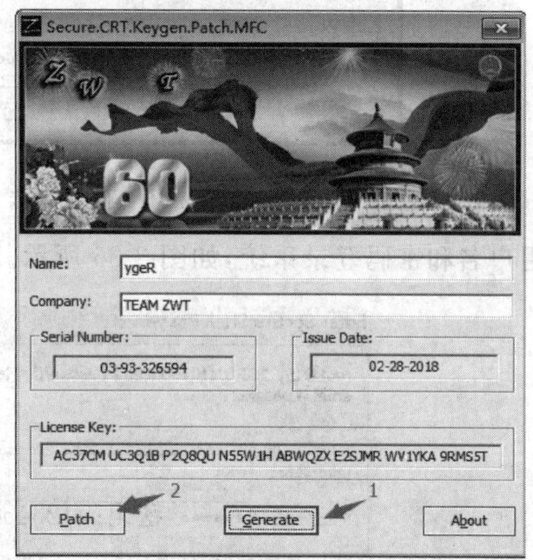

图 2-83　使用注册机注册

⑨ 创建远程连接虚拟机，如图 2-84 所示，选择"File"菜单下的"Quick Connect…"，新建连接。

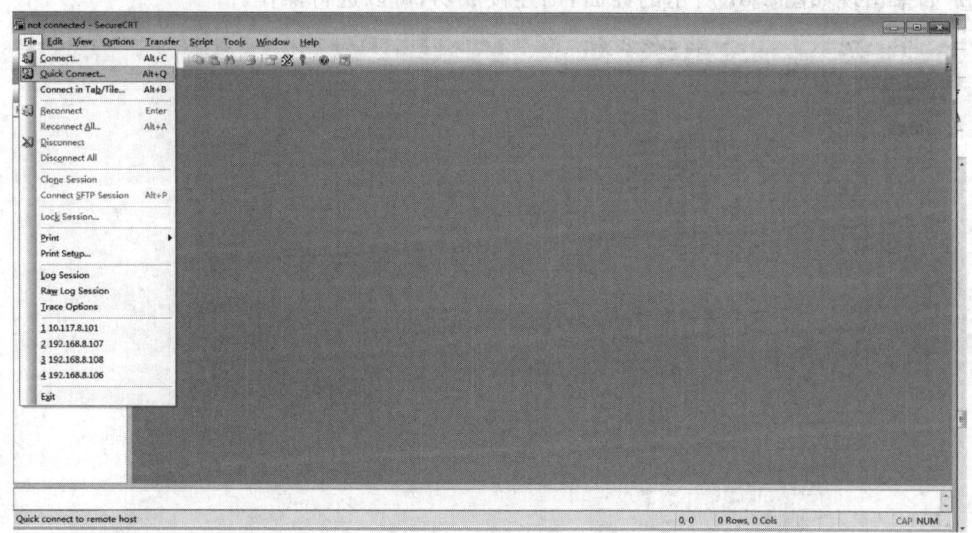

图 2-84　创建远程连接

⑩ 设置连接参数,如图 2-85 所示,输入 IP、端口和用户名进行远程连接验证。

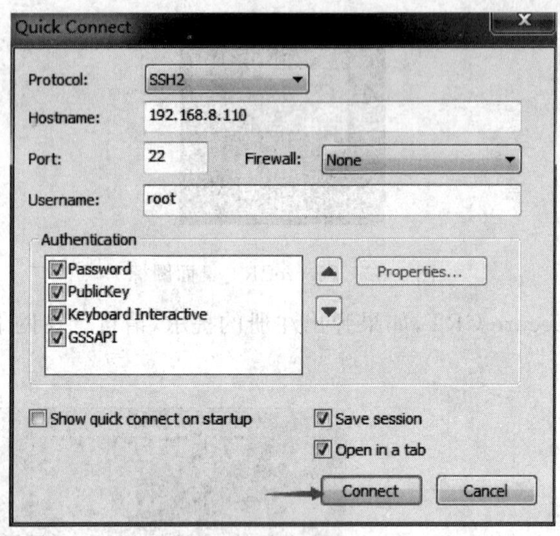

图 2-85　设置连接参数

⑪ 输入用户名和密码登录系统,如图 2-86 所示。

图 2-86　输入用户名和密码

⑫ 如果出现如图 2-87 所示的界面,则连接成功,可以进行操作。

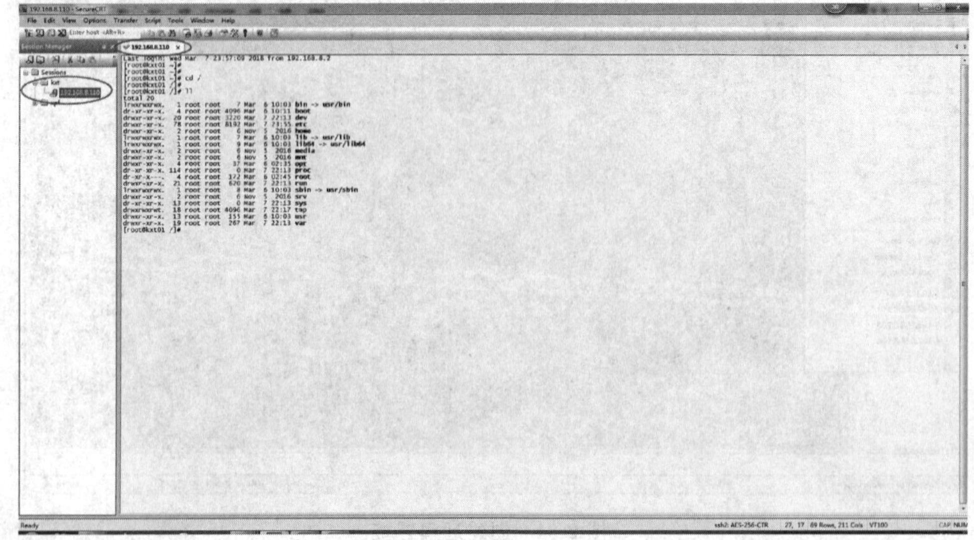

图 2-87　连接成功界面

4. 文件与目录管理

在 Linux 下"一切皆文件"是 UNIX/Linux 的基本哲学之一。普通文件、目录、字符设备、块设备和网络设备(套接字)等在 UNIX/Linux 都被当作文件来对待。如图 2-88 所示，输入命令"ls"，可以查看 Linux 的目录结构。

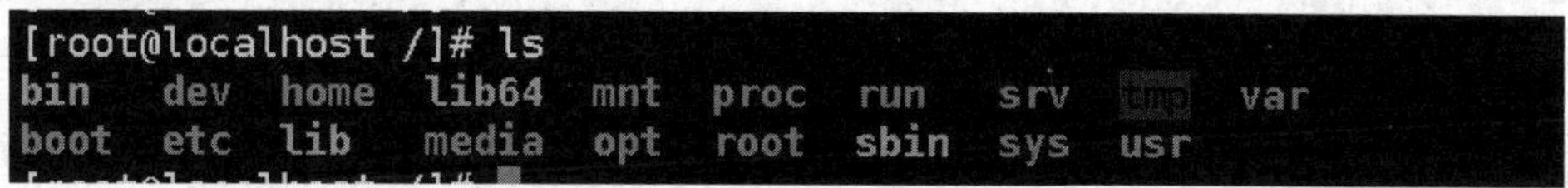

图 2-88　输入"ls"命令查看目录结构

目录的详细说明如表 2-4 所示。

表 2-4　Linux 目录详细说明

/bin	存放二进制可执行文件(ls、cat、mkdir 等)，常用命令一般都在这里
/sbin	存放二进制可执行文件，只有 root 才能访问
/etc	包含所有程序所需的配置文件
/dev	设备文件。在 Linux 下，设备被当成文件，访问该目录下文件相当于访问设备
/proc	系统进程的相关信息，将内核与进程状态归档为文本文件
/var	变量文件。它是在正常运行的系统中内容不断变化的文件，如日志、脱机文件和临时电子邮件文件
/tmp	临时文件。当系统重新启动时，这个目录下的文件都将被删除
/usr	用户程序目录
/home	所有用户用 home 目录来存储他们的个人资料
/boot	系统启动时，引导加载程序文件
/lib	二进制文件依赖的库文件
/opt	可选的附加应用程序
/mnt	临时挂载的文件系统。系统管理员使用。如 cdrom、U 盘等，需要手动挂载后使用
/media	自动挂载的目录，比如 U 盘插在 ubuntu 下会自动挂载，就会在/media 下生成一个目录
/srv	该目录存放一些服务启动之后需要提取的数据

(1) 文件与目录操作命令

Linux 文件与目录操作命令如表 2-5 所示。

表 2-5　Linux 文件与目录操作命令

命令	解析
cd /home	进入"/home"目录
cd ..	返回上一级目录
cd ../..	返回上两级目录
cd -	返回上次所在目录
cp file1 file2	将 file1 的内容复制到 file2 中
cp -a dir1 dir2	复制一个目录
cp -a /tmp/dir1 .	复制一个目录到当前工作目录(. 代表当前目录)
ls	查看目录中的文件

续 表

命令	解析
ls -a	显示隐藏文件
ls -l	显示详细信息
ls -lrt	按时间显示文件(l 表示详细列表,r 表示反向排序,t 表示按时间排序)
pwd	显示工作路径
mkdir dir1	创建“dir1”目录
mkdir dir1 dir2	同时创建两个目录
mkdir -p /tmp/dir1/dir2	创建一个目录树
mv dir1 dir2	移动/重命名一个目录
rm -f file1	删除“file1”
rm -rf dir1	删除“dir1”目录及其子目录内容

(2) 查看文件内容命令

Linux 查看文件内容命令如表 2-6 所示。

表 2-6 查看文件内容命令

命令	解析
cat file1	从第一个字节开始正向查看文件的内容
head -2 file1	查看一个文件的前两行
more file1	查看一个长文件的内容
tac file1	从最后一行开始反向查看一个文件的内容
tail -3 file1	查看一个文件的最后三行
vi file	打开并浏览文件

(3) 文本内容处理命令

Linux 文本内容处理命令如表 2-7 所示。

表 2-7 文本内容处理命令

命令	操作	解析
grep str /tmp/test		在文件“/tmp/test”中查找“str”
grep ^str /tmp/test		在文件“/tmp/test”中查找以“str”开始的行
grep [0-9] /tmp/test		查找“/tmp/test”文件中所有包含数字的行
grep str -r /tmp/ *		在目录“/tmp”及其子目录中查找“str”
diff file1 file2		找出两个文件的不同处
sdiff file1 file2		以对比的方式显示两个文件的不同
vi file	i	进入编辑文本模式
	Esc	退出编辑文本模式
	:w	保存当前修改
	:q	不保存退出 vi
	:wq	保存当前修改并退出 vi

(4) 查询操作命令

Linux 查询操作命令如表 2-8 所示。

表 2-8　查询命令

命令	解析
find / -name file1	从"/"开始进入根文件系统查找文件和目录
find / -user user1	查找属于用户"user1"的文件和目录
find /home/user1 -name *.bin	在目录"/ home/user1"中查找以".bin"结尾的文件
find /usr/bin -type f -atime +100	查找在过去 100 天内未被使用过的执行文件
find /usr/bin -type f -mtime -10	查找在 10 天内被创建或者修改过的文件
locate *.ps	寻找以".ps"结尾的文件,先运行"updatedb"命令
find -name '*.[ch]' | xargs grep -E 'expr'	在当前目录及其子目录所有.c 和.h 文件中查找"expr"
find -type f -print0 | xargs -r0 grep -F 'expr'	在当前目录及其子目录的常规文件中查找"expr"
find -maxdepth 1 -type f | xargs grep -F 'expr'	在当前目录中查找"expr"

(5) 压缩与解压缩文件命令

Linux 压缩与解压缩文件命令如表 2-9 所示。

表 2-9　压缩与解压缩命令

命令	解析
bzip2 file1	压缩 file1
bunzip2 file1.bz2	解压 file1.bz2
gzip file1	压缩 file1
gzip -9 file1	最大程度压缩 file1
gunzip file1.gz	解压 file1.gz
tar -cvf archive.tar file1	把 file1 打包成 archive.tar(-c:建立压缩档案;-v:显示所有过程;-f:使用档案名字,这个参数是必须的,它也是最后一个参数,后面只能接档案名)
tar -cvf archive.tar file1 dir1	把 file1、dir1 打包成 archive.tar
tar -tf archive.tar	显示一个包中的内容
tar -xvf archive.tar	释放一个包
tar -xvf archive.tar -C /tmp	把压缩包释放到 /tmp 目录下
zip file1.zip file1	创建一个 zip 格式的压缩包
zip -r file1.zip file1 dir1	把文件和目录压缩成一个 zip 格式的压缩包
unzip file1.zip	解压一个 zip 格式的压缩包到当前目录
unzip test.zip -d /tmp/	解压一个 zip 格式的压缩包到 /tmp 目录

5. 用户与用户组管理

Linux 系统是一个多用户多任务的分时操作系统,可以让多个用户同时使用系统。任何一个要使用系统资源的用户,都必须首先由系统管理员为他分配一个账号,然后以这个账号的身份进入系统。

用户组就是具有相同特征的用户集合。每个用户都有一个用户组,系统能对一个用户组中所有用户进行集中管理，通过把相同属性的用户定义到同一用户组，并赋予该用户组一定的操作权限，这样用户组下的用户对该文件或目录都具备了相同的权限。

Linux 系统对用户分类如下。

• 系统管理员：root。

• 普通用户：普通用户分为系统用户，即不可登录的，执行某些服务及进程的账号，如 MySQL；登录用户，即一般用户。

(1) useradd——添加用户

可以使用 useradd 命令创建用户账户，使用该命令创建账户时，默认的用户目录在 /home 目录下，而且会默认创建一个与该用户同名的基本用户组。

① 语法：useradd 选项 用户名

② 常用选项

• -d：指定用户 home 目录；

• -u：指定用户的 UID；

• -g：指定一个初始的基本用户组。

③ 实例：useradd kxt　　创建一个 kxt 用户

(2) userdel——删除用户

如果确认某个用户以后不会再使用，就可以通过 userdel 命令删除该用户的所有信息。

① 语法：userdel 选项 用户名

② 常用选项

• -f：强制删除用户；

• -r：删除用户时同时删除用户目录。

③ 实例：userdel -r kxt　　彻底删除 kxt 用户

(3) passwd——更改用户密码

该命令用于修改用户密码、过期时间、认证信息等。

① 语法：passwd 选项 用户名

② 常用选项

• -l：锁定用户，禁止其登录；

• -u：解除锁定，允许用户登录；

• -e：强制用户在下次登录时修改密码。

③ 实例：passwd kxt　　修改 kxt 的用户密码

(4) su——切换用户

该命令用于在不同用户之间切换。超级用户 root 切换到其他用户不需要输入密码，而普通用户间切换或者切换到超级用户是需要验证密码的。su 命令不加任何参数时默认切换到 root 用户。

① 语法：su [-] 用户名

其中 su - 为改变用户环境；su 为不改变用户环境。

实例：su - root　　切换到 root 用户，并改变用户环境

(5) groupadd——创建新用户组

该命令用于创建一个新的用户组,新用户组的信息将被添加到系统文件中。

① 语法:groupadd 选项 用户组名

② 常用选项

-g:指定新建用户组的 id。

③ 实例:groupadd kxt　　创建 kxt 用户组

(6) groupdel——删除指定的用户组

若该群组中仍包括某些用户,则必须先删除这些用户,方能删除群组。

① 语法:groupdel 用户组名

② 实例:

- groupadd kxttest　　创建 kxttest 用户组
- groupdel kextest　　删除 kxttest 用户组

6. 文本编辑工具 vi/vim

vi 编辑器是所有 Unix 及 Linux 系统下标准的编辑器,它相当于 Windows 系统中的记事本,它的强大功能不逊色于任何最新的文本编辑器。vim 可以当作 vi 的升级版本。

vim 有以下 3 种工作模式,如图 2-89 所示。

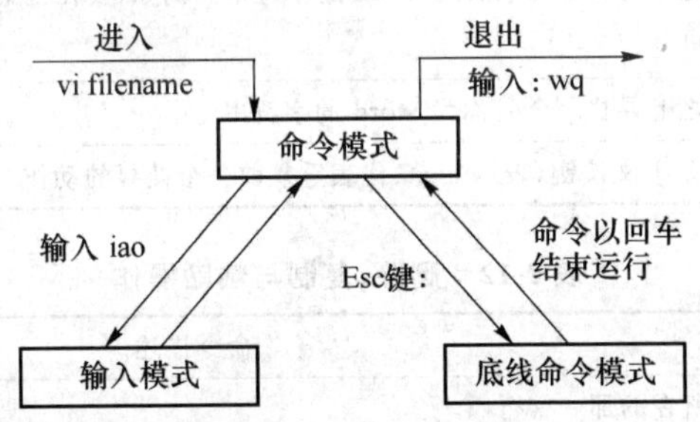

图 2-89　vim 工作模式

(1) 命令模式

i:切换到输入模式;

::切换到底线命令模式。

(2) 输入模式

Esc:返回到命令模式。

注意:从输入模式不能直接进入底线命令模式,需要先回到命令模式。反之亦然。

(3) 底线命令模式

Esc:返回命令模式;

q:退出文件;

w:保存文件。

详细的操作方法如表 2-10～表 2-14 所示。

表 2-10 移动光标的操作

移动光标的命令	命令描述
h	向左移动 1 个字符,如果命令前有数字,如 5h,则表示向左移动 5 个字符
j	向下移动 1 个字符,如果命令前有数字,如 5j,则表示向下移动 5 个字符
k	向上移动 1 个字符,如果命令前有数字,如 5k,则表示向上移动 5 个字符
l	向右移动 1 个字符,如果命令前有数字,如 5l,则表示向右移动 5 个字符
ctrl + f	f 是 forward 的缩写,意思是向下翻一页
ctrl + b	b 是 backward 的缩写,意思是向上翻一页
0	移动到这一行的最前面字符处
$	移动到这一行的最后面字符处
gg	文档开头
G	文档最后一行

表 2-11 搜索替换的操作

搜索替换命令	命令描述
/word	向光标之下寻找一个名称为 word 的字符串。例如,要在档案内搜寻 vbird 这个字符串,就输入 /vbird 即可
?word	向光标之上寻找一个名称为 word 的字符串
n	这个 n 是英文按键,表示 next,代表重复前一个搜寻的动作

表 2-12 删除、复制与粘贴操作

删除、复制与粘贴命令	命令描述
dd	删除游标所在的那一整行
yy	复制游标所在的那一行
y0	复制光标所在的那个字符到该行行首的所有数据
y$	复制光标所在的那个字符到该行行尾的所有数据
p	将已复制的数据在光标下一行进行粘贴
u	回退操作

表 2-13 进入输入模式的操作

进入输入模式命令	命令描述
i	进入输入模式,从目前光标所在处输入
I	在目前光标所在行的第一个非空格符处开始输入
a	从目前光标所在的下一个字符处开始输入
A	从目前光标所在行的最后一个字符处开始输入
o	在目前光标所在的下一行处输入新的一行
O	在目前光标所在处的上一行输入新的一行

表 2-14　离开或保存的操作

离开或保存的命令	命令描述
:w	将编辑的数据写入硬盘
:q	离开 vi
:q!	若曾修改过文档,又不想储存,使用！来强制离开不储存文档
:wq	储存后离开,若为 :wq! 则为强制储存后离开

7. 软件包管理

最早期时,软件包是一些可以运行的程序组成的集合,可能还要加上若干配置文件和动态库。例如,程序员将针对某个平台编译好的二进制文件、程序所依赖的动态库文件(如以.so 和 .dll 为扩展名的文件)以及配置文件复制到一个目录中,这个目录就可以称为一个软件包。

为了保证使用的软件包能够方便且快速地复制到别的机器上，人们开始选用压缩文件的方式来封装软件包。比如通过 tar 或者 gzip 压缩后得到 .tar.gz、.rar 或者 .zip 格式的文件，这时就获得了一个较为高级的软件包。

再往后发展，就出现了更高级的软件包，如.rpm、.bin 或者 .deb 格式的软件包。这些格式的软件包，相对于压缩格式的软件包又有了更进一步的发展，它们不仅支持文件压缩功能，还有依赖维护、脚本嵌入等功能。Red Hat 公司开发贡献的 Red Hat Package Manager (RPM)是这些高级别软件包中最典型的一个。常用的软件管理工具如表 2-15 所示。

表 2-15　常用的软件管理工具

操作系统	格式	工具
Debian	.deb	apt、dpkg
RedHat	.rpm	rpm、yum
FreeBSD	.txz	make、pkg

yum 全称为 Yellow dog Updater, Modified,是一个在 Fedora 和 Red Hat 以及 SUSE 中的 Shell 前端的软件包管理器。yum 客户端基于 rpm 包进行管理,可以从指定的服务器自动下载 rpm 包并且安装,可以自动处理依赖性关系。yum 常用命令如表 2-16 所示。

表 2-16　yum 常用命令

命令	解析
yum -y install [package]	下载并安装一个 rpm 包
yum localinstall [package.rpm]	安装一个 rpm 包,使用你自己的软件仓库解决所有依赖关系
yum -y update	更新当前系统中安装的所有 rpm 包
yum update [package]	更新一个 rpm 包
yum remove [package]	删除一个 rpm 包
yum list	列出当前系统中安装的所有包
yum search [package]	在 rpm 仓库中搜寻软件包
yum clean [package]	清除缓存目录(/var/cache/yum)下的软件包
yum clean headers	删除所有头文件
yum clean all	删除所有缓存的包和头文件

8. Linux 网络管理

常用的网络管理命令有以下几个。

- ifconfig 命令:查看网络状态(能查看 IP 地址和子网掩码,但是不能查看网关和 DNS 地址),还可以临时设置某一网卡的 IP 地址和子网掩码。
- ping 命令:探测指定 IP 或域名的网络状况,ping [选项] IP 或域名。
- vi /etc/sysconfig/network-scripts/ifcfg-xxx 命令:修改网卡配置文件。
- service network restart 命令:重启网络服务。
- service firewalld stop 命令:关闭防火墙。

其他一些网络管理命令如表 2-17 所示。如果 Linux 操作系统无法连接互联网,可以采用以下步骤排查问题。

① 首先要保证网线连接没问题,并关闭防火墙。

② 执行 ifconfig,查看本地 IP 地址信息。

③ 执行 ping 本机 IP 命令,查看是否正常联通。

④ 查看网关信息 vi /etc/sysconfig/network-scripts/ifcfg-xxx,查看网络配置是否正确。

⑤ 执行 ping 网关 IP,查看是否正常联通。

⑥ 执行 ping www. baidu. com,查看是否正常联通。

表 2-17　其他网络管理命令

命令	解析
ifconfig eth0	显示一个以太网卡的配置
ifconfig eth0 192. 168. 1. 1 netmask 255. 255. 255. 0	配置网卡的 IP 地址
ifdown eth0	禁用“eth0”网络设备
ifup eth0	启用“eth0”网络设备
iwconfig eth1	显示一个无线网卡的配置
iwlist scan	显示无线网络
ip addr show	显示网卡的 IP 地址

9. 在 Linux 操作系统上安装配置 Tomcat 软件

① 下载安装包,请到 Apache Tomcat 主页下载 apache-tomcat-8. 0. 52. zip。

② 解压安装包文件 apache-tomcat-8. 0. 52. zip,解压命令为“unzip apache-tomcat-8. 0. 52. zip”。

③ 部署 Tomcat,部署命令为“mv apache-tomcat-8. 0. 52 /opt/tomcat8”。

④ 启动 Tomcat,启动命令为“. /opt/tomcat8/bin/startup. sh”。

⑤ 验证 Tomcat 是否正常启动了,打开浏览器,访问网址“http://IP:8080/”是否成功。

⑥ 查看 Tomcat 的启动日志,首先,跳转到日志目录,命令为“cd /opt/tomcat8/logs”,然后,查看日志命令为“tail -f catalina. out”。

⑦ 查看 Tomcat 进程,命令为“ps aux|grep tomcat”或“ps aux|grep java”。

⑧ 关闭 Tomcat 进程,命令为“kill -9 Tomcat 进程号”。

10. 在 Linux 操作系统上安装配置 Java 语言的软件开发工具包(JDK,Java Development Kit)软件

① 到 Oracle 官网下载 JDK 的安装包 jdk-8u171-linux-x64. tar. gz。

② 解压 JDK 的安装包文件 jdk-8u171-linux-x64. tar. gz，解压命令为"tar -xzvf jdk-8u171-linux-x64. tar. gz"。

③ 部署 JDK，部署命令为"mv jdk1. 8. 0_171 /usr/local/java/jdk8"。

④ 配置系统环境变量，修改配置文件/root/. bash_profile，在配置文件中增加以下内容

```
export JAVA_HOME = /usr/local/java/jdk8
export PATH = $JAVA_HOME/bin: $PATH
export CLASSPATH = .: $JAVA_HOME/lib/dt.jar: $JAVA_HOME/lib/tools.jar
source /root/.bash_profile
```

⑤ 验证 JDK 是否安装成功，命令为"java -version"，如果显示 JDK 的版本号信息，则安装成功，否则安装不成功。

2.4　Hadoop2.0 集群搭建

Hadoop 有 3 种运行模式(启动模式)，分别是单机模式、伪分布式模式和全分布式模式。

1. 单机模式(独立模式)(Local 或 Standalone Mode)

默认情况下，Hadoop 即处于单机模式，用于开发和调式。不对配置文件进行修改。使用本地文件系统，而不是分布式文件系统。Hadoop 不会启动 NameNode、DataNode、JobTracker、TaskTracker 等守护进程，Map()和 Reduce()任务是作为同一个进程的不同部分来执行的。该模式主要用于对 MapReduce 程序的逻辑进行调试，确保程序正确。

2. 伪分布式模式(Pseudo-Distributed Mode)

Hadoop 的守护进程运行在本地机器上，然后，模拟一个小规模的集群，即在一台主机上模拟出多台主机。Hadoop 启动 NameNode、DataNode、JobTracker、TaskTracker，这些守护进程都在同一台机器上运行，是相互独立的 Java 进程。在这种模式下，Hadoop 使用的是分布式文件系统，各个作业也是由 JobTraker 服务来管理的独立进程。在单机模式基础上增加了代码调试功能，允许检查内存使用情况，HDFS 输入输出，以及其他的守护进程交互。类似于全分布式集群模式，伪分布式模式常用来开发测试 Hadoop 程序的执行是否正确。

3. 全分布式集群模式(Full-Distributed Mode)

Hadoop 的守护进程运行在由多台主机搭建的集群上，是真正的生产环境。在所有的主机上安装 JDK 和 Hadoop，组成相互连通的网络。在主机间设置 SSH 免密码登录，把从节点生成的各公钥添加到主节点的信任列表中。

下面主要介绍伪分布式和全分布式两种运行模式的安装和部署。

2.4.1　伪分布式安装部署

1. 制定伪分布式部署规划

具体的部署规划如表 2-18 所示。需要准备的软件工具包括虚拟机 VMware 和远程连接工具 SecureCRT。

表 2-18　伪分布式部署规划

节点名称	IP	磁盘	内存	CPU	系统	安装软件	运行的进程
kxt-hdp（伪分布式）	192.168.8.101	20 GB	2 GB	1核1线	CentOS7	Hadoop2.7.3，jdk-8u162-linux-x64	NameNode、DataNode、SecondaryNameNode、ResourceManager、NodeManager

2. 拍摄快照

在部署之前，建议拍摄快照，如果安装失败，可以根据快照迅速恢复。需要注意的是拍摄快照前，节点需要处于关机状态，而且，最多只能拍摄 100 张快照，共享虚拟机最多可以拍摄 31 张快照。快照的拍摄步骤如图 2-90 所示。

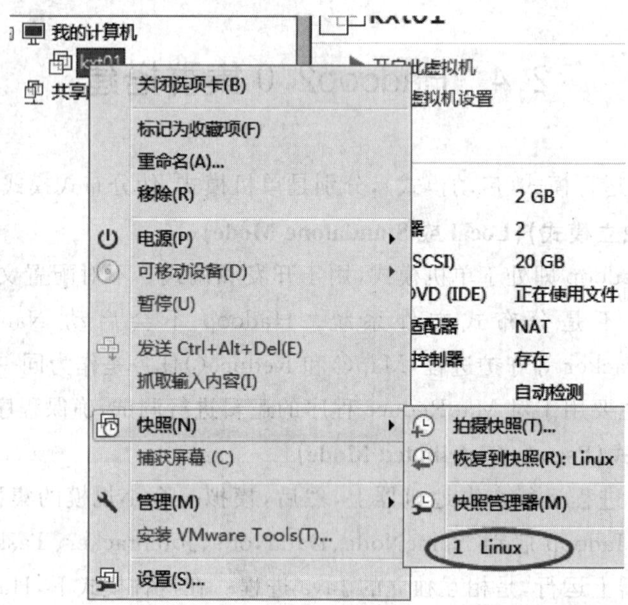

图 2-90　快照管理

3. 安装上传下载工具 yum

yum 自动安装命令为“yum -y install lrzsz”。

上传文件，执行命令“rz”，会跳出文件选择窗口，选择文件后，单击确认即可。下载文件，执行命令“sz 文件名”即可。

4. 下载 JDK 和 Hadoop 安装包

JDK 下载地址为 https://www.oracle.com/index.html。Hadoop 下载地址为 https://archive.apache.org/dist/hadoop/common/。

5. 上传 JDK 和 Hadoop 的安装包文件

- /opt/目录下创建 software、package 目录，用于存放软件和安装包。
- 上传快捷键为 Alt+p。
- 将 Hadoop 和 JDK 放到指定目录下：/opt/package。

6. 解压 JDK 和 Hadoop 的安装包文件

解压命令为“tar -zxvf jdk-8u162-linux-x64.tar.gz -C /opt/software/”和“tar -zxvf hadoop-2.7.3.tar.gz -C /opt/software/”。

7. 配置环境变量

编辑配置文件的命令为“vi /etc/profile”。

在配置文件的最下面添加以下内容。

```
export JAVA_HOME = /opt/software/jdk1.8.0_162
export HADOOP_HOME = /opt/software/hadoop-2.7.3
export PATH = $PATH:$JAVA_HOME/bin:$HADOOP_HOME/bin:$HADOOP_HOME/sbin
```

然后,保存修改后的文件,接着执行命令“source /etc/profile”,使修改后的配置立即生效。最后,验证 JDK 是否安装成功,命令为“java -version”,如果显示 JDK 的版本号信息,则安装成功,否则安装不成功。

8. 修改 Hadoop 配置文件

首先,跳转到 Hadoop 的安装目录,命令为“cd /opt/software/hadoop-2.7.3/etc/hadoop/”。

(1) 配置 hadoop-env.sh 中的 JAVA_HOME

命令:vi ./hadoop-env.sh。如图 2-91 所示,配置 JAVA_HOME。

```
# The java implementation to use.
export JAVA_HOME=/opt/software/jdk1.8.0_162
```

图 2-91　配置 JAVA_HOME

(2) 配置 core-site.xml

命令:vi ./core-site.xml。

```
<configuration>
<property>
  <name>fs.defaultFS</name>
  <value>hdfs://kxt-hdp:9000</value>
</property>

<! -- 指定 hadoop 运行时产生文件的存储目录 -->
<property>
  <name>hadoop.tmp.dir</name>
  <value>/opt/software/hadoop-2.7.3/data</value>
</property>
</configuration>
```

(3) 配置 hdfs-site.xml

命令:vi ./hdfs-site.xml。

```
<configuration>
<! -- 配置 HDFS 副本的数量 -->
<property>
<name>dfs.replication</name>
<value>1</value>
```

```
</property>
</configuration>
```

(4) 配置 mapred-site.xml

命令:mv mapred-site.xml.template mapred-site.xml。

命令:vi ./mapred-site.xml。

```
<configuration>
<!-- 指定 mr 运行在 yarn 上 -->
<property>
<name>mapreduce.framework.name</name>
<value>yarn</value>
</property>
</configuration>
```

(5) 配置 yarn-site.xml

命令:vi ./yarn-site.xml。

```
<configuration>
<!-- 指定 YARN 的资源管理节点(ResourceManager)的地址 -->
<property>
  <name>yarn.resourcemanager.hostname</name>
  <value>kxt-hdp</value>
</property>

<!-- reducer 获取数据的方式 -->
<property>
  <name>yarn.nodemanager.aux-services</name>
  <value>mapreduce_shuffle</value>
</property>

<!--使能够通过 windows 访问 8088 端口-->
<property>
  <name>yarn.resourcemanager.webapp.address</name>
  <value>192.168.8.110:8088</value>
</property>
</configuration>
```

(6) vi ./slaves

修改的内容即是自己的主机名称 kxt-hdp。

9. 格式化文件系统

命令:hdfs namenode -format。

10. 配置免密码登录

① 产生密钥对,命令为"ssh-keygen -t rsa",如果遇到提示就按回车键。

② 因为伪分布式是在一台主机上配置的,所以把公钥也发给自己,命令为"ssh-copy-id

kxt-hdp”，公钥保存在目录“. ssh/authorized_keys”中。

③ 系统询问是否想继续连接（Are you sure you want to continue connecting (yes/no)?），选择“yes”。

④ 系统提示设置登录密码，设置密码为“123456”，系统提示完成配置，可以测试免密码登录。

⑤ 验证免密码登录，命令为“ssh kxt-hdp”，系统提示登录成功，则配置成功，否则配置失败。

11. 开启服务

开启 HDFS 文件系统：start-dfs. sh。

开启 YARN：start-yarn. sh，或者直接 start-all. sh，但不建议。

12. 验证

（1）jps 查看服务进程

使用 jps 命令查看服务进程，如图 2-92 所示。

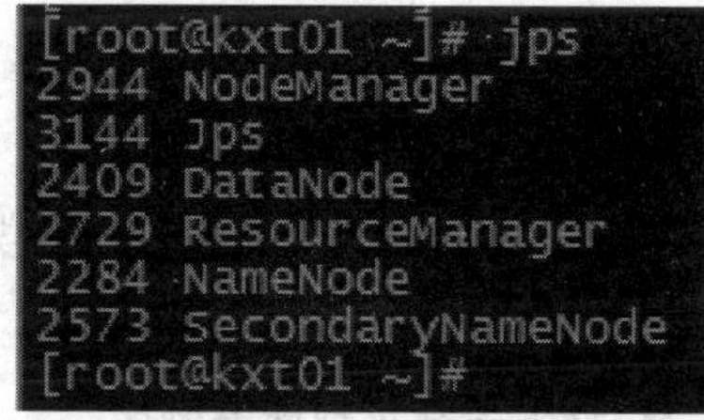

图 2-92　使用 jsp 命令查看服务进程

（2）Hadoop 运行监控

在浏览器输入地址：http://192. 168. 8. 110:50070，访问 Hadoop 运行监控页面，查看各个服务的状态，如图 2-93 所示。

Hadoop　Overview　Datanodes　Datanode Volume Failures　Snapshot　Startup Progress　Utilities

Overview 'kxt01:8020' (active)

Started:	Tue Mar 06 20:26:37 EST 2018
Version:	2.7.3, rbaa91f7c6bc9cb92be5982de4719c1c8af91ccff
Compiled:	2016-08-18T01:41Z by root from branch-2.7.3
Cluster ID:	CID-1a10e3bf-2b28-45a9-b8a1-d92fcc57ac55
Block Pool ID:	BP-2063148278-192.168.8.110-1520322309410

Summary

Security is off.

Safemode is off.

1 files and directories, 0 blocks = 1 total filesystem object(s).

Heap Memory used 76.6 MB of 155 MB Heap Memory. Max Heap Memory is 889 MB.

Non Heap Memory used 38.87 MB of 39.94 MB Commited Non Heap Memory. Max Non Heap Memory is -1 B.

Configured Capacity:	16.99 GB
DFS Used:	12 KB (0%)
Non DFS Used:	2.07 GB
DFS Remaining:	14.92 GB (87.83%)
Block Pool Used:	12 KB (0%)
DataNodes usages% (Min/Median/Max/stdDev):	0.00% / 0.00% / 0.00% / 0.00%
Live Nodes	1 (Decommissioned: 0)

图 2-93　Hadoop 运行监控页面

（3）YARN 运行监控

访问地址 http://192.168.8.110:8088，访问 YARN 的运行监控页面，查看 YARN 服务的运行状态，如图 2-94 所示。

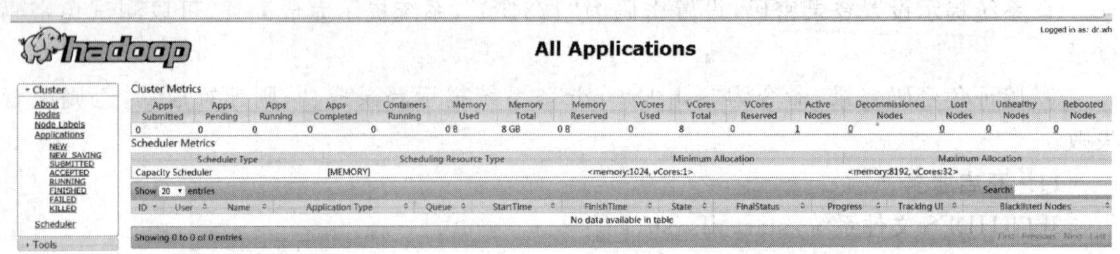

图 2-94　YARN 的运行监控页面

2.4.2　全分布式安装部署

1. 制定全分布式部署规划

具体的部署规划如表 2-19 所示。需要准备的软件工具包括虚拟机 VMware 和远程连接工具 SecureCRT。

表 2-19　全分布式部署规划

节点名称	IP	磁盘	内存	CPU	系统	安装软件	运行的进程
kxt-hdp11（主）	192.168.8.111	20 GB	2 GB	1 核 1 线	CentOS7	Hadoop2.7.3、jdk-8u162-linux-x64	NameNode、SecondaryNameNode、ResourceManager
kxt-hdp12（从）	192.168.8.112	20 GB	2 GB	1 核 1 线	CentOS7	Hadoop2.7.3、jdk-8u162-linux-x64	DataNode、NodeManager
kxt-hdp13（从）	192.168.8.113	20 GB	2 GB	1 核 1 线	CentOS7	Hadoop2.7.3、jdk-8u162-linux-x64	DataNode、NodeManager

2. 上传 JDK 和 Hadoop 安装包

上传快捷键为 Alt+p，将 Hadoop 和 JDK 放到指定目录下：/opt/package。

3. 解压 JDK 和 Hadoop

- tar -zxvf jdk-8u162-linux-x64.tar.gz -C /opt/software/。
- tar -zxvf hadoop-2.7.3.tar.gz -C /opt/software/。

4. 配置环境变量

- 命令：vi /etc/profile。
- 最后一行下边添加以下内容。

```
export JAVA_HOME=/opt/software/jdk1.8.0_162
export HADOOP_HOME=/opt/software/hadoop-2.7.3
export PATH=$PATH:$JAVA_HOME/bin:$HADOOP_HOME/bin:$HADOOP_HOME/sbin
```

• 保存后刷新：source /etc/profile。

5. 配置 Hadoop

命令：cd /opt/software/hadoop-2.7.3/etc/hadoop/。

① 修改 hadoop-env.sh 文件，具体修改内容如图 2-95 所示。

```
# The java implementation to use.
export JAVA_HOME=/opt/software/jdk1.8.0_162
```

图 2-95　设置 hadoop-env.sh 文件中的 JAVA_HOME

② 配置 core-site.xml 文件，该文件是 Hadoop 的核心配置文件，添加设置为 namenode 节点的地址，端口号一般为 9000，具体配置如下。

```
<!-- 指定 HDFS 的 URI -->
<property>
<name>fs.defaultFS</name>
<value>hdfs://kxt-hdp11:9000/</value>
</property>

<!-- 指定 hadoop 运行时产生文件的存放目录 -->
<property>
<name>hadoop.tmp.dir</name>
<value>/opt/software/hadoop-2.7.3/tmp/</value>
</property>

<property>
<name>io.file.buffer.size</name>
<value>131072</value>
</property>
```

③ 配置 hdfs-site.xml 文件，主要设置备份数量，由于有 3 个 datanode，所以设置为 3，具体配置如下。

```
<!-- namenode 上存储 hdfs 名字空间元数据 -->
<property>
<name>dfs.namenode.name.dir</name>
<value>file:/opt/software/hadoop-2.7.3/hdfs/name/</value>
</property>

<!-- datanode 上数据块的物理存储位置 -->
<property>
<name>dfs.datanode.data.dir</name>
<value>file:/opt/software/hadoop-2.7.3/hdfs/data/</value>
```

```
</property>

<!-- 副本个数,默认是 3 -->
<property>
<name>dfs.replication</name>
<value>3</value>
</property>

<property>
<name>dfs.namenode.secondary.http-address</name>
<value>kxt-hdp11:50090</value>
</property>
```

④ 配置 mapred-site.xml,主要指定 mr 运行在 YARN 上,具体配置如下。

```
<!-- 指定 mr 运行在 yarn 上 -->
<property>
<name>mapreduce.framework.name</name>
<value>yarn</value>
</property>
```

⑤ 配置 yarn-site.xml,主要设置 YARN 的资源管理节点,并设置 reducer 获取数据的方式,具体配置如下。

```
<!-- 指定 YARN 的资源管理节点(ResourceManager)的地址 -->
<property>
<name>yarn.resourcemanager.hostname</name>
<value>kxt-hdp11</value>
</property>
<!-- reducer 获取数据的方式 -->
<property>
<name>yarn.nodemanager.aux-services</name>
<value>mapreduce_shuffle</value>
</property>
```

6. 将 kxt-hdp12、kxt-hdp13 配置为存储数据的节点

命令:vi slaves。

将 localhost 删掉,加入如下内容。

```
kxt-hdp12
kxt-hdp13
```

7. 克隆虚拟机

首先将虚拟机关机,然后,选择虚拟机"kxt-hdp11",单击右键选择"克隆",系统进入克隆虚拟机向导界面,如图 2-96 所示。按照克隆虚拟机向导,分别克隆出名字为 kxt-hdp12 和

kxt-hdp13 的两个虚拟机。

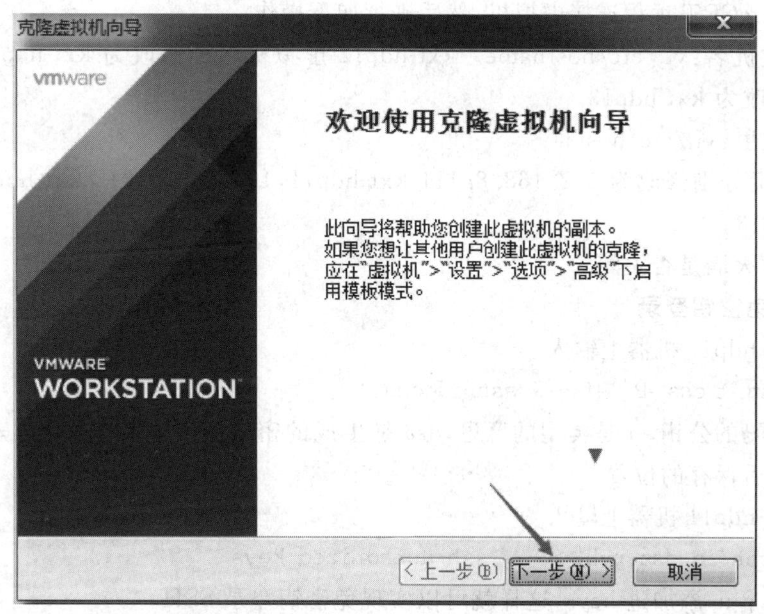

图 2-96　克隆虚拟机

8. 修改克隆虚拟机的网络配置

将虚拟机“kxt-hdp11”“kxt-hdp12”“kxt-hdp13”依次开机。分别修改“kxt-hdp12”“kxt-hdp13”网卡文件-ens33。IP 地址分别修改为：192.168.8.112 和 192.168.8.113。

9. 检查网络配置

输入命令 ifconfig，显示界面如图 2-97 所示。再输入命令 ping www.baidu.com，如果网络联通，则网络配置成功，否则就不成功。

```
[root@kxt11 ~]# ifconfig
ens33: flags=4163<UP,BROADCAST,RUNNING,MULTICAST>  mtu 1500
        inet 192.168.8.112  netmask 255.255.255.0  broadcast 192.168.8.255
        inet6 fe80::6b6a:752f:cd4e:ad92  prefixlen 64  scopeid 0x20<link>
        inet6 fe80::8417:ecb3:fd12:715c  prefixlen 64  scopeid 0x20<link>
        ether 00:0c:29:00:b6:f5  txqueuelen 1000  (Ethernet)
        RX packets 54  bytes 4034 (3.9 KiB)
        RX errors 0  dropped 0  overruns 0  frame 0
        TX packets 38  bytes 3119 (3.0 KiB)
        TX errors 0  dropped 0 overruns 0  carrier 0  collisions 0

lo: flags=73<UP,LOOPBACK,RUNNING>  mtu 65536
        inet 127.0.0.1  netmask 255.0.0.0
        inet6 ::1  prefixlen 128  scopeid 0x10<host>
        loop  txqueuelen 1  (Local Loopback)
        RX packets 4  bytes 336 (336.0 B)
        RX errors 0  dropped 0  overruns 0  frame 0
        TX packets 4  bytes 336 (336.0 B)
        TX errors 0  dropped 0 overruns 0  carrier 0  collisions 0
```

图 2-97　网络配置检查

10. 修改虚拟机的配置

使用 SecureCRT 远程连接虚拟机，然后进行如下操作。

① 修改主机名：vi /etc/hostname。kxt-hdp12 虚拟机名称修改为 kxt-hdp12；kxt-hdp13 虚拟机名称修改为 kxt-hdp13。

② 修改映射：vi /etc/hosts。

3 台虚拟机分别修改为 192.168.8.111 kxt-hdp11，192.168.8.112 kxt-hdp12，192.168.8.113 kxt-hdp13。

③ 查看防火墙是否关闭。

11. 配置免密钥登录

① 在 kxt-hdp11 机器上输入

```
ssh-keygen -t dsa -P '' -f ~/.ssh/id_dsa
```

创建一个无密码的公钥，-t 是类型的意思，dsa 是生成的密钥类型，-P 是密码，''表示无密码，-f 后是密钥生成后保存的位置。

② 在 kxt-hdp11 机器上输入

```
cat ~/.ssh/id_dsa.pub >> ~/.ssh/authorized_keys
```

将公钥 id_dsa.pub 添加进 keys，这样就可以实现免密钥登录 SSH。

③ 在 master 机器上输入

```
ssh kxt-hdp11
```

测试免密码登录，如果有询问，则输入"yes"，按回车键。

④ 分别在 kxt-hdp12 和 kxt-hdp13 主机上执行 mkdir ~/.ssh。

⑤ 在 kxt-hdp11 机器上输入

```
scp ~/.ssh/authorized_keys root@kxt-hdp12:~/.ssh/authorized_keys
scp ~/.ssh/authorized_keys root@kxt-hdp13:~/.ssh/authorized_keys
```

将主节点的公钥信息导入 kxt-hdp12 和 kxt-hdp13 节点，导入时要输入"yes"和 kxt-hdp12、kxt-hdp13 机器的登录密码：123456。

⑥ 在 3 台机器上分别执行 chmod 600 ~/.ssh/authorized_keys，赋予密钥文件权限。

⑦ 验证。重启 3 台虚拟机节点后，在 kxt-hdp11 节点上分别输入 ssh kxt-hdp12 和 ssh kxt-hdp13 测试 SSH 是否配置成功。

12. 格式化 namenode

在 kxt-hdp11 机器上，在任意目录输入命令

```
hdfs namenode -format
hadoop hdfs -format
```

格式化 namenode，第一次使用需格式化一次，之后就不用再格式化，如果改一些配置文件，可能还需要再次格式化。

13. 开启服务

在 kxt-hdp11 中分别开启 HDFS 和 YARN 服务，具体如图 2-98 所示。开启的命令如下：

```
start-dfs.sh
start-yarn.sh
stop-dfs.sh
stop-yarn.sh
```

```
[root@kxt11 ~]# start-dfs.sh
Starting namenodes on [kxt11]
kxt11: starting namenode, logging to /opt/software/hadoop-2.7.3/logs/hadoop-root-namenode-kxt11.out
kxt13: starting datanode, logging to /opt/software/hadoop-2.7.3/logs/hadoop-root-datanode-kxt13.out
kxt12: starting datanode, logging to /opt/software/hadoop-2.7.3/logs/hadoop-root-datanode-kxt12.out
Starting secondary namenodes [kxt11]
kxt11: starting secondarynamenode, logging to /opt/software/hadoop-2.7.3/logs/hadoop-root-secondarynamenode-kxt11.out
[root@kxt11 ~]# start-yarn.sh
starting yarn daemons
starting resourcemanager, logging to /opt/software/hadoop-2.7.3/logs/yarn-root-resourcemanager-kxt11.out
kxt12: starting nodemanager, logging to /opt/software/hadoop-2.7.3/logs/yarn-root-nodemanager-kxt12.out
kxt13: starting nodemanager, logging to /opt/software/hadoop-2.7.3/logs/yarn-root-nodemanager-kxt13.out
[root@kxt11 ~]#
```

图 2-98　开启 HDFS 和 YARN 服务

14. 验证是否安装成功

在主节点 kxt-hdp11 执行 jps 命令，查看正在运行的服务是否与规划的一致，具体如图 2-99 所示。

```
[root@kxt11 ~]# jps
2502 SecondaryNameNode
2941 Jps
2654 ResourceManager
2319 NameNode
[root@kxt11 ~]#
```

图 2-99　在主节点 kxt11 执行 jps 命令

在从节点 kxt-hdp12 执行 jps 命令，查看正在运行的服务是否与规划的一致，具体如图 2-100 所示。

```
[root@kxt12 ~]# jps
2402 Jps
2186 DataNode
2286 NodeManager
[root@kxt12 ~]#
```

图 2-100　在从节点 kxt12 执行 jps 命令

在从节点 kxt-hdp13 执行 jps 命令，查看正在运行的服务是否与规划的一致，具体如图 2-101 所示。

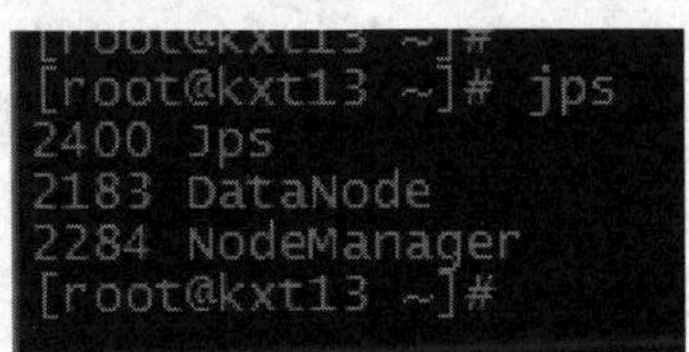

[root@kxt13 ~]# jps
2400 Jps
2183 DataNode
2284 NodeManager
[root@kxt13 ~]#

图 2-101　在从节点 kxt13 执行 jps 命令

进入 Web 查看 Live Nodes 的数量，为 0 的话，输入命令：service network restart，重启网卡，解决问题。

15. window hosts 配置映射完成，全分布式安装部署成功

本章小结

Hadoop 被视为事实上的大数据处理标准，本章介绍了 Hadoop 的发展历程及生态系统，对比了 Hadoop1.0 与 Hadoop2.0 的区别，并阐述了 Hadoop2.0 的体系架构及其核心模块：分布式文件系统 HDFS、分布式计算框架 MapReduce 和分布式资源调度系统 YARN。

本章主要对大数据技术所必需的计算机基础知识进行了介绍，包括大数据平台所依赖的 Linux 操作系统、Java 编程基础、Web 可视化技术基础和关系数据库基础，本书只是对这些基础知识进行简单介绍，读者若需要详细学习和了解相关知识，请自行学习。

本章最后介绍了 Hadoop2.0 集群搭建，详细介绍了伪分布式安装部署和全分布式安装部署，该部分是后续章节实践环节的基础。

习 题 二

1. 请在 Linux 操作系统上使用 root 用户部署一个 Tomcat 服务器。
2. 请简述 Hadoop1.0 和 Hadoop2.0 的区别。
3. 请从用户角度，简述 HDFS 的特点。
4. 请简述 Java 面向对象编程的核心概念。
5. 试述结构化查询语言包含哪 6 个部分。
6. 试述在 Linux 下安装配置 Tomcat 的步骤。
7. 试述在 Linux 下安装配置 JDK 的步骤。
8. 试述 Hadoop 3 种运行模式的不同之处。
9. Hadoop 伪分布式运行启动后所具有的进程有哪些？
10. 请尝试按照本章 Hadoop 安装步骤或 Hadoop 官方文档搭建伪分布式或全分布式的 Hadoop 集群环境。

第3章 分布式文件系统 HDFS

分布式文件系统(DFS,Distributed File System)是一种文件系统,允许将数据存储在集群中的多个节点或机器上,并允许多个用户访问数据。HDFS 是 Hadoop 中自带的分布式文件系统,并且是 Hadoop 工具的核心基础组件之一。HDFS 源于 Google 在 2003 年 10 月发表的 GFS(Google File System) 论文,它其实就是 GFS 的一个克隆版本和开源实现。HDFS 是一个典型的主从架构模型系统,也是管理大型分布式数据密集型计算的可扩展的分布式文件系统。

本章将主要介绍 HDFS 的设计目标、体系架构、核心特性、数据流的读写和对外功能。希望读者在学习本章内容后能对 Hadoop 的文件存储系统有一个系统的认识和了解。

3.1 HDFS 简介

分布式文件系统指文件系统管理的物理存储资源不一定直接连接在本地节点上,而是通过计算机网络与节点相连。它与我们日常使用的计算机中的文件系统具有相同的用途,例如用于具有 NTFS(新技术文件系统)的 Windows 操作系统或用于具有 HFS(分层文件系统)的 Mac 操作系统。唯一的区别是,在分布式文件系统的情况下,用户将数据存储在多台机器而不是单台机器上。即使文件存储在整个网络中,DFS 也可以组织和显示数据,使用户感觉所有数据都存储在本地机器中。

HDFS 是 Hadoop 项目的核心子项目,是分布式计算中数据存储管理的基础,是基于流数据模式访问和处理超大文件的需求而开发的,可以运行在廉价的商用服务器上。它所具有的高容错性、高可靠性、高可扩展性、高获得性、高吞吐率等特征为海量数据提供了不怕故障的存储,为超大数据集(Large Data Set)的应用处理带来了很多便利。

HDFS 是基于 Java 的分布式文件系统,允许用户在 Hadoop 集群中的多个节点上存储大量数据。因此,如果用户安装 Hadoop,就会将 HDFS 作为底层存储系统来存储分布式环境中的数据。举个例子来理解它,假如一个人有十台计算机,每台计算机上有 1 TB 的硬盘。现在,如果这个人将 Hadoop 作为平台安装在这十台机器上,他将获得 HDFS 作为存储服务。Hadoop 分布式文件系统将会利用每台机器的存储空间来存储任何类型的数据,并进行统一的管理。它还可以和 YARN 中的 MapReduce 编程模型很好地结合,为应用程序提供高吞吐量的数据访问,适应大数据应用程序。

3.2 HDFS 的设计目标

HDFS 的定位是提供高容错、高扩展、高可靠的分布式存储服务,HDFS 的设计理念与

Google 的 GFS 的设计理念相同，即“是否可以在一堆廉价且不可靠的硬件上构建可靠的分布式文件系统”，HDFS 将容错的任务交给文件系统完成，利用软件的方法解决系统可靠性问题，使存储的成本成倍下降。HDFS 将服务器故障视为正常现象，并采用多种方法，从多个角度，使用不同的容错措施，确保数据存储的安全、保证提供不间断的数据存储服务。HDFS 的设计目标如下。

(1) 检测硬件故障

硬件故障是常态而非例外。HDFS 实例可能包含数百或数千台服务器计算机，每台计算机都存储文件系统数据的一部分。事实上，存在大量组件并且每个组件具有非平凡的故障概率意味着 HDFS 的某些组件始终不起作用。因此，检测故障并从中快速自动恢复是 HDFS 的核心架构目标。

(2) 流式数据访问

在 HDFS 上运行的应用程序需要对其数据集进行流式访问。它们不是通常在通用文件系统上运行的通用应用程序。HDFS 设计用于批处理而非用户的交互式使用。重点是数据访问的高吞吐量而非数据访问的低延迟。POSIX 强加了许多 HDFS 的应用程序不需要的硬性要求。

(3) 大数据集

在 HDFS 上运行的应用程序具有大型数据集。HDFS 中的典型文件大小为吉字节到太字节。因此，HDFS 被调整为支持大文件。它应该为单个集群中的数百个节点提供高聚合数据带宽和扩展。它应该在单个实例中支持数千万个文件。

(4) 简单的一致性模型

HDFS 应用程序需要一次写入、多次读取文件的访问模型。除了追加和截断之外，无须更改创建、写入和关闭的文件。支持将内容附加到文件末尾，但无法在任意点更新。此假设简化了数据一致性问题，并实现了高吞吐量数据访问。MapReduce 应用程序或 Web 爬虫应用程序完全适合此模型。

(5) 移动计算比移动数据便宜

如果应用程序在其操作的数据附近执行，则计算所请求的计算效率更高。当数据集的大小很大时更是如此。这可以最大限度地减少网络拥塞并提高系统的整体吞吐量。所以好的设计是将计算迁移到更靠近数据所在的位置，而不是将数据移动到运行应用程序的位置。HDFS 为应用程序提供了接口，使其自身更靠近数据所在的位置。

(6) 跨异构硬件和软件平台的可移植性

HDFS 的设计便于从一个平台移植到另一个平台，这有助于广泛采用 HDFS 作为大量应用程序的首选平台。

3.3 HDFS 的体系架构

HDFS 具有主从(Master Slave)架构。HDFS 集群由单个 NameNode、一个管理文件系统命名空间的主服务器和管理客户端对文件的访问组成。此外，还有许多 DataNode，通常是集群中每个节点一个，用于管理连接到它们运行的节点的存储。HDFS 公开文件系统命名空间，并允许用户数据存储在文件中。在内部，文件被分成一个或多个块，这些块存储在一组

DataNode 中。NameNode 执行文件系统命名空间操作，如打开、关闭和重命名文件和目录。它还确定了块到 DataNode 的映射。DataNode 负责提供来自文件系统客户端的读写请求。DataNode 还根据来自 NameNode 的指令执行块创建、删除和复制。

3.3.1 主从架构

HDFS 采用主从结构模型，HDFS 的架构如图 3-1 所示，一个 HDFS 集群是由一个 NameNode 和若干个 DataNode 组成的。NameNode 作为主服务器，管理文件系统命名空间和客户端对文件的访问操作；DataNode 管理存储的数据。

NameNode 和 DataNode 是设计用于在商用机器上运行的软件。这些机器通常运行 GNU/Linux 操作系统。HDFS 是使用 Java 语言构建的；任何支持 Java 的机器都可以运行 NameNode 或 DataNode 软件。使用高度可移植的 Java 语言意味着可以在各种计算机上部署 HDFS。典型的部署方案是有一台专用的机器，它只运行 NameNode 软件。集群中的每台其他计算机都运行一个 DataNode 软件实例。该体系结构不排除在同一台机器上运行多个 DataNode，但在实际部署中很少出现这种情况。在集群中单个 NameNode 极大地简化了系统的体系结构。NameNode 是所有 HDFS 元数据的仲裁者和存储库。系统的设计使用户数据永远不会流经 NameNode，而只流向 DataNode。

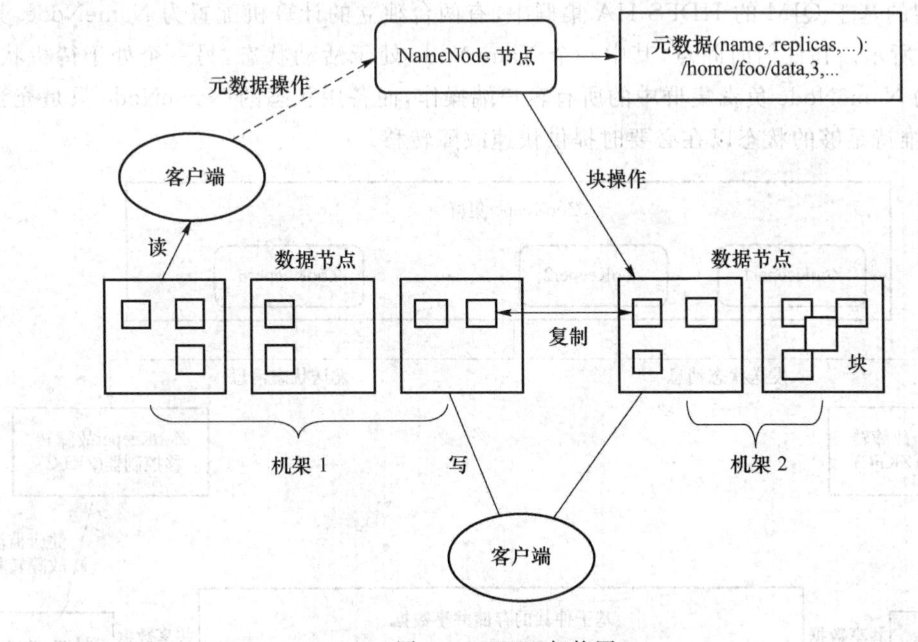

图 3-1　HDFS 架构图

HDFS 支持传统的分层文件组织。用户或应用程序可以在这些目录中创建目录并存储文件。文件系统命名空间层次结构与大多数其他现有文件系统类似；可以创建和删除文件，将文件从一个目录移动到另一个目录，或重命名文件。HDFS 支持用户配额和访问权限。HDFS 不支持硬链接或软链接。但是，HDFS 架构并不排除实现这些功能。

NameNode 维护文件系统命名空间。NameNode 记录对文件系统命名空间或其属性的任何更改。应用程序可以指定应由 HDFS 维护的文件的副本数。文件的副本数称为该文件的复制因子。该信息由 NameNode 存储。

3.3.2 HDFS 高可用性架构

在 Hadoop2.0 之前,NameNode 是 HDFS 集群中的单点故障(SPOF)。每个集群都有一个 NameNode,如果该机器或进程变得不可用,整个集群将无法使用,直到 NameNode 重新启动或在单独的计算机上启动为止。这在两个主要方面影响了 HDFS 集群的总体可用性:

- 对于计划外事件(如计算机系统崩溃),在操作员重新启动 NameNode 之前,集群将不可用;
- 计划维护事件(如 NameNode 计算机上的软件或硬件升级)将导致集群停机一段时间,在这段时间集群不可用。

HDFS 高可用性(HA,High Availability)功能通过提供在具有热备用的主动/被动配置中的同一集群中运行两个冗余 NameNode 的选项来解决上述问题。这允许在机器崩溃的情况下快速将故障转移到新的 NameNode,或者为了计划维护管理员启动的故障转移。

HDFS 的高可用实现有两个方案,其一是使用 Quorum Journal Manager(QJM),其二是使用常规共享存储。下面分别介绍这两个高可用的实现方案。

(1) 使用 Quorum Journal Manager 配置和使用 HDFS HA

在典型的基于 QJM 的 HDFS HA 集群中,有两台独立的计算机配置为 NameNode,其架构如图 3-2 所示。在任何时间点,其中一个 NameNode 处于活动状态,另一个处于待机状态。活动状态的 NameNode 负责集群中的所有客户端操作,而备用状态的 NameNode 只是充当从属服务器,维持足够的状态以在必要时提供快速故障转移。

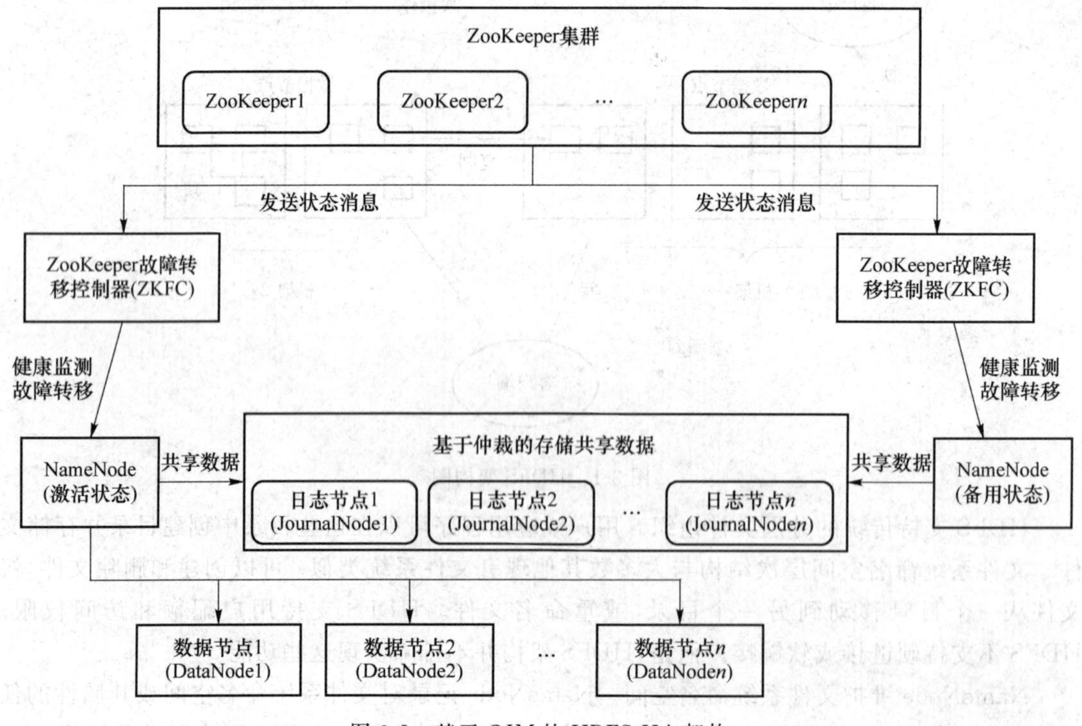

图 3-2 基于 QJM 的 HDFS HA 架构

为了使备用状态的 NameNode 保持其状态与活动状态的 NameNode 同步，两个 NameNode 都与一组名为“JournalNodes”(JNs)的单独守护进程通信。当活动状态的 NameNode 执行任何名称空间修改时，它会将修改持久地记录到大多数 JN 中。备用状态的 NameNode 能够从 JN 读取编辑，并且不断观察它们对编辑日志的更改。当备用状态的 NameNode 看到编辑发生时，它会将这些改变同步到自己的命名空间。如果发生故障转移，备用状态的 NameNode 将确保在将自身升级为活动状态之前已从 JNs 读取所有编辑内容。这可确保在发生故障转移之前完全同步命名空间状态。

为了提供快速故障转移，备用状态的 NameNode 还必须具有关于集群中块的位置的最新信息。为了实现这一点，DataNode 配置了两个 NameNode 的位置，并向两者发送块位置信息和心跳(Heartbeat)。

对于 HA 集群的正确操作而言，一次只有一个 NameNode 处于活动状态至关重要。否则，命名空间状态将在两者之间产生分歧，冒着数据丢失或得到其他不正确结果的风险。为了确保这个属性并防止所谓的“脑裂场景”(Split-brain Scenario)(脑裂问题是因产生了两个集群的领导者，导致集群行为不一致了)，JournalNodes 一次只允许一个 NameNode 作为写入数据到日志节点的编写者角色。在故障转移期间，要激活的 NameNode 将简单地接管这个编写者的角色，这将有效地阻止其他 NameNode 继续处于活动状态，从而允许新的活动状态的 NameNode 可以安全地进行故障转移。

要部署 HA 集群，应准备以下硬件设备。

- NameNode 计算机。注意，运行活动状态和备用状态 NameNode 的计算机应具有相同的硬件配置。
- JournalNode 计算机，即运行 JournalNodes 的计算机。JournalNode 守护程序相对轻量级，因此这些守护程序可以合理地与其他 Hadoop 守护程序一起配置在某一台计算机上，如 NameNodes、JobTracker 或 YARN ResourceManager。注意，必须至少有 3 个 JournalNode 守护进程，因为编辑日志修改必须写入大多数 JournalNode。这将允许系统容忍单个机器的故障。也可以运行 3 个以上的 JournalNode，但为了实际增加系统可以容忍的失败次数，应该运行奇数个 JournalNode(即 3、5、7 等)。请注意，当使用 N 个 JournalNodes 运行时，系统最多可以容忍[$(N-1)/2$]个节点故障并保证继续正常运行。

(2) 使用共享 NFS 目录配置和使用 HDFS HA

在典型的基于共享网络文件系统(NFS，Network File System)目录的 HDFS HA 集群中，有两台独立的计算机配置为 NameNode，其架构如图 3-3 所示。在任何时间点，其中一个 NameNode 处于活动状态，另一个处于待机备用状态。活动状态的 NameNode 负责集群中的所有客户端操作，而备用状态的 NameNode 只是充当从属服务器，维持足够的状态以在必要时提供快速故障转移。

为了使备用状态的 NameNode 保持其状态与活动状态的 NameNode 同步，当前实现要求两个节点都可以访问共享存储设备上的目录〔例如，来自一台网络附属存储(NAS，Network Attached Storage)服务器上挂载的 NFS 文件系统〕。

当活动状态的 NameNode 执行任何名称空间修改时，它会将修改记录持久地记录到存储在共享目录中的编辑日志文件中。备用状态的 NameNode 不断地观察该目录是否被编辑,并且当它看到编辑发生时,它将这些改变同步到自己的命名空间。如果发生故障转移,备用状态的 NameNode 将确保在将自身升级为活动状态之前已从共享存储中读取所有被编辑的内容。这可确保在发生故障转移之前完全同步命名空间状态。

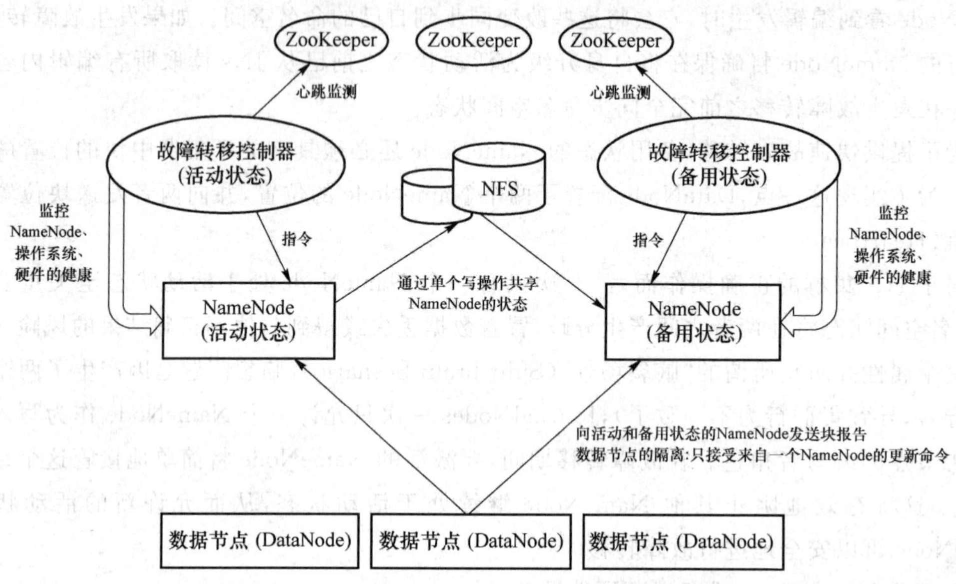

图 3-3　基于共享 NFS 目录的 HDFS HA 架构

为了提供快速故障转移,备用状态的 NameNode 还必须具有关于集群中块的位置的最新信息。为了实现这一点,DataNode 配置了两个 NameNode 的位置,并向两者发送块位置信息和心跳。

对于 HA 集群的正确操作而言,一次只有一个 NameNode 处于活动状态是至关重要的。否则,命名空间状态将在两者之间快速形成分歧,冒着数据丢失或得到其他不正确结果的风险。为了确保此属性并防止所谓的"脑裂场景",管理员必须为共享存储配置至少一种防护方法。在故障转移期间,如果无法验证先前的活动节点是否已放弃其活动状态,则防护进程负责切断先前活动状态的 NameNode 对共享编辑存储的访问。这可以防止它对命名空间进行任何进一步的编辑,从而允许新的活动状态的 NameNode 安全地进行故障转移。

要部署 HA 集群,应准备以下硬件设备。

- NameNode 计算机。注意,运行活动状态和备用状态 NameNode 的计算机应具有相同的硬件配置。
- 共享存储,需要拥有一个共享目录,NameNode 计算机都可以对其进行读/写访问。通常,这是一个支持 NFS 的远程文件管理器,并安装在每个 NameNode 计算机上。目前,这种方案仅支持单个共享编辑目录,因此,该共享编辑目录的可用性限制了系统的可用性,为了删除所有单一故障点,需要为共享编辑目录提供冗余。具体而言,就是存储的多个网络路径以及存储本身(磁盘、网络和电源)的冗余。因此,建议共享存储服务器是高质量的专用 NAS 设备,而不是简单的 Linux 服务器。

值得注意的是,在 HA 集群中,备用状态的 NameNode 还会执行命名空间状态的检查点,因此无须在 HA 集群中运行 SecondaryNameNode，CheckpointNode 或 BackupNode。事实上，这样做是错误的。这还允许正在重新配置启用 HA 的 HDFS 集群的人员启用 HA，以重用他们之前专用于 SecondaryNameNode 的硬件。

3.4　HDFS 的核心设计

3.4.1　数据复制

HDFS 旨在可靠地在大型集群中的计算机上存储非常大的文件。它将每个文件存储为一系列块，通过复制文件的块以实现容错，此外，块大小和复制因子可根据文件进行配置，原理如图 3-4 所示。有以下两种方式可以修改块大小和复制因子。

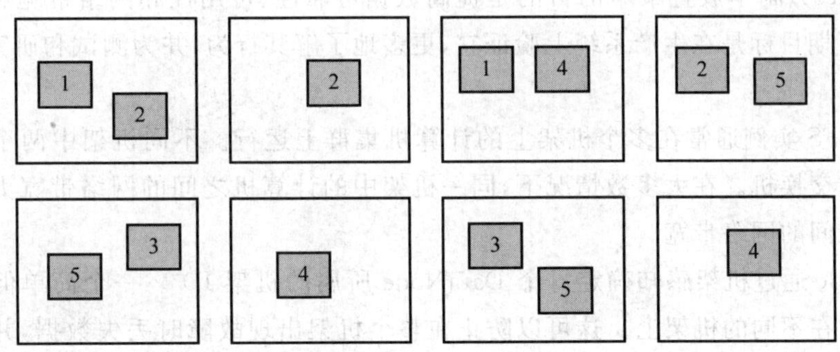

图 3-4　数据复制

① 在配置文件 hdfs-site. xml 中对复制因子进行配置，代码如下。

```
<property>
  <name>dfs.replication</name>
  <value>3</value>
</property>
```

也可以通过在 hdfs-site. xml 中对块进行设置，代码如下。

```
<property>
    <name>dfs.blocksize</name>
```

```
<value>134217728</value>//数值以 KB 为单位,只写数值就可以
</property>
```

默认 dfs.replication 的值为 3,通过这种方法虽然更改了配置文件,但是参数只在文件被写入 dfs 时起作用,不会改变之前写入的文件的备份数。

默认 dfs.blocksize 的值为 128 MB。HDFS 的块比磁盘块大,其目的是最小化寻址开销。如果块设置得足够大,从磁盘传输数据的时间将明显大于定位这个块开始位置所需的时间。这样,传输一个由多个块组成的文件的时间就取决于磁盘传输速率。例如,如果寻址时间为 10 ms 左右,而传输速率为 100 MB/s,为了使寻址时间仅占传输时间的 1%,需要设置块大小为 100 MB 左右。所以,很多情况下 HDFS 使用 128 MB 的块设置。以后随着新一代磁盘驱动器传输速率的提升,块的大小将被设置得更大。

② 在应用程序中指定文件的副本数。复制因子可以在文件创建时指定,并可以在以后更改。HDFS 中的文件是一次写入的(除了追加和截断),并且在任何时候都有一个写入器。

NameNode 做出有关块复制的所有决定。它定期从集群中的每个 DataNode 接收 Heartbeat 和 Blockreport(块报告)。收到心跳意味着 DataNode 正常运行。Blockreport 包含 DataNode 上所有块的列表。

数据复制有 3 个关键策略,分别是副本存放、副本选择和安全模式,下面详细介绍这 3 个策略。

(1) 副本存放

副本的放置对 HDFS 的可靠性和性能至关重要。优化副本放置可将 HDFS 与大多数其他分布式文件系统区分开来。这项工作需要大量的调优和经验积累。机架感知(Hadoop Rack Awareness)副本放置策略的目的是提高数据可靠性、可用性和网络带宽利用率。实施这个策略的短期目标是在生产系统上验证它,更多地了解其行为,并为测试和研究更复杂的策略奠定基础。

大型 HDFS 实例通常在多个机架上的计算机集群上运行。不同机架中两个节点之间的通信必须通过交换机。在大多数情况下,同一机架中的计算机之间的网络带宽大于不同机架中的计算机之间的网络带宽。

NameNode 通过机架感知确定每个 DataNode 所属的机架 ID 。一个简单但非最优的策略是将副本放在不同的机架上。这可以防止在整个机架出现故障时丢失数据,并允许在读取数据时使用多个机架的带宽。此策略在集群中均匀分布副本,这使得在组件故障时很容易平衡负载。但是,此策略会增加写入成本,因为写入数据时需要将块传输到多个机架。

对于常见情况,当复制因子为 3 时,HDFS 的放置策略是:第 1 个副本放在数据写入程序所在的节点上(如果数据写入程序不在集群范围内,则第 1 个节点是随机选取的);第 2 个副本放置在与第 1 个节点不同的远程机架的某个节点中;第 3 个副本和第 2 个副本在同一个机架中,但要放在不同的节点中。

此策略减少机架间写入流量,这通常会提高写入性能。机架故障的概率远小于节点故障的概率,此策略不会影响数据的可靠性和可用性。但是,它确实减少了读取数据时使用的网络传输总带宽,因为一个块只放在 2 个不同的机架上,而不是 3 个机架上。使用此策略,文件的副本不会均匀分布在机架上。三分之一的副本位于一个节点上,三分之二的副本位于另一个

机架上。此策略可在不影响数据可靠性或读取性能的情况下提高写入性能。

如果复制因子大于 3,则随机确定第 4 个及以下副本的放置,同时保持每个机架的副本数量低于上限((副本数−1)/机架数+2)。

由于 NameNode 不允许 DataNode 具有同一块的多个副本,因此创建的最大副本数是此时 DataNode 的总数。

(2) 副本选择

为了最大限度地减少全局带宽消耗和读取延迟,HDFS 尝试让最接近读取程序的副本来满足读取请求。如果在与读取程序节点相同的机架上存在副本,则该副本首选来满足读取请求。如果 HDFS 集群跨越多个数据中心,则优先选择本地数据中心上的副本,如果本地没有副本,再选择远程数据中心上的副本。

(3) 安全模式

安全模式是 HDFS 所处的一种特殊状态,在这种状态下,文件系统只接受读数据请求,而不接受删除、修改等变更请求。在 NameNode 主节点启动时,HDFS 首先进入安全模式,这时 NameNode 从 DataNode 接收心跳和块报告消息。块报告包含 DataNode 正在承载的数据块列表。每个块都有指定的最小副本数。当整个系统达到安全标准时,HDFS 自动离开安全模式。

系统什么时候才离开安全模式,需要满足哪些条件?当收到来自 DataNode 的状态报告后,NameNode 根据配置,确定①可用的块占总数的比例,②可用的数据节点数量符合要求,③前两个条件满足后维持的时间达到配置的要求,则离开安全模式。如果有必要,也可以通过命令强制离开安全模式。与安全模式相关的主要配置在 hdfs-site. xml 文件中,有下面几个属性。

- dfs. namenode. replication. min:最小的文件块副本数量,默认为 1。
- dfs. namenode. safemode. threshold-pct:指定应满足由 df. namenode. replication. min 定义的最小复制要求的块的百分比,当实际比例超过该配置后,才能离开安全模式。默认为 0.999f,也就是说符合最小副本数要求的块占比超过 99.9%时,并且其他条件也满足才能离开安全模式。如果为小于等于 0,则不必等待任何副本达到要求即可离开。如果大于 1,则永远处于安全模式。
- dfs. namenode. safemode. min. datanodes:离开安全模式的最小可用(alive)DataNode 数量要求,默认为 0。也就是说,即使所有 DataNode 都不可用,仍然可以离开安全模式。
- dfs. namenode. safemode. extension:当集群可用块比例,可用 DataNode 都达到要求之后,如果在 extension 配置的时间段之后依然能满足要求,此时集群才离开安全模式。单位为 ms,默认为 1。也就是当满足条件并且能够维持 1 ms 之后,离开安全模式。这个配置主要是对集群的稳定程度做进一步的确认,避免达到要求后马上又不符合安全标准。

安全模式常用以下操作命令。

- hdfs dfsadmin -safemode leave:强制 NameNode 退出安全模式。
- hdfs dfsadmin -safemode enter:进入安全模式。
- hdfs dfsadmin -safemode get:查看安全模式状态。
- hdfs dfsadmin -safemode wait:等待,一直到安全模式结束。

3.4.2 健壮性设计

HDFS的主要目标是即使在出现故障时也能可靠地存储数据。3种常见的故障类型是NameNode故障、DataNode故障和网络隔断故障。HDFS设计了以下5种策略来保障其健壮性。

(1) 数据磁盘故障,心跳和重新复制

每个DataNode节点周期性地向NameNode发送心跳信号。网络原因有可能导致一部分DataNode跟NameNode失去联系。NameNode通过心跳信号的缺失来检测这一情况,并将这些近期不再发送心跳信号的DataNode标记为宕机,不会再将新的I/O请求发给它们。任何存储在宕机DataNode上的数据将不再有效。DataNode的宕机可能会引起一些数据块的副本系数低于指定值,NameNode不断地检测这些需要复制的数据块,一旦发现就启动复制操作。在下列情况下,可能需要重新复制:某个DataNode节点失效、某个副本遭到损坏、DataNode上的硬盘错误或者文件的副本因子增大。

标记DataNode宕机的超时是比较长的(默认情况下超过10分钟),以避免由DataNode状态抖动引起的复制风暴。用户可以设置较短的间隔以将DataNode标记为已过时,并通过对性能敏感的任务进行配置来避免在过时的DataNode上读写。

(2) 集群再均衡

HDFS的架构支持数据均衡策略。如果某个DataNode节点上的空闲空间低于特定的临界点,按照均衡策略系统就会自动地将数据从这个DataNode移动到其他空闲的DataNode上。在对特定文件的突然高需求的情况下,此方案可以动态地创建附加的副本并重新平衡集群中的其他数据。

HDFS的数据也许并不是非常均匀地分布在各个DataNode中。一个常见的原因是在现有的集群上经常会增添新的DataNode节点。当新增一个数据块(一个文件的数据被保存在一系列的块中)时,NameNode在选择DataNode接收这个数据块之前,会考虑很多因素。其中包括:

- 将数据块的一个副本放在正在写这个数据块的节点上;
- 尽量将数据块的不同副本分布在不同的机架上,这样集群在完全失去某一机架的情况下还能存活;
- 一个副本通常被放置在和写文件的节点同一机架的某个节点上,这样可以减少跨越机架的网络I/O;
- 尽量均匀地将HDFS数据分布在集群的DataNode中。

(3) 数据的完整性

从某个DataNode获取的数据块有可能是损坏的,损坏可能是由DataNode的存储设备错误、网络错误或者软件缺陷造成的。HDFS客户端软件实现了对HDFS文件内容的校验和检查。当客户端创建一个新的HDFS文件时,会计算这个文件每个数据块的校验和,并将校验和作为一个单独的隐藏文件保存在同一个HDFS命名空间下。当客户端获取文件内容后,它会检验从DataNode获取的数据块对应的校验和是否与隐藏文件中的相同,如果不同,客户端可以选择从其他DataNode获取该数据块的副本。

(4) 元数据磁盘故障

映像文件(FsImage)和事务日志(EditLog)是HDFS的核心数据结构。如果这些文件损坏，整个 HDFS 实例都将失效。因此，NameNode 可以配置为支持维护多个映像文件和事务日志的副本。任何对映像文件或者事务日志的修改，都将同步到它们的副本上。这种多副本的同步操作可能会降低 NameNode 每秒处理的命名空间事务数量。然而这个代价是可以接受的，因为即使 HDFS 的应用是数据密集型的，它们的元数据信息的量也不会很大。当 NameNode 重启的时候，它会选取最近的完整的映像文件和事务日志来使用。

增加故障恢复能力的另一个选择是启用 HDFS 的高可用性设置。

(5) 快照

HDFS 快照是文件系统的只读时间点副本。利用快照，可以让 HDFS 在数据损坏时恢复到过去一个已知正确的时间点。可以对文件系统的子树或整个文件系统进行快照。快照的一些常见用法是数据备份、防止用户错误和灾难恢复。

3.4.3 数据组织

HDFS 被设计为支持大文件，适用 HDFS 的是那些需要处理大规模数据集的应用。因此 HDFS 的数据块大小和数据复制都有独特的设计策略。

1. 数据块

需要处理大规模数据集的应用都是只写入数据一次，但却读取一次或多次，并且读取速度应能满足流式读取的需要。HDFS 支持文件的“一次写入，多次读取”。HDFS 典型的数据块大小是 128 MB。因而，HDFS 中的文件总是按照 128 MB 被切分成不同的块，每个块尽可能地存储于不同的 DataNode 中。

2. 复制流水线

当客户端向 HDFS 文件写入数据的时候，一开始是写到本地临时文件中。假设该文件的副本系数设置为 3，当本地临时文件累积到一个数据块的大小时，客户端会从 NameNode 获取一个 DataNode 列表用于存放副本。然后客户端开始向第 1 个 DataNode 传输数据，第 1 个 DataNode 分批接收数据，将每一部分数据写入本地仓库，并同时传输该部分数据到列表中第 2 个 DataNode 节点。第 2 个 DataNode 也是这样，分批地接收数据，写入本地仓库，并同时传给第 3 个 DataNode。最后，第 3 个 DataNode 接收数据并存储在本地。因此，DataNode 能流水线式地从前一个节点接收数据，并同时转发给下一个节点，数据以流水线的方式从前一个 DataNode 复制到下一个。

3.4.4 存储空间回收机制

HDFS 设计了回收站功能来管理文件的删除和恢复，并通过减少副本的机制来及时回收存储空间，具体的设计策略如下。

1. 文件的删除和恢复

如果启用了回收站功能，FS Shell 删除的文件不会立即从 HDFS 中删除，而是将其移动到回收目录(每个用户在/user/< username >/. Trash 下都有自己的回收目录)。只要文件保留在回收站中，文件就可以快速恢复。

最近删除的文件移动到当前回收目录(/user/< username >/. Trash/Current)，并在可配置的时间间隔内，HDFS 创建对/user/< username >/. Trash/< date >目录下的一个检查点，并在过期后删除旧检查点。

当文件在回收站期满后,NameNode 将从 HDFS 命名空间中删除该文件。删除文件会导致与该文件关联的块被释放。需要说明的是,文件被用户删除的时间和对应的释放空间的时间之间有一个明显的延迟。

2. 减少副本

当文件的副本因子减少时,NameNode 选择可以删除的多余副本。下一个心跳将此信息传输到 DataNode。DataNode 删除相应的块并且释放对应的空间。同样,在 setReplication API 调用完成和集群中出现新的可用空间之间有个时间延迟。

3.4.5 可访问性

可以通过多种不同方式从应用程序访问 HDFS。从本质上讲,HDFS 为应用程序提供了一个文件系统的 Java API,而且使用 C 语言封装的 Java API 和 REST API 也是可用的。此外,还可以使用 HTTP 浏览器浏览 HDFS 实例的文件。通过使用 NFS 网关,HDFS 可以作为客户端本地文件系统的一部分进行安装。

(1) FS Shell

HDFS 允许以文件和目录的形式组织用户数据。它提供了一个名为 FS Shell 的命令行界面,允许用户与 HDFS 中的数据进行交互。此命令集的语法类似于用户已熟悉的其他 Shell(如 bash、csh)的语法。具体的一些操作/命令示例如表 3-1 所示。FS Shell 适用于需要脚本语言与存储数据交互的应用程序。

表 3-1 FS Shell 命令

操作	命令
创建名为/foodir 的目录	bin/hadoop dfs -mkdir/foodir
删除名为/foodir 的目录	bin/hadoop dfs -rm -R/foodir
查看名为/foodir/myfile. txt 的文件的内容	bin/hadoop dfs -cat/foodir/myfile. txt

(2) DFSAdmin

DFSAdmin 命令集适用于管理 HDFS 集群。这些命令仅由 HDFS 管理员使用。具体的一些操作/命令示例如表 3-2 所示。

表 3-2 DFSAdmin 命令

操作	命令
将集群放在 Safemode 中	bin/hdfs dfsadmin -safemode enter
生成 DataNode 列表	bin/hdfs dfsadmin -report
重新启动或停用 DataNode(s)	bin/hdfs dfsadmin -refreshNodes

(3) 浏览器接口

典型的 HDFS 安装会配置一台 Web 服务器,通过可配置的 TCP 端口来公开 HDFS 的命名空间,用户可以使用 Web 浏览器浏览 HDFS 命名空间并查看其文件的内容。

3.5　HDFS 中数据流的读写

所有 HDFS 通信协议都建立在 TCP/IP 协议之上。客户端与 NameNode 计算机上的 TCP 端口建立连接。它使用客户端协议与 NameNode 进行通信。DataNode 使用 DataNode 协议与 NameNode 通信。远程过程调用(RPC,Remote Procedure Call)既包括客户端协议又包括 DataNode 协议。按照设计,NameNode 永远不会启动任何 RPC。相反,它只响应 DataNodes 或客户端发出的 RPC 请求。

3.5.1　RPC 实现流程

RPC 是一种通过网络从远程计算机程序上请求服务,而不需要了解底层网络技术的协议。RPC 协议假定某些传输协议的存在,如 TCP 或 UDP,是为通信程序之间携带信息数据。在 OSI(Open System Interconnection Reference Model)网络通信模型中,RPC 跨越了传输层和应用层。RPC 使得开发包括网络分布式多程序在内的应用程序更加容易。

RPC 主要面临两个问题:对象调用方式和序列/反序列化机制。

Hadoop 实现的 RPC 组件依赖于 Hadoop Writable 类型支持。Writable 接口要求每个实现类能将本类正确序列化与反序列化。Hadoop RPC 使用 Java 动态代理和反射机制来实现对象调用。客户端(Client)到服务器(Server)的数据序列化与反序列化由 Hadoop 框架或用户自定制。

Hadoop RPC 的实现流程简单说就是动态代理加上定制二进制流,具体如图 3-5 所示。远程对象拥有固定接口,并且对用户可见,但是真正的实现是在 Server 端。用户如果想使用哪个实现,调用过程为,先根据相应接口动态代理生成一个代理对象,调用此代理对象时的请求被 RPC 捕捉到,然后包装成调用请求,序列化成数据流发送到 Server 端;Server 再从数据流中解析出 request,然后根据用户要求调用接口来调用,实现真正的对象,其调用结果返回给 Client。

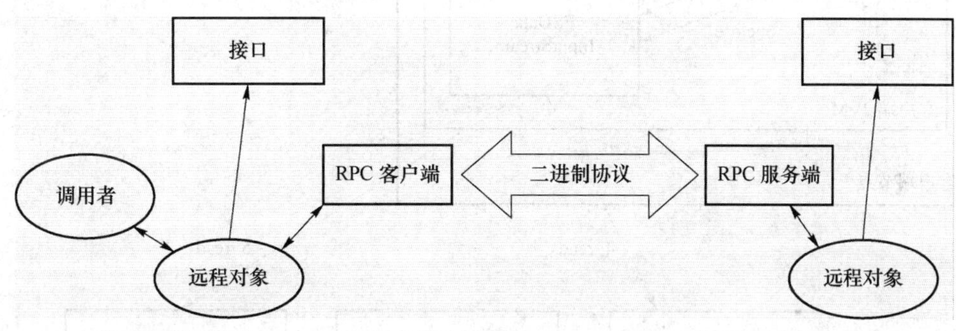

图 3-5　RPC 实现流程

RPC 在 Server 端的模型由一系列的实体组成,分别负责调用的各个流程。

- Listener:监听 RPC Server 端口,如果客户端有连接请求,就接收连接并把连接转发到某个 Reader,然后 Reader 读取连接的数据;

- Reader：从某个客户端读取数据流，把它转化成调用对象（call），然后放到调用队列（call queue）里；
- Handler：处理实体，从调用队列（call queue）里获取调用信息（calling info），然后反射调用真正的对象得到结果，再把结果放回响应队列（response queue）里；
- Responder：不断检查响应队列（response queue）中是否有调用信息（calling info），如果有就把结果返回给客户端。

HDFS 都是"一次写入，多次读取"的，且读取过程比写入过程要简单。在 Java 代码中实现对 HDFS 文件的读取（FSDataInputStream）与写入（FSDataOutputStream）在工作项目中经常使用，所以，下面介绍 HDFS 的读写流程。

3.5.2 文件的读取

1. 文件读取代码

文件读取代码示例如下。

```
Configuration conf = new Configuration();
FileSystem fs = FileSystem.get(conf);
FSDataInputStream in = fs.open(new Path(uri));
//读取之后 输出
IOUtils.copyBytes(in, out, 4096, true);
```

2. 步骤

文件读取的具体步骤如图 3-6 所示。

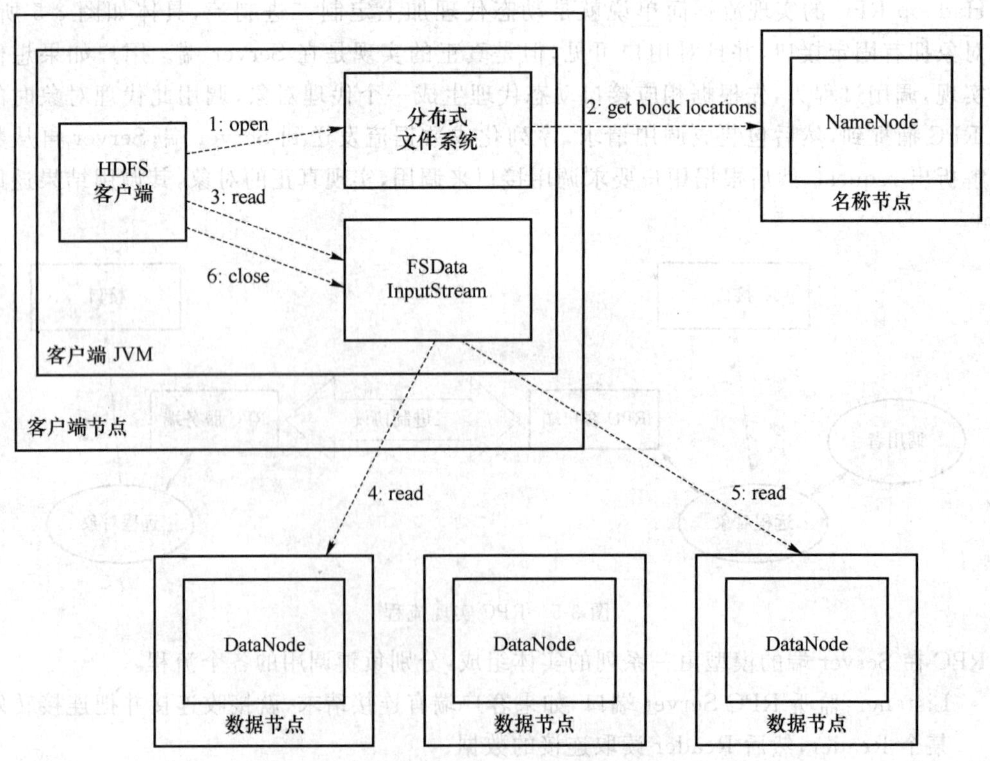

图 3-6　客户端从 HDFS 中读取数据

（1）open

客户端调用 FileSystem 对象的 open()方法来打开希望读取的文件，对于 HDFS 来说，FileSystem 对象是 DistributedFileSystem 的一个实例。

（2）get block locations

DistributedFileSystem 通过使用 RPC 来调用 NameNode，以确定文件起始块的位置。对于每个块，NameNode 返回存有该块副本的 DataNode 地址。DataNode 根据距离客户端的距离来排序，会选择在最近的 DataNode 中读取数据。

（3）read，read from FSDataInputStream

DistributedFileSystem 类返回一个 FSDataInputStream 对象给客户端用来读取数据，该对象支持文件定位，该对象对 DataNode 和 NameNode 的 I/O 进行了封装。客户端对这个输入流调用 read()方法。

（4）read，read from first DataNode

存储着文件起始块的 DataNode 地址的 DFSInputStream（3 中的 FSDataInputStream 封装了 DFSInputStream ）连接距离最近的文件中的第一个块所在的 DataNode，通过 read()方法，将数据从 DataNode 传输到客户端。

（5）read，read from next DataNode

读取到块的末端时，DFSInputStream 关闭与 DataNode 的连接，然后寻找下一个块的最佳(距离最近)的 DataNode。对于客户端来说，客户端只是在读取一个连续的流。

（6）close

客户端读取完成后，调用 FSDataInputStream 对象的 close()方法关闭流。

3. 设计优点

（1）容错

在步骤 4 和步骤 5 中，如果 DFSInputStream 与 DataNode 的通信失败，会尝试从这个块的另一个最邻近的 DataNode 读取数据。也会记住这故障的 DataNode，并校验从 DataNode 读取到的数据是否完整。如有损坏的块也会尝试从其他 DataNode 读取这个块的副本，并将损坏的块的情况告诉 NameNode。

（2）提高客户端并发

客户端可以直接连接到 DataNode 检索数据，并且 NameNode 告知客户端每个块所在的距离客户端最近的 DataNode。这样数据流就分散在了集群中的所有的 DataNode 上，使 HDFS 可以接收大量客户端的并发读取请求。

（3）减轻 NameNode 的处理压力

这样设计 NameNode 只需要响应获取块位置的请求，这些信息由 DataNode 汇报并存储在内存中，非常高效，数据响应交给 DataNode，自身不需要响应数据请求。如果不这样做，NameNode 将成为瓶颈。

3.5.3　文件的写入

1. 文件写入代码

文件写入代码示例如下。

```
Configuration conf = new Configuration();
```

```
FileSystem fs = FileSystem.get(conf);
FSDataOutputStream out = fs.create(new Path(pathStr));
//写出
out.write(resultStr.getBytes("UTF-8"));
```

2. 步骤

文件写入的具体步骤如图 3-7 所示。

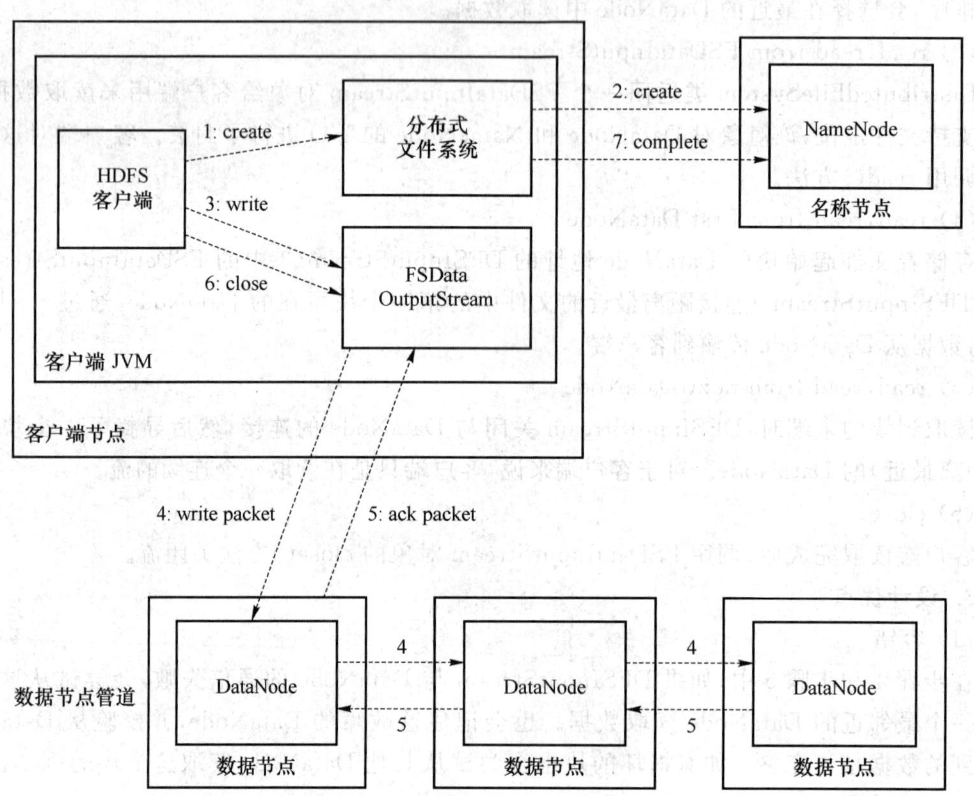

图 3-7　客户端在 HDFS 中写入数据

(1) create

客户端通过对 DistributedFileSystem 对象调用 create()方法来发起创建文件流程。

(2) create

DistributedFileSystem 通过 RPC 调用在 NameNode 的文件系统命名空间中创建一个新文件,此时还没有对此文件创建相应的数据块。NameNode 执行各种检查确保这个文件不存在以及客户端有新建该文件的权限。如果检查通过,NameNode 就会创建这个文件并添加一条记录。否则,文件创建失败并向客户端抛出 IOException 异常。DistributedFileSystem 对象向客户端返回一个 FSDataOutputStream 对象。

(3) write

客户端获得 FSDataOutputStream 对象后,开始写入数据。和读取数据一样,FSDataOutputStream 封装了 DFSOutputStream 对象,该对象负责处理 DataNode 和 NameNode 之间的通信。

(4) write packet

DFSOutputStream 将写入的数据分成一个个的数据包并写入内部队列,称为“数据队列”。DataStreamer 处理数据队列,它挑选出一组适合存储数据的 DataNode,NameNode 根据这些信息来分配新的数据块。假设副本数为 3,则写入需要涉及 3 个 DataNode。DataStreamer 将数据包流式写入第 1 个 DataNode 中,并且第 1 个 DataNode 会将数据转发给第 2 个 DataNode。同样,第 2 个 DataNode 也会将数据转发给第 3 个 DataNode。

(5) ack packet

DFSOutputStream 也维护着一个内存数据包队列来等待 DataNode 收到数据的确认回执,称为“确认队列”。收到所有 DataNode 确认信息后,该数据包才会从确认队列删除。如果任何 DataNode 写入数据中发生故障,则执行以下操作。

- 关闭错误的写入流。确认把队列中的所有数据包都添加回数据队列的最前端,等待重新发送,确保故障发生节点以后的 DataNode 不会漏掉任何一个数据包。
- 当前数据块可能已经正常写入一些节点,则对这些数据块指定一个新的标识,并将该标识传递给 NameNode,便于故障 DataNode 可以删除存储的部分数据块。
- 删除故障的 DataNode,选择两个正常的 DataNode 构建一条新的管线。余下的数据块写入管线中正常的 DataNode。NameNode 注意到块副本量不足时,会在另一个节点上创建一个新的副本。

(6) close

客户端完成数据的写入后,对数据流调用 close()方法。

(7) complete

通知 NameNode 所有文件写入完成后完成写入操作。

3.5.4　一致性模型

文件系统的一致性模型(coherency model)描述了文件读写的数据可见性,HDFS 为性能牺牲了一些 POSIX 要求。新建一个文件之后,能在文件系统的命名空间中立即可见,但是文件的内容不保证立即可见,即使数据流已经刷新(out. flush())并存储。当前正在写入的块对其他 reader 不可见,HDFS 提供一个方法来使所有缓存与数据节点强行同步,即对 FSDataOutputStream 调用 sync()方法。当 sync()方法返回成功后,对所有新的 reader 而言,HDFS 能保证文件中到目前为止写入的数据均到达所有 DataNode 的写入管道并且对所有新的 reader 均可见。在 HDFS 中关闭文件其实还隐含执行 sync()方法,如果不调用 sync()方法,在客户端或系统发生故障时可能还丢失数据块。

这个一致模型与具体设计应用程序的方法有关。如果不调用 sync(),那么一旦客户端或系统发生故障,就可能失去一个块的数据。对很多应用来说,这是不可接受的,所以应该在适当的地方调用 sync(),如在写入一定的记录或字节之后。尽管 sync()操作被设计为尽量减少 HDFS 负载,但它仍然有开销,所以在数据健壮性和吞吐量之间就会有所取舍。应用依赖就比较能接受,通过不同的 sync()频率来衡量应用程序,最终找到一个合适的平衡。

3.6 HDFS的联邦机制

1. 背景

HDFS有两个主要层,命名空间层和块存储服务层,具体如图3-8所示。

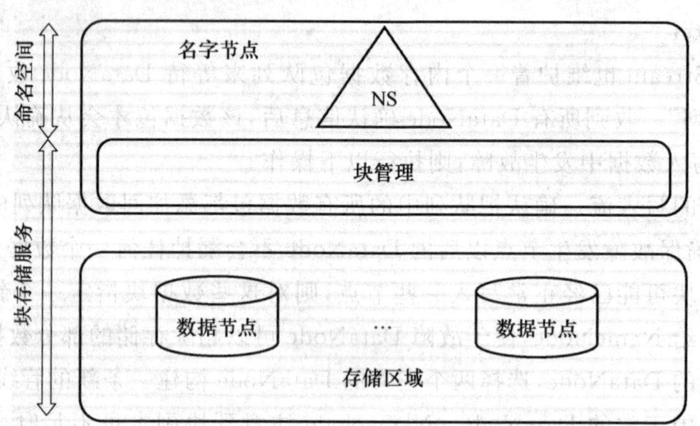

图3-8 HDFS的命名空间层和块存储服务层

① 命名空间由目录、文件和块组成。它支持所有与命名空间相关的文件系统操作,如创建、删除、修改和列出文件和目录。

② 块存储服务包括以下两部分。

a. 块管理(在NameNode中执行)

- 通过处理注册和周期性的心跳来提供DataNode集群成员资格。
- 处理块报告并维护块的位置。支持块相关操作,如创建、删除、修改和获取块位置。
- 管理副本放置,阻止复制下的块的复制,并删除过度复制的块。

b. 存储

由DataNode通过在本地文件系统上存储块并允许读/写访问来提供。

以前的HDFS架构仅允许整个集群使用单个命名空间(NS,NameSpace)。在这样的配置中,由单个NameNode来管理命名空间,存在单点故障和性能瓶颈问题。HDFS联邦(Federation)机制允许HDFS使用多个NameNode和命名空间,这样就可以解决以上两个问题了。

2. 多个NameNode/命名空间

为了横向扩展命名空间服务,联邦机制使用多个独立的NameNode/命名空间,具体如图3-9所示。在联邦中各个NameNode是相互独立的,不需要相互协调。DataNode被所有的NameNode视为通用的块存储设备。每个DataNode都会向集群中所有的NameNode注册。所有的DataNode会定期发送心跳和块报告,并执行来自所有NameNode的命令。

3. 块池

单个NameNode的HDFS只有一个命名空间,它使用全部的块。而联邦HDFS中有多个独立的命名空间,并且每一个命名空间使用一个块池。单个NameNode的HDFS中只有一组块,而联邦HDFS中有多组独立的块。块池是属于单个命名空间的一组块。每个DataNode

为集群中所有块池存储块。每个块池都是独立管理的。这允许命名空间为新块生成块 ID,而无须与其他命名空间协调。一个 NameNode 失效,不会阻止 DataNode 为集群中的其他 NameNode 提供服务。

命名空间及其块池一起被称为命名空间卷,它是一个独立的管理单位。删除 NameNode 和命名空间时,将删除 DataNode 上的相应块池。在集群升级期间,每个命名空间卷都作为一个单元升级。

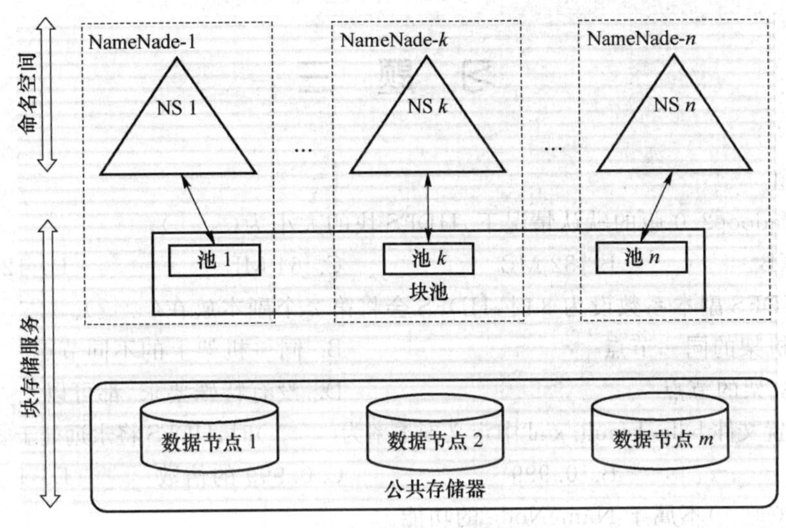

图 3-9　HDFS 的联邦机制

4. 集群 ID

一个集群 ID 的标识符被用于标识该集群中的所有节点。当 NameNode 被格式化后,这个标识符将被自动生成。这个集群 ID 在 HDFS 集群之间是唯一的,它将用于集群归并。

5. 主要优点

- 命名空间可伸缩性。联邦机制增加了命名空间的水平扩展。允许将更多 NameNode 添加到集群中,就可以使用大量小文件来进行大型部署,这都得益于命名空间的扩展。
- 性能。文件系统吞吐量不受单个 NameNode 的限制。向集群中增加更多 NameNode,可以扩展文件系统读/写吞吐量。
- 隔离。单个 NameNode 在多用户环境中不提供隔离。例如,某个应用程序可能会使 NameNode 过载并降低其他关键应用程序的速度。使用多个 NameNode,可以将不同类别的应用程序和用户隔离到不同的命名空间。

本章小结

通过本章的学习,读者基本掌握了分布式文件系统 HDFS 的运行机制,下面回顾一下本章的主要内容。

HDFS 的设计理念与 Google 的 GFS 相同,即“是否可以在一堆廉价且不可靠的硬件上构建可靠的分布式文件系统”, HDFS 将容错的任务交给文件系统完成,利用软件的方法解决系统可靠性问题,使存储的成本成倍下降。本章介绍了 HDFS 的 6 个主要的设计目标。

本章对 HDFS 的体系架构进行了详细的介绍,并重点介绍了 HDFS 的两种高可用性(HA)架构方案,这是本章的重点和难点之一。

本章详细介绍了 HDFS 的 5 个关键的核心设计,分别是数据复制、健壮性设计、数据组织、回收机制和可访问性,希望大家能够理解和掌握。

最后本章还介绍了 HDFS 中的数据流读写和联邦机制,读者要重点掌握 HDFS 常用的文件读取和写入流程。了解联邦机制的背景和原理,以及多个命名空间的管理。

习 题 三

1. 选择题

(1) 在 Hadoop2.0 版的默认情况下,HDFS 块的大小为(　　)。

A. 512 KB　　B. 32 MB　　C. 64 MB　　D. 128 MB

(2) 当 HDFS 副本系数设为 3 时,HDFS 会将第 2 个副本放在(　　)。

A. 同一机架的同一节点　　B. 同一机架上的不同节点

C. 不同机架的节点　　D. 没有特殊要求,都可以

(3) 在配置文件 hdfs-default. xml 中定义副本率为(　　)时,HDFS 将永远处于安全模式。

A. 0　　B. 0.999　　C. 0.999 的倍数　　D. 1

(4) 下列(　　)不属于 NameNode 的功能。

A. 提供名称查询服务　　B. 保存块,汇报块信息

C. 保存元数据信息　　D. 元数据信息在启动后会加载到内存

2. 问答题

(1) 请简述 HDFS 的设计目标。

(2) 请简述 HDFS 中的数据副本存放策略。

(3) NameNode 和 DataNode 的功能分别是什么?

(4) 简述 RPC 的实现流程。

(5) 根据自己的理解画出 HDFS 文件读取的流程,并解释其中的各个步骤。

(6) 请简述 HDFS 的两种 HA 方案。

(7) HDFS 引入联邦机制后,多台 NameNode 中有一台宕机,剩余的 NameNode 是否可以正常工作?并阐述其工作原理。

3. 填空题

(1) 在 HDFS 文件系统读取文件的过程中,客户端通过对输入流调用________方法开始读取数据,写入文件的过程中客户端通过对输出流调用________方法开始写入数据。

(2) HDFS 全部文件的元数据是存储在 NameNode 节点的________,为了解决这个瓶颈,HDFS 产生了________。

第 4 章 访问 HDFS 的常用接口

前面的章节已经对分布式文件系统 HDFS 进行了介绍，大家对 HDFS 的基本原理、体系架构、核心设计以及数据流的读写有了基本的认识。HDFS 是 Hadoop 的一个核心组件，但是它本身也是独立的，可以作为一个独立的分布式文件系统来使用。可以通过多种不同方式访问 HDFS。HDFS 为应用程序提供了一个文件系统的 Java 编程接口。此外，还可以使用命令行接口和 HTTP 浏览器访问 HDFS 实例的文件。本章将主要介绍如何通过命令行接口和 Java 编程接口来操作 HDFS。

4.1 HDFS 常用命令接口

在终端输入 hadoop fs -help 就会出现以下常用命令。

```
[-appendToFile <localsrc> ... <dst>]
[-cat [-ignoreCrc] <src> ...]
[-checksum <src> ...]
[-chgrp [-R] GROUP PATH...]
[-chmod [-R] <MODE[,MODE]... | OCTALMODE> PATH...]
[-chown [-R] [OWNER][:[GROUP]] PATH...]
[-copyFromLocal [-f] [-p] [-l] <localsrc> ... <dst>]
[-copyToLocal [-p] [-ignoreCrc] [-crc] <src> ... <localdst>]
[-count [-q] [-h] <path> ...]
[-cp [-f] [-p | -p[topax]] <src> ... <dst>]
[-createSnapshot <snapshotDir> [<snapshotName>]]
[-deleteSnapshot <snapshotDir> <snapshotName>]
[-df [-h] [<path> ...]]
[-du [-s] [-h] <path> ...]
[-expunge]
[-find <path> ... <expression> ...]
[-get [-p] [-ignoreCrc] [-crc] <src> ... <localdst>]
[-getfacl [-R] <path>]
[-getfattr [-R] {-n name | -d} [-e en] <path>]
[-getmerge [-nl] <src> <localdst>]
[-help [cmd ...]]
```

```
[-ls [-d] [-h] [-R] [<path> ...]]
[-mkdir [-p] <path> ...]
[-moveFromLocal <localsrc> ... <dst>]
[-moveToLocal <src> <localdst>]
[-mv <src> ... <dst>]
[-put [-f] [-p] [-l] <localsrc> ... <dst>]
[-renameSnapshot <snapshotDir> <oldName> <newName>]
[-rm [-f] [-r|-R] [-skipTrash] <src> ...]
[-rmdir [--ignore-fail-on-non-empty] <dir> ...]
[-setfacl [-R] [{-b|-k} {-m|-x <acl_spec>} <path>]|[--set <acl_spec> <path>]]
[-setfattr {-n name [-v value] | -x name} <path>]
[-setrep [-R] [-w] <rep> <path> ...]
[-stat [format] <path> ...]
[-tail [-f] <file>]
[-test -[defsz] <path>]
[-text [-ignoreCrc] <src> ...]
[-touchz <path> ...]
[-usage [cmd ...]]
```

下面将详细介绍其中常用的命令操作。

(1) ls 列出文件目录

用法 1：hdfs dfs -ls /。

功能：列出 HDFS 文件系统根目录下的目录和文件。

用法 2：hadoop fs -ls -R /。

功能：列出 HDFS 文件系统所有的目录和文件。

(2) mkdir 创建目录

用法 1：hdfs dfs -mkdir <hdfs path>。

功能：只能一级一级地创建目录，父目录不存在的话使用这个命令会报错。

用法 2：hadoop fs -mkdir -p <hdfs path>。

功能：所创建的目录如果父目录不存在就创建该父目录。

(3) rm 删除

用法 1：hadoop fs -rm <hdfs file>。

功能：删除文件。

用法 2：hdfs dfs -rm -r <hdfs dir>。

功能：删除目录。

(4) touchz 创建一个空文件

用法：hadoop fs -touchz <hdfs file>。

(5) vi 编辑、创建文件

用法：vi <file name>。

功能：创建文件。

(6) put 上传(复制)

用法 1：hadoop fs -put <local file><hdfs file>。

功能：hdfs file 的父目录一定要存在，否则命令不会执行。

用法 2：hadoop fs -put <local file or dir><hdfs dir>。

功能：hdfs dir 一定要存在，否则命令不会执行。

(7) get 下载

用法 1：hadoop fs -get <hdfs file><local file or dir>。

功能：local file 不能和 hdfs file 名字相同，否则会提示文件已存在，没有重名的文件会复制到本地。

用法 2：hadoop fs -get <hdfs file or dir><local dir>。

功能：复制多个文件或目录到本地的某个目录下。

(8) cat 查看文件内容

用法：hadoop fs -cat <hdfs file>。

功能：查看文件内容。

(9) cp 复制系统内文件

用法：hadoop fs -cp <hdfs file><hdfs file>。

功能：将文件从源路径复制到目标路径。这个命令允许有多个源路径，此时目标路径必须是一个目录。

(10) copyFromLocal 上传

用法：hadoop fs -copyFromLocal <local dir><hdfs dir>。

功能：除了限定源路径是一个本地文件外，和 put 命令相似。

(11) copyToLocal 下载

用法：hadoop fs -copyToLocal <local dir><hdfs dir>。

功能：与 get 类似。

(12) mv 移动、重命名

用法 1：hadoop fs -mv <hdfs file><hdfs file>。

功能：目标文件不能存在，否则命令不能执行，相当于给文件重命名并保存，源文件不存在。

用法 2：hadoop fs -mv <hdfs file or dir><hdfs dir>。

功能：源路径有多个时，目标路径必须为目录，且必须存在。

注意：跨文件系统的移动(local 到 hdfs 或者反过来)都是不允许的。

(13) moveFromLocal 移动

用法：hadoop fs -moveFromLocal <local dir><hdfs dir>。

功能：与 put 类似，命令执行后源文件 local src 被删除。

(14) getmerge 合并文件

用法 1：hadoop fs -getmerge <hdfs dir><local file>。

功能：将 hdfs 指定目录下所有文件合并到 local 指定的文件中，文件不存在时会自动创建,文件存在时会覆盖里面的内容。

用法 2:hadoop fs -getmerge -nl <hdfs dir><local file>。

功能:加上 nl 后,合并到 local file 中的 hdfs 文件之间会空出一行。

(15) count 统计文件信息

用法:hadoop fs -count <hdfs dir>。

功能:统计 HDFS 对应路径下的目录个数、文件个数、文件总计大小。

(16) du 显示文件大小

用法 1:hadoop fs -du <hdfs dir>。

功能:显示 HDFS 对应路径下每个文件夹和文件的大小。

用法 2:hadoop fs -du -s <hdfs dir>。

功能:显示 HDFS 对应路径下所有文件的总和。

用法 3:hadoop fs -du -h <hdfs dir>。

功能:显示 HDFS 对应路径下每个文件夹和文件的大小,文件的大小用方便阅读的形式表示,如用 64M 代替 67108864。

(17) 以 text 格式输出文件

用法:hadoop fs -text <hdfs file>。

功能:将文本文件或某些格式的非文本文件通过文本格式输出。

(18) stat 查看文件、目录下的状态信息

用法:hadoop fs -stat [format] <hdfs dir>。

功能:返回对应路径的状态信息。

(19) tail 查看文件末尾 1 KB 的数据

用法:hadoop fs -tail <hdfs file>。

功能:在标准输出中显示文件末尾的 1 KB 的数据。

(20) archive 压缩文件

用法:hadoop archive -archiveName filename. har -p /kxt/data/test/a1. txt /kxt/data/。

功能:将 HDFS 中/kxt/data/test/目录下的文件 a. txt 压缩成一个名叫 filename 的文件存放在 HDFS 中的/kxt/data/目录下,如果不写 a. txt 就是将/test 目录下所有的目录和文件压缩成一个名叫 filename 的文件存放在 HDFS 中的/kxt/data/目录下。

主要作用就是将小文件归档,因为 Hadoop 不适合管理小文件。

(21) balancer

用法:hdfs balancer。

功能:如果管理员发现某些 DataNode 保存的数据过多,某些 DataNode 保存的数据相对较少,可以使用上述命令手动启动内部的均衡过程。

(22) distcp

用法:hadoop distcp hdfs://hadoop1:9000/test hdfs://hadoop2:9000/test。

功能:用来在两个 HDFS 之间复制数据。

(23) chmod 修改权限

用法:hadoop fs -chmod -R 755 <hdfs dir>。

功能:修改 HDFS 权限。

4.2　HDFS 编程环境准备

4.2.1　IDEA 的安装配置及特性

IDEA 全称 IntelliJ IDEA，是用于 Java 语言开发的集成环境（也可用于其他语言），IntelliJ 在业界被公认为是最好的 Java 开发工具之一，尤其在智能代码助手、代码自动提示、重构、J2EE 支持、Ant、JUnit、CVS 整合、代码审查、创新的 GUI 设计等方面的功能可以说是超常的。

1. IntelliJ IDEA 的安装配置

① IDEA 下载地址为 https://www.jetbrains.com/idea/。

② 开始安装 IDEA，进入安装配置向导界面，如图 4-1 所示。

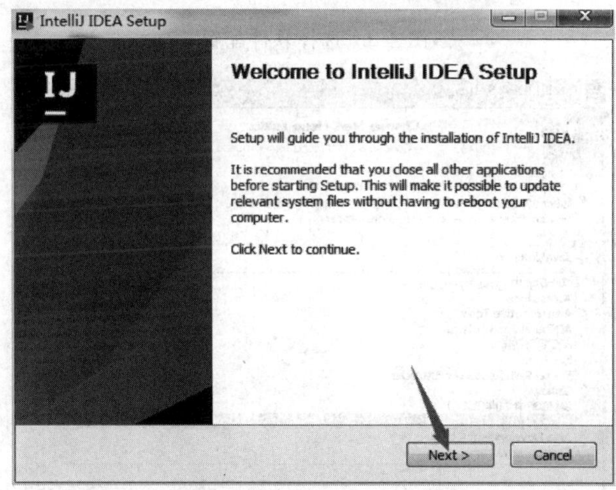

图 4-1　IDEA 安装配置向导

③ 修改安装路径，如图 4-2 所示。

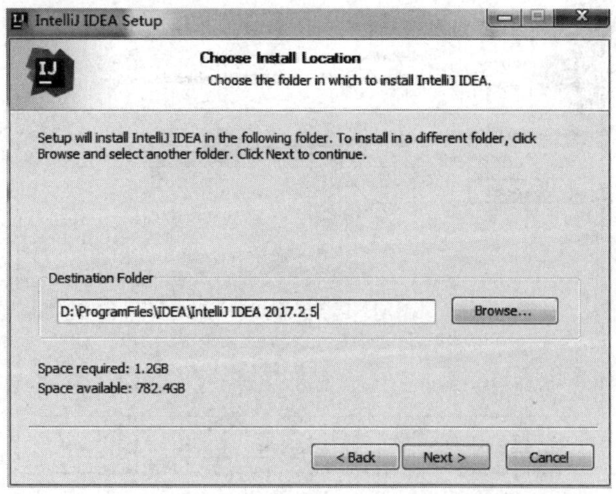

图 4-2　修改安装路径

④ 选择安装软件配置，如图 4-3 所示；接着，选择初始文件夹，如图 4-4 所示；然后，开始安装 IDEA，如图 4-5 所示。

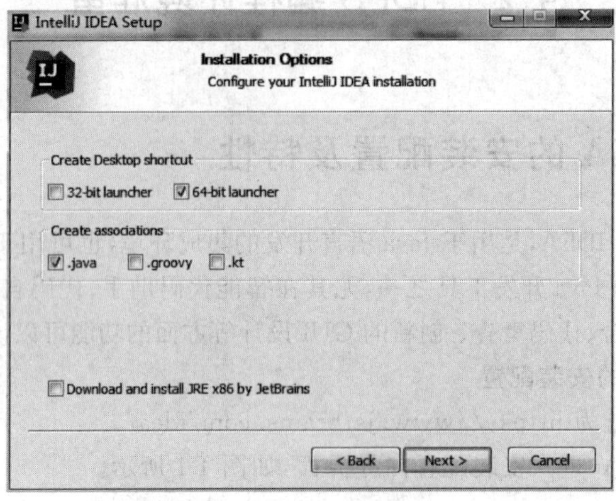

图 4-3 选择软件配置

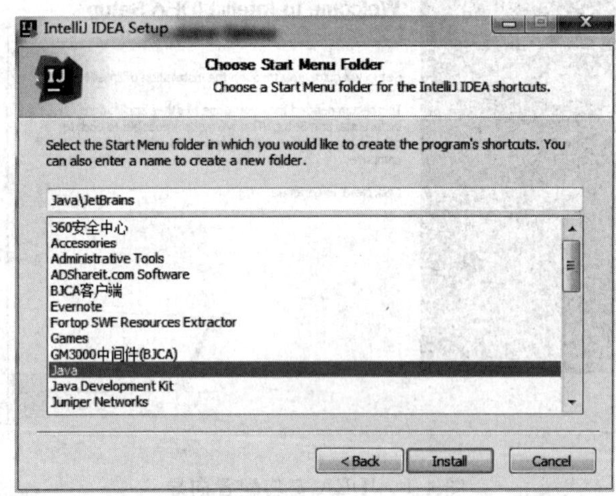

图 4-4 选择初始文件夹

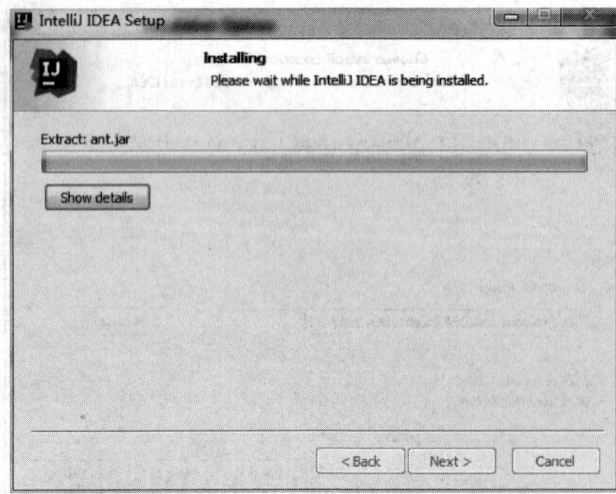

图 4-5 开始安装 IDEA

⑤ 安装好 IDEA 以后，初次启动，需要激活，如图 4-6 所示。

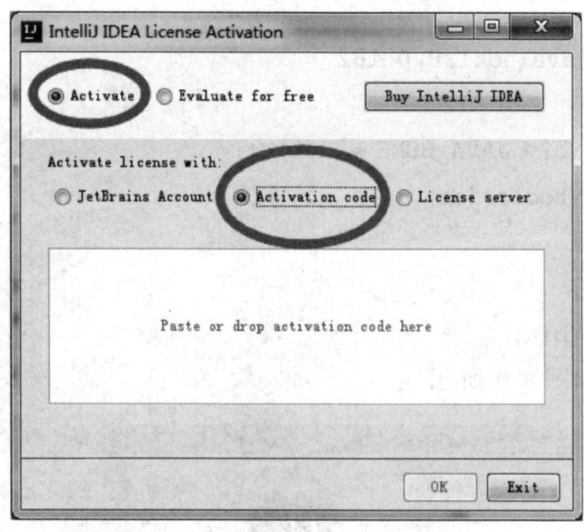

图 4-6　激活 IDEA

⑥ 获取注册码，如图 4-7 所示，打开路径 C:\Windows\System32\drivers\etc，修改 host 文件，在末尾追加域名 0.0.0.0 account.jetbrains.com 及 0.0.0.0 www.jetbrains.com，然后，访问 lanyus 地址 http://idea.lanyus.com/获取注册码。最后，将获取到的注册码粘贴到激活输入框，如图 4-8 所示，完成激活 IDEA。

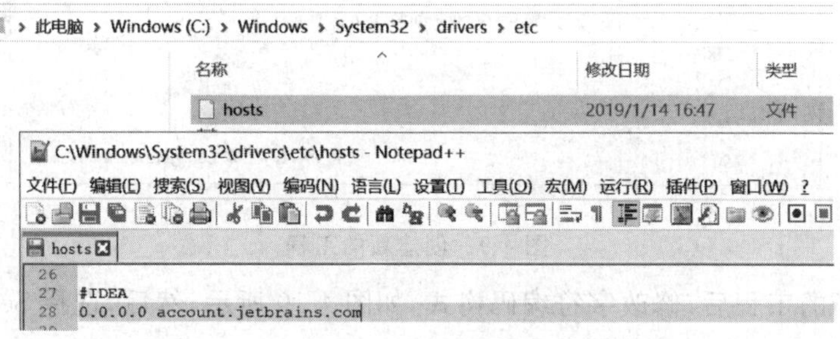

图 4-7　获取注册码

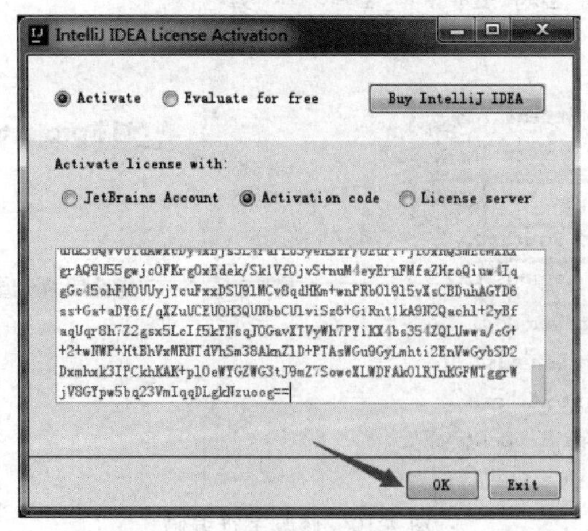

图 4-8　粘贴激活码，完成激活

⑦ 安装 JDK，环境变量配置如下。

```
JAVA_HOME:
C:\Program Files\Java\jdk1.8.0_162
JAVA_CLASSPATH:
.;%JAVA_HOME%\lib;%JAVA_HOME%\lib\dt.jar;
%JAVA_HOME%\lib\tools.jar
path:
%JAVA_HOME%\bin;
%JAVA_HOME%\jre\bin;
```

⑧ 创建新的工程，如图 4-9 所示。

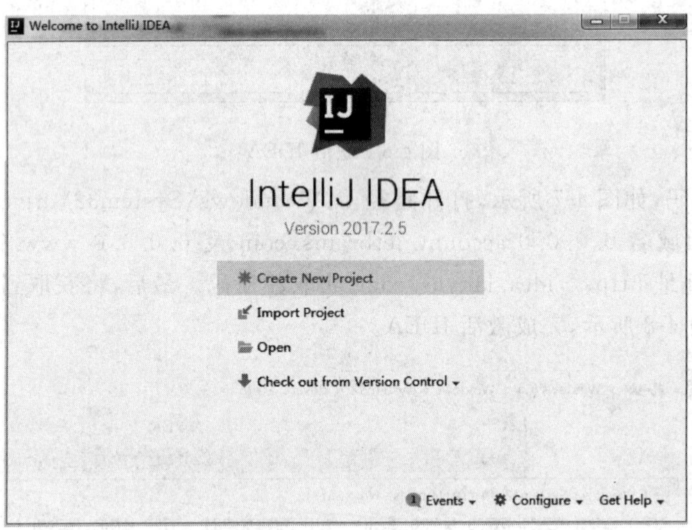

图 4-9 创建新的工程

⑨ 创建完新的工程后，修改字符编码格式，如图 4-10 所示；然后，选择 Settings→Editor→File Encodings，都选 UTF-8，如图 4-11 所示。

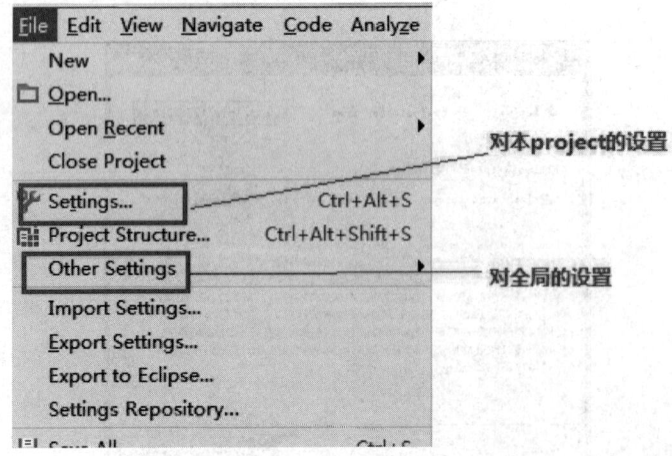

图 4-10 修改字符编码

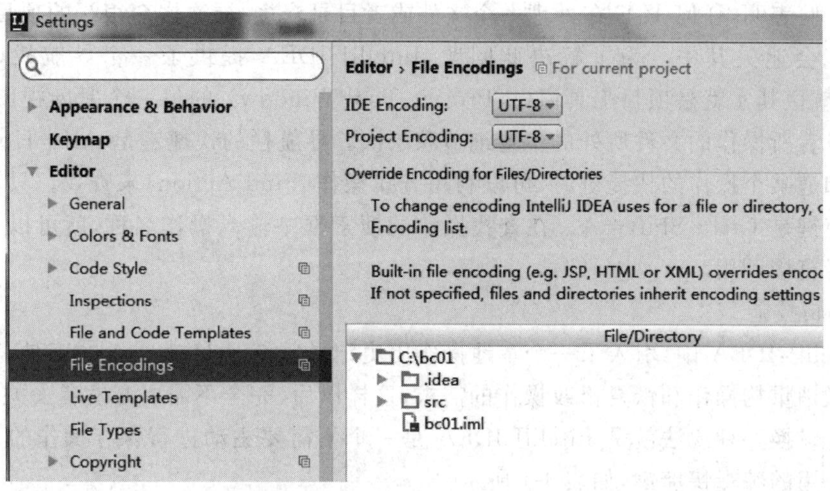

图 4-11　设置 File Encodings 编码

⑩ 设置代码提示快捷键。单击 File→单击 Settings… Ctrl+Alt+S，打开设置对话框，如图 4-12所示。在左侧的导航框中单击 Keymap，接着在右边的树形框中选择 Main menu→Code→Completion。接着需要移除原来的 Cyclic Expand Word 的"Alt+/"快捷键绑定，然后，右击 Basic，去除原来的"Ctrl+空格"快捷键绑定，然后添加"Alt+/" 快捷键，最后单击 Apply。

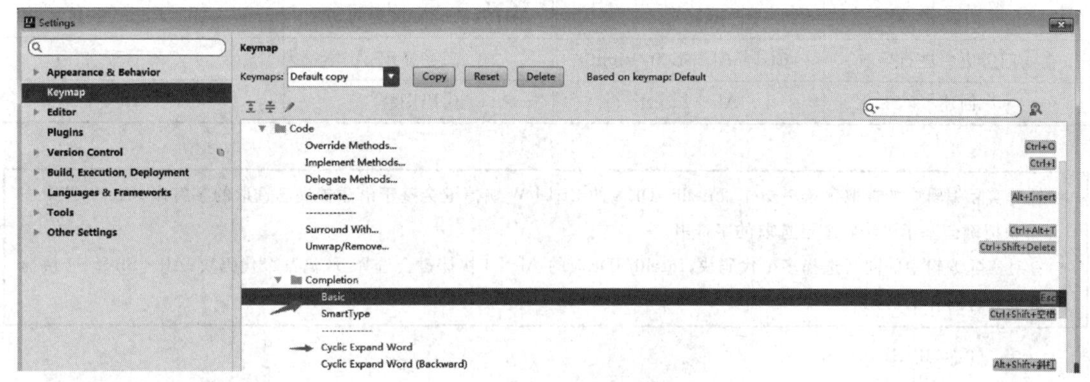

图 4-12　设置代码提示快捷键

2. IDEA 的特性

(1) 用户界面

相比于很多同类型的集成开发环境(IDE，Integrated Development Environment)，IntelliJ IDEA 在很多方面都显得更加优秀，IDEA 最吸引开发者的一个特性是它的沉浸式编程理念：在不离开 IDE 的情况下，可以调用 IDEA 的几乎所有特性。同时，IDEA 可以完全定制界面的布局，如隐藏部分暂时不使用的工具栏和窗口，这样就可以获得更多的界面布局控制权。

此外，当开发者需要专注于编码时，IntelliJ IDEA 还提供了免打扰模式(Distraction Free Mode)。在该模式下，IDEA 会移除所有的工具栏、工具窗口和编辑标签等。开发者可以利用主菜单中的 View 菜单进入：View→Enter Distraction Free Mode。当然，也可以直接利用快捷键 Ctrl+Shift+F12 在默认布局模式和 Distraction Free Mode 之间进行切换。

编程经验表明，任何 IDE 在处理一个文件或者目录众多、层次嵌套很深的项目结构时，开发者都可能会迷失其中。为了解决此问题，IntelliJ IDEA 提供了一个导航栏（Navigation Bar），该导航栏其实就是项目工具窗口（Project Tool Window）的另一个紧凑视图，非常清晰地展示开发者所操作的文件所处的位置细节和层次。导航栏的快捷键是 Alt＋Home。

当不知道某个操作的快捷键时，可以利用查找操作（Find Action）来查找。只需记住查找操作的快捷键是 Ctrl＋Shift＋A。在查找操作的搜索框中输入操作名称，就可以看到对应的快捷键或者直接调用。

（2）编辑技能

在 IntelliJ IDEA 中，引入了一个本地操作历史记录（Local History）的工具，利用该工具可以完成撤销重构操作和恢复修改操作的需求，这样以后，完全不需要开发者去关心保存每次的修改内容。换一种说法就是 IntelliJ IDEA 是一个不需要主动进行保存操作的 IDE。下面看几个最常用的编辑快捷键，如表 4-1 所示。

表 4-1 IDEA 常用编辑快捷键

操作	快捷键	操作	快捷键
移动整行代码	Ctrl＋Shift＋Up/Down	复制整行代码到下一行	Ctrl＋D
移除整行代码	Ctrl＋Y	添加/移除整行代码的注释	Ctrl＋/
添加代码块的注释	Ctrl＋Shift＋/	在当前文件中查找	Ctrl＋F
在当前文件中查找和替换	Ctrl＋R	下一个查找结果	F3
上一个查找结果	Shift＋F3	在打开的标签页之间切换	Alt＋Right/Left
在访问历史中进行导航	Ctrl＋Alt＋Left/Right	高亮显示	Ctrl＋F7
创建	Alt＋Insert	代码围绕	Ctrl＋Alt＋T

- 针对实际编辑中的选取字符串操作，Intellij IDEA 的 Ctrl＋W 快捷键会基于语法扩展已选取的字符串；Ctrl＋Shift＋W 快捷键会基于语法收缩已选取的字符串。
- 针对实际编辑中的同时选择多个代码块，Intellij IDEA 的 Alt＋J 快捷键会选择/取消某个代码块；Alt＋Shift＋J 快捷键也具有同样的功能。

（3）代码助手

首先，最基本最常用的代码助手是 Ctrl＋Space（空格），这个助手可以给变量、类型、方法和表达式等代码自动补全的提示。而且，如果连续两次按下 Ctrl＋Space，它会提供出更多的选择，包括私有成员和一些还未引入当前文件的静态成员等。

在 IntelliJ IDEA 中，除了基本助手之外，还提供了一个更加聪明的智能助手（Smart Completion），这个智能助手更加明白开发者在当前上下文环境中需要的类型、数据流等，并提供更加准确的选项。调用智能助手的快捷键是 Ctrl＋Shift＋Space。而且，如果连续两次按下 Ctrl＋Shift＋Space，它会提供更多的选择，包括调用链。

在修改鼠标插入符所在的字符串时，按下 Enter 键后会插入选择的字符串，但很多时候开发者需要的是复写旧字符串，而不是插入字符串并获得一个有冗余字符的字符串。所以，对于复写/替换旧字符串，应该使用 Tab 键。

实际上，IntelliJ IDEA 还提供了一个语句自动完成（Statement Completion）的功能，快捷键是 Ctrl＋Shift＋Enter。语句自动完成功能会自动地添加缺失的括号和必需的格式。

对于方法参数提示的功能，IntelliJ IDEA 也提供了快捷键 Ctrl＋P。IntelliJ IDEA 会显示每一个重载方法或重载构造方法的参数信息，并且会高亮与方法已有参数最匹配的那个。此外，IntelliJ IDEA 中的后缀助手(Postfix Completion) 会基于“.”符号之后的输入转换一个已存在的表达式为另一个表达式。

(4) 当前文件

很多时候，开发者都需要面对项目的复杂目录与文件，而且需要快速地在它们之间进行切换。对此，IntelliJ IDEA 提供了一个非常节省时间的功能，名为“当前文件(Recent Files)”，可以利用快捷键 Ctrl＋E 启动此功能。默认情况下，焦点位于最近被访问的文件上。而且，利用此功能还可以快速定位和切换到其他的工具窗口(Tool Window)。

对于实际编码实践中的快速定位到某个类，IntelliJ IDEA 同样提供了快捷方式 Ctrl＋N。在弹出的搜索框中，支持复杂的表达式，如驼峰形式、路径、定位到行、中间名匹配等，甚至支持简单的通配查找。如果连续两次按下 Ctrl＋N，还可以查找和导航到项目之外的类。

此外，对于文件和目录导航，IntelliJ IDEA 提供的快捷键是 Ctrl＋Shift＋N。当然，导航到目录时，需要在查找表达式的最后加上 “/” 字符。对于符号(Symbol)导航，IntelliJ IDEA 的快捷键是 Ctrl＋Shift＋Alt＋N，这个功能常用于查找方法和属性。

(5) 结构

除了在多个文件之间进行切换之外，开发者经常还需要在一个文件之内进行导航。完成文件内导航的最简单方式就是使用 Ctrl＋F12 快捷键，在弹出窗口(Pop-up)中会展示当前文件的结构，这样就可以快速地进行定位导航了。

(6) 选择进入

当需要在某个特定的工具窗口中定位当前的文件时，可以利用 IntelliJ IDEA 提供的“选择进入(Select in)”功能，该功能的快捷键是 Alt＋F1。

(7) 快速提示

实际编码中，对于某些不熟悉的类或者方法，开发者可能需要停下来查找资料。为此，IntelliJ IDEA 提供了更加便利的工具来协助开发者。其中“快速提示(Quick Pop-ups)”就是提供与鼠标定位处符号相关的有效信息，减少开发者的停顿时间。下面总结一些快速提示快捷键，如表 4-2 所示，帮助开发者提高效率。

表 4-2　“快速提示”快捷键

功能	快捷键	功能	快捷键
文档	Ctrl＋Q	定义	Ctrl＋Shift＋I
用法	Ctrl＋Alt＋F7	实现	Ctrl＋Alt＋B

(8) 重构技能

重构已经是现今程序员的一个必备技能。为此，IntelliJ IDEA 提供了一系列复杂的自动重构代码工具，这样就可以快速提高开发者的重构效率。而且，IDEA 提供的重构技能非常智能。首先，在应用任何重构技能之前，不需要开发者必须选择重构的对象，IntelliJ IDEA 足够智能，可以发现开发者希望重构的代码。当然，在具有多个选择的情况下，会提醒开发者进行确认。下面总结一些重构的常用快捷键，如表 4-3 所示，帮助开发者提高效率。

表 4-3 "重构"快捷键

功能	快捷键	功能	快捷键
重命名	Shift＋F6	抽取变量	Ctrl＋Alt＋V
抽取属性	Ctrl＋Alt＋F	抽取常量	Ctrl＋Alt＋C
抽取方法	Ctrl＋Alt＋M	抽取参数	Ctrl＋Alt＋P
内联	Ctrl＋Alt＋N	复制	F5
移动	F6	重构 this	Ctrl＋Shift＋Alt＋T

(9) 查找用法

实际编程中，开发者经常需要查找和定位引用了鼠标焦点所在位置符号的所有代码片段，为此，IntelliJ IDEA 提供了查找用法(Finding Usages)功能。无论需要查找的符号是类、方法、参数还是其他语句等，查找用法功能都可以实现。按下 Alt＋F7 就会获得一个按照用法类型、模块和文件分组的引用列表。

当然，如果开发者有定制查找用法功能所使用的算法的需求，按下 Ctrl＋Shift＋Alt＋F7 就可以。此外，如果开发者需要查找的仅仅是普通的文本，那么可以使用 Find in Path 功能，该功能的快捷键是 Ctrl＋Shift＋F。

(10) 检查

检查(Inspections)内置于 IntelliJ IDEA 中的静态代码检查工具中，用于帮助开发者发现可能存在的漏洞、定位毫无用处的代码、发现性能低效的代码和提高代码的整体结构。而且，很多的检查功能不仅指出了问题代码的位置，而且还提供了快速修正此问题代码的正确建议。可以使用 Alt＋Enter 选择其中的一个修正建议。

当一个文件中有多个高亮的问题时，可以使用 F2 和 Shift＋F2 在这些问题之间进行前后导航。

检查是一个比较复杂和消耗性能的操作，在编写代码的过程中不建议开启 on-the-fly 模式，而是应该在完成编程后执行对整个项目代码的静态检查时，再开启检查功能。有两种方法可以完成这种设置。①通过主菜单中 Analyze 菜单：Analyze→Inspect Code；②通过主菜单中 Analyze 菜单：Analyze→Run Inspection by Name。

(11) 代码风格

默认情况下，IntelliJ IDEA 使用的代码风格是在 Code Style Settings 中设置的。在绝大多数情况下，IntelliJ IDEA 会自动调用格式化代码的命令，维护好代码风格。当然，开发者也可以执行格式化命令，常用的快捷键如表 4-4 所示。

表 4-4 "格式化"快捷键

功能	快捷键	功能	快捷键
重写格式化	Ctrl＋Alt＋L	自动行缩进	Ctrl＋Alt＋I
优化导入语句	Ctrl＋Alt＋O		

(12) 版本控制

欢迎界面中的 Checkout from Version Control 和项目界面中主菜单的 VCS(版本控制系统)菜单都具有开启从 VCS 中导入项目的功能。而且，为了可以在当前文件、目录或整个项目上执行 VCS 操作，可以通过按下"Alt＋反引号"快捷键来调出 VCS 操作窗口(VCS

Operations Pop-up)。反引号(`)是指键盘上 Esc 键下面的那个键。

一旦配置好了 VCS,就可以在 IntelliJ IDEA 中看到 Version Control Tool Window。实际上,在任何时候都可以利用快捷键 Alt+9 切换到这个工具窗口。在这个工具窗口的 Local Changes 选项卡中会显示本地的所有修改文件,包括 Staged 和 Unstaged。常用的版本控制快捷键如表 4-5 所示。

表 4-5 "版本控制"快捷键

功能	快捷键	功能	快捷键
聚焦版本控制工具窗口	Alt+9	VCS 操作窗口	Alt+反引号
提交修改	Ctrl+K	更新项目	Ctrl+T
推送提交	Ctrl+Shift+K		

(13) 制作

默认情况下,IntelliJ IDEA 并不会自动编译保存的项目。为了对项目执行编译,可以利用主菜单的功能:Build→Make Project,当然也可以直接使用快捷键 Ctrl+F9。

(14) 运行与调试

为了运行 IntelliJ IDEA 的运行/调试(Run/Debug)功能,需要首先利用主菜单的功能 Run→Edit Configurations 配置运行与调试的参数。运行与调试代码的操作比较频繁,可以直接利用快捷键,如表 4-6 所示。

表 4-6 "运行与调试"快捷键

功能	快捷键	功能	快捷键
运行(Run)	Shift+F10	调试(Debug)	Shift+F9

当 IntelliJ IDEA 处于调试模式时,可以利用其中的 Evaluate Expression Tool 执行任何的表达式。启动 Evaluate Expression Tool 的快捷键是 Alt+F8。而且,在该工具中还提供了与在 Editor 中一样的代码完成功能,十分方便。实际上,调试代码需要更精细的流程控制,所以 IntelliJ IDEA 提供了很多的调试快捷键,如表 4-7 所示。

表 4-7 "调试"快捷键

功能	快捷键	功能	快捷键
切换断点	Ctrl+F8	Step into	F7
Smart step into	Shift+F7	Step over	F8
Step out	Shift+F8	Resume	F9
Evaluate expression	Alt+F8		

如果在调试的过程中,希望可以重试(Rewind),可以使用"丢弃栈帧(Drop Frame)"的功能。在错过了某些希望观察过程的调试流程之后,该功能可以实现恢复现场的目的。使用这个功能可以做到将程序的状态回退到期望观察的位置,而不需要从头开始。

调试过程中,按住 Alt 键的同时单击断点符号可以快速地使该断点失效。如果需要改变断点的细节,比如断点的条件,可以按下 Ctrl+Shift+F8。

(15) 重装和热部署

有时,在调试的过程中才想起来需要对代码做一些小幅度的修改。那么是否可以在不停止本次调试过程的情况下做到呢？由于 Java 的 JVM 具备了热交换(HotSwap)的特性，所以，在 IntelliJ IDEA 执行 Make 命令的过程中会自动处理这种情况，检查代码变化，自动重装。

(16) 应用服务器

在 IntelliJ IDEA 中，为了把一个应用部署到服务器中，需要以下 3 步。

① 配置应用的属性：File→Project Structure→Artifacts (Maven 和 Gradle 项目自动完成此步骤)。

② 配置服务器的属性：Settings→Preferences→Application Server。

③ 配置运行参数：Run→Edit Configurations，确定部署的属性和选择具体的服务器。

而且，在任何时候都可以通过 Build→Build Artifacts 让 IntelliJ IDEA 去构建/重写构建应用的属性。

如果需要把代码的修改应用到已经在运行的应用中，除了可以利用 Make 之外，还可以使用 Update 操作，Update 操作的快捷键是 Ctrl＋F10。注意，这个更新操作只对 Exploded Artifact 类型的应用才有效。而且，开发者还可以控制更新操作的应用范围是 Resources 还是 Classes 与 Resources。

如果这个更新操作是运行在调试模式中，IntelliJ IDEA 使用 HotSwap 技术，或者使用 Hot Redeployment 技术。

(17) 构建工具

一旦利用 Maven 或 Gradle 之类的工具来管理项目，就可以直接编辑项目中的 pom. xml 或 build. gradle 文件。对于这两个文件的任何修改，都需要被 IntelliJ IDEA 感知并同步修改项目模型。当然，可以配置 IDEA，让其自动同步这两个文件的变化内容。

① pom. xml：File→Settings→Build，Execution，Deployment→Build Tools→Maven→Importing→Import Maven Projects Automatically

② build. gradle：File→Settings→Preferences→Build，Execution，Deployment→Build Tools→Gradle→Use auto-import

当然，为了方便进行手工同步，在 Maven/Gradle Tool Window Toolbar 中都提供了对应的快捷按钮。

4.2.2 Maven 的安装配置

Maven 是一个项目管理工具，它包含了一个项目对象模型 (Project Object Model)、一组标准集合、一个项目生命周期(Project Lifecycle)、一个依赖管理系统(Dependency Management System)以及用来运行定义在生命周期阶段(phase)中插件(plugin)目标(goal)的逻辑。当使用 Maven 的时候，开发者用一个明确定义的项目对象模型来描述项目，然后 Maven 可以应用横切的逻辑，这些逻辑来自一组共享的(或者自定义的)插件。

Maven 的优势在于可以将项目过程规范化、自动化、高效化以及它具有强大的可扩展性。利用 Maven 自身及其插件还可以获得代码检查报告、单元测试覆盖率和实现持续集成等。

(1) Maven 的下载和安装

在安装 Maven 前，先保证安装了 JDK。Maven 的安装文件可以从 http://maven.apache.org/官网上下载。以 apache-maven-3.3.9 为例，将 Maven 解压到 D:\programs\maven\apache-maven-3.3.9 即可完成安装。

(2) 设置环境变量

新建 MAVEN_HOME 环境变量，值为 D:\programs\maven\apache-maven-3.3.9。然后在 path 环境变量值的最后添加%MAVEN_HOME%\bin，注意在向 path 中添加值的时候不同的值需要以英文状态下分号隔开，且最后一个值也需要以分号结尾，单击确定完成环境变量的配置。

(3) 验证 Maven

在命令提示符(cmd)中，输入命令“mvn -v”。

(4) 创建 Maven 仓库目录

创建目录，D:\programs\maven\mvn-3.3.9\repository。

(5) 修改 setting.xml 文件

编辑 D:\programs\maven\apache-maven-3.3.9\conf\settings.xml。

指定仓库的路径：<localRepository>D:\programs\maven\mvn-3.3.9\repository\</localRepository>。

添加镜像网站地址：

```
<mirror>
<id>ui</id>
<mirrorOf>central</mirrorOf>
<name>Human Readable Name for this Mirror.</name>
<url>http://uk.maven.org/maven2/</url>
</mirror>

<mirror>
<id>sprintio</id>
<mirrorOf>central</mirrorOf>
<name>Human Readable Name for this Mirror.</name>
<url>https://repo.spring.io/libs-snapshot/</url>
</mirror>

<! --aliyun(guoneide)-->
<mirror>
<id>alimaven</id>
<name>aliyun maven</name>
<url>http://maven.aliyun.com/nexus/content/groups/public/</url>
<mirrorOf>central</mirrorOf>
</mirror>
```

(6) 复制 settings.xml

把 settings.xml 文件复制到 D:\programs\maven\mvn-3.3.9\中。

(7) Maven 常用命令

Maven 常用命令如表 4-8 所示。

表 4-8　Maven 常用命令

命令	功能
mvn -version/-v	显示版本信息
mvn archetype:generate	创建 mvn 项目
mvn package	生成 target 目录,编译、测试代码,生成测试报告,生成 jar/war 文件
mvn tomcat:run	运行项目于 Tomcat 上
mvn compile	编译
mvn test	编译并测试
mvn clean	清空生成的文件
mvn install	将打包的 jar/war 文件复制到本地仓库中,供其他模块使用
mvn eclipse:eclipse	将项目转化为 Eclipse 项目

(8) 集成 Maven

首先,启动 IDEA,如图 4-13 所示,选择 Create New Project,跳转至创建 Maven 项目界面,如图 4-14 所示。然后,选择下一步。

图 4-13　启动 IDEA

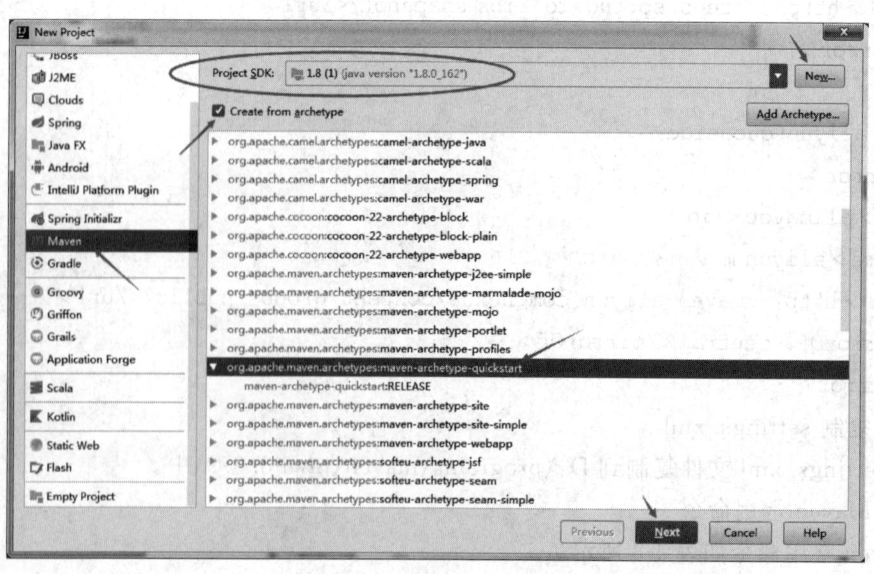

图 4-14　创建 Maven 项目

(9) 配置 Maven 项目信息

填写 Maven 的 GroupId、ArtifactId 和 Version，具体如图 4-15 所示。

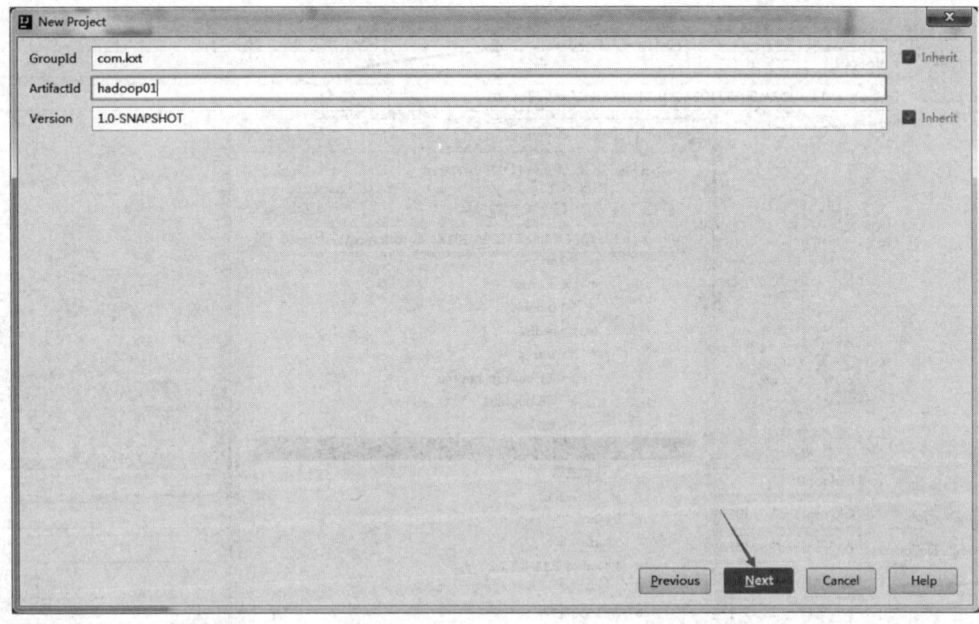

图 4-15　填写 Maven 项目信息

(10) 设定 Maven 版本、Setting 文件以及仓库信息

具体设置如图 4-16 所示，设定完成后，选择下一步。

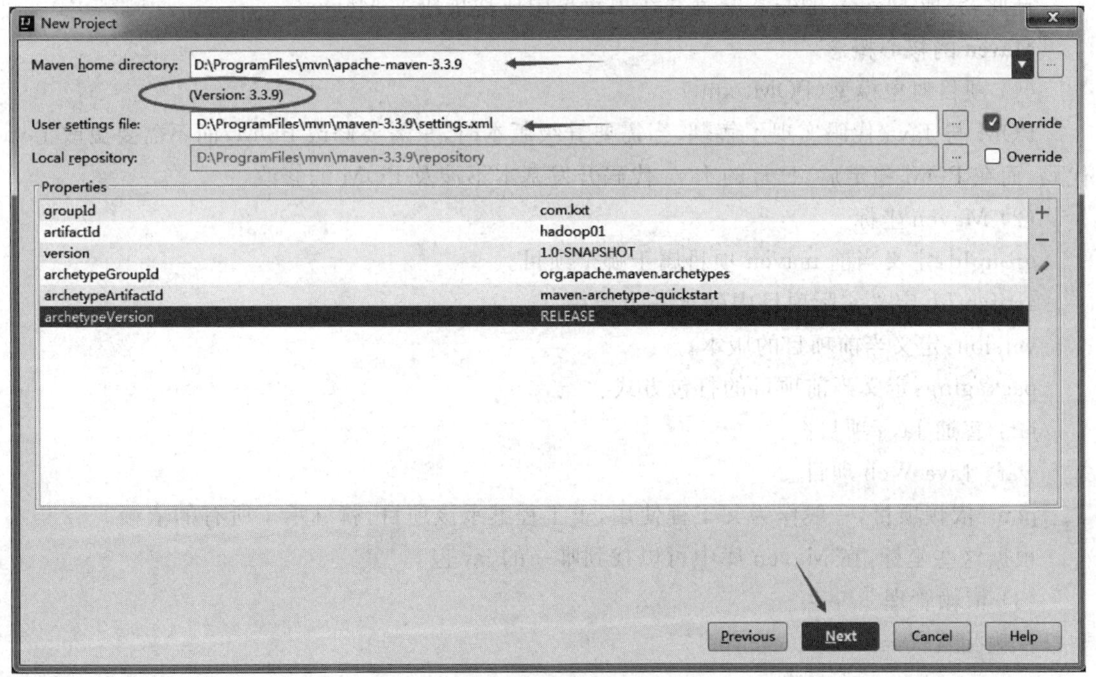

图 4-16　设定 Maven 版本、Setting 文件及仓库信息

(11) 设置新建项目的存储位置

具体如图 4-7 所示，设置完成后单击 Finish，然后，等待 mvn 下载 jar 包。

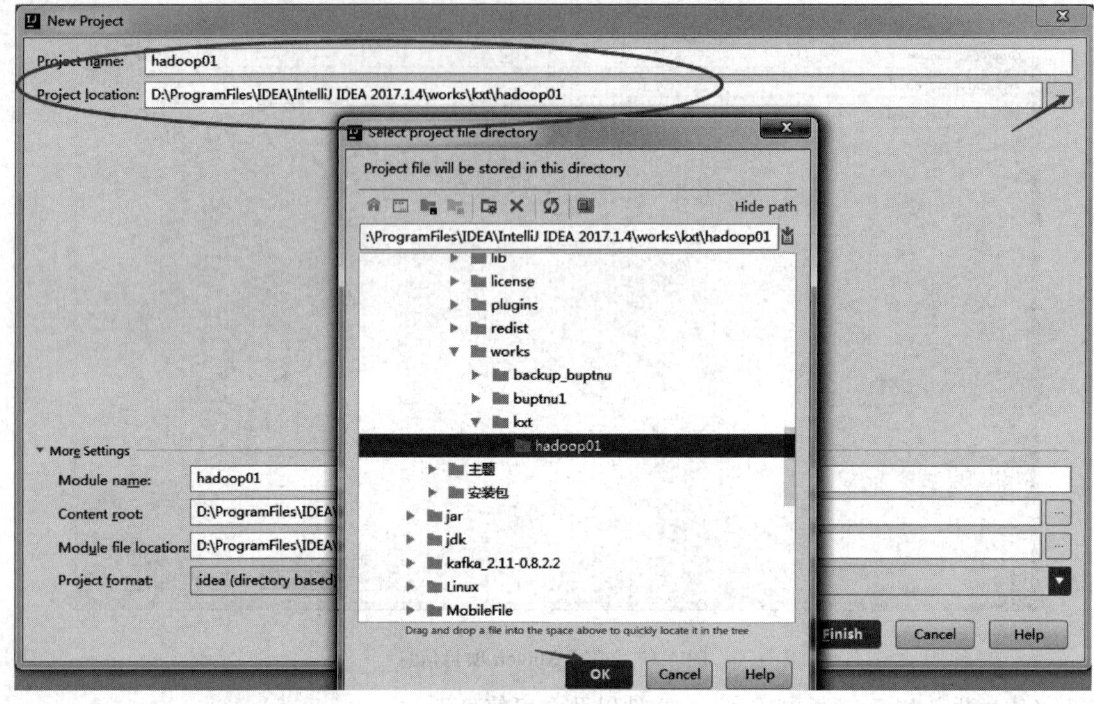

图 4-17　填写项目存储位置

至此，完成 Maven 的安装配置并在 IDEA 中成功集成了 Maven。

Maven 的核心概念

(1) 项目对象模型(POM. xml)

POM 与 Java 代码实现了解耦，当需要升级版本时，只需要修改 POM，而不需要更改 Java 代码，而在 POM 稳定后，日常的 Java 代码开发基本不涉及 POM 的修改。

(2) Maven 坐标

groupId：定义当前 maven 项目属于哪个项目。

artifactId：定义实际项目中的某一个模块。

version：定义当前项目的版本。

packaging：定义当前项目的打包方式。

jar：普通 Java 项目。

war：Java Web 项目。

pom：依赖项目，一般作为父工程使用，子工程继承该项目，就继承了所有的依赖。

根据这些坐标，在 Maven 库中可以找到唯一的 jar 包。

(3) 依赖管理

依赖配置代码如下。

```
<dependencies>
<dependency>
<groupId>junit</groupId>
```

```
<artifactId>junit</artifactId>
<version>4.10</version>
<scope>test</scope>
</dependency>
</dependencies>
```

(4) 依赖的范围

依赖范围用来控制依赖和编译、测试、运行的 classpath 的关系。主要的 3 种依赖关系如下。

- compile：默认编译依赖范围。对于编译、测试、运行 3 种 classpath 都有效。
- test：测试依赖范围。只对于测试的 classpath 有效。
- provided：已提供依赖范围。对于编译、测试的 classpath 有效，但对于运行无效。因为依赖已经由容器提供，如 servlet-api。
- runtime：运行时提供，如 JDBC 驱动。
- system：指定系统的 jar 包，不使用仓库的 jar 包。

(5) 仓库管理

Maven 仓库：在 Maven 的术语中，仓库是一个位置(place)。Maven 仓库是项目中依赖的第三方库，这个库所在的位置叫作仓库。仓库的分类如下。

① 本地仓库 ~/.m2/repository/，每个用户只有一个本地仓库。

② 远程仓库。包括以下几种。

- 中央仓库：是 Maven 默认的远程仓库，网址为 http://repo1.maven.org/maven2。
- 私服：是一种特殊的远程仓库，它是架设在局域网内的仓库。
- 镜像：用来替代中央仓库，速度一般比中央仓库快。

4.3　Java 接口

Hadoop 主要使用 Java 语言编写实现，Hadoop 不同的文件系统之间通过调用 Java API 进行交互。本小节将主要介绍如何使用 4 个 Hadoop 的常用类，在 HDFS 中进行文件的上传、复制、下载等常用的 Java API 编程操作。

1. 使用说明

① 如果要访问 HDFS，HDFS 客户端必须有一份 HDFS 的配置文件，也就是 hdfs-site.xml，从而读取 NameNode 的信息。

② 每个应用程序也必须拥有访问 Hadoop 程序的 jar 文件。

2. 注意事项

如果出现"Name node is in safe mode"的异常，需要取消 HDFS 服务器的安全模式，取消命令是 hadoop dfsadmin -safemode leave。

这是因为在分布式文件系统启动初始会有安全模式，当分布式文件系统处于安全模式的情况下，文件系统中的内容不允许修改也不允许删除，直到安全模式结束。安全模式主要是为了系统启动的时候检查各个 DataNode 上数据块的有效性，同时根据策略必要地复制或者删除部分数据块。

3. 常用类介绍

① Configuration 类:此类封装了客户端或服务器的配置,通过配置文件来读取类路径实现(一般是 core-site.xml)。

② FileSystem 类:一个通用的文件系统 API,用该对象的一些方法来对文件进行操作。下面通过代码展示使用 FileSystem 的静态方法 get 获得该对象的实例,FileSystem fs = FileSystem.get(conf);。

③ FSDataInputStream 类:HDFS 的文件输入流,FileSystem.open()方法返回的即是此类。

④ FSDataOutputStream 类:HDFS 的文件输出流,FileSystem.create()方法返回的即是此类。

4. 常用方法

① 上传文件

```
fs.copyFromLocalFile();
```

② 下载文件

```
fs.copyToLocalFile();
```

如果客户端运行在 Windows 上,需要在本地配置 Hadoop。

③ 删除文件

```
fs.delete();
```

④ 移动、重命名文件

```
fs.rename();
```

⑤ 创建文件

```
fs.create();
```

⑥ 创建目录

```
fs.mkdirs();
```

⑦ 查询目录信息——文件的信息

```
fs.listFiles();
```

⑧ 查询目录信息——目录的信息

```
fs.listStatus();
```

⑨ 读取数据——按行读取

```
FSDataInputStream input = fs.open();
BufferedReader br = new BufferedReader(new InputStreamReader(open));
```

⑩ 读取数据——按偏移量读取

```
FSDataInputStream input = fs.open();
input.seek();
```

⑪ 存储数据

```
FSDataOutputStream output = fs.create();
output.write();
```

4.3.1　在本地 Windows 机器上配置 Hadoop 环境变量

下面介绍如何在本地的 Windows 机器上配置 Hadoop 环境变量，具体步骤如下。

① 首先到 Hadoop 官网下载 hadoop2.7.7 版本的安装包。

② 解压 hadoop2.7.7 的安装包文件到指定目录。

③ 配置操作系统的环境变量。

变量名 1：HADOOP_HOME

变量值 1：D：\ProgramFiles\hadoop\hadoop(windows)\hadoop-2.7.7。

变量名 2：path

变量值 2：$HADOOP_HOME/bin。

④ 下载在 Windows 环境下安装 Hadoop 需要的 Hadoop 库文件，下载地址是：https://download.csdn.net/download/goodmentc/10528799，下载完成后，解压文件，然后，将全部 bin 目录文件替换 Hadoop 目录下的 bin 目录。

此外，还需要把 Hadoop 的 bin 目录下的 Hadoop.dll 文件复制到 c://Windows/system32/目录下。

⑤ 使用编辑器打开 E：\Hadoop2.7.7\hadoop-2.7.7\etc\hadoop\hadoop-env.cmd，修改 JAVA_HOME 的路径，把 set JAVA_HOME 改为 jdk 的位置，例如，set JAVA_HOME=E：\PROGRA～1\Java\jdk1.8.0_171。

⑥ 验证本地的 Hadoop 环境是否配置成功。打开命令行 cmd 窗口，在任意路径下输入 hadoop 命令，如图 4-18 所示，则安装成功。

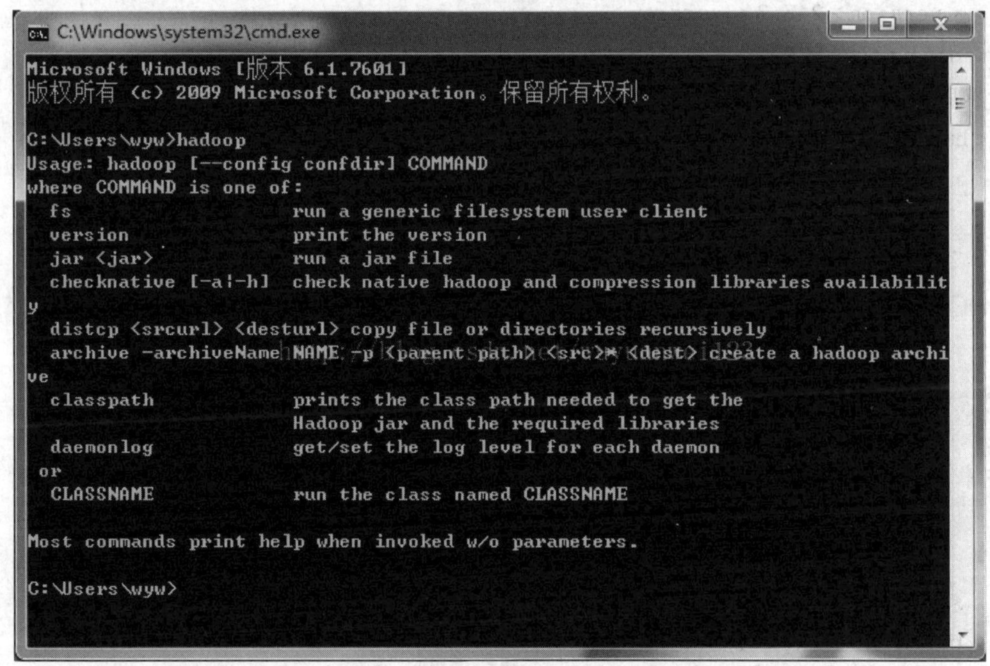

图 4-18　Hadoop 命令执行结果

4.3.2 编写 Java 客户端程序

首先，在 Maven 的 pom.xml 文件引入依赖后，Maven 会自动下载 Hadoop 的 jar 文件，拥有访问 Hadoop 的权限。具体的 pom.xml 配置如下。

```
<dependency>
  <groupId>org.apache.hadoop</groupId>
  <artifactId>hadoop-common</artifactId>
  <version>2.7.3</version>
  <scope>provided</scope>
</dependency>

<dependency>
  <groupId>org.apache.hadoop</groupId>
  <artifactId>hadoop-hdfs</artifactId>
  <version>2.7.3</version>
</dependency>

<dependency>
  <groupId>org.apache.hadoop</groupId>
  <artifactId>hadoop-client</artifactId>
  <version>2.7.3</version>
</dependency>
```

然后，在 Maven 的 pom.xml 中指定 JDK 版本，具体配置如下。

```
<build>
  <plugins>
    <plugin>
      <groupId>org.apache.maven.plugins</groupId>
      <artifactId>maven-compiler-plugin</artifactId>
      <version>2.0.2</version>
      <configuration>
        <source>1.8</source>
        <target>1.8</target>
      </configuration>
    </plugin>
  </plugins>
</build>
```

Junit 中的基本注解，解释如下。

- @BeforeClass：表示在类中的任意 public static void 方法执行之前执行。
- @AfterClass：表示在类中的任意 public static void 方法执行之后执行。

- @Before：表示在任意使用@Test 注解标注的 public void 方法执行之前执行。
- @After：表示在任意使用@Test 注解标注的 public void 方法执行之后执行。
- @Test：使用该注解标注的 public void 方法会表示为一个测试方法。

下面是在 HDFS 中进行上传文件的 Java API 代码实例。

```
import org.apache.hadoop.conf.Configuration;
import org.apache.hadoop.fs.FileSystem;
import org.apache.hadoop.fs.Path;
import org.junit.Test;
import java.net.URI;
import java.net.URISyntaxException;

public classHdfsClientDemo1 {
    /**
     * HDFS 的配置连接方法一
     * @throws Exception
     */
    @Test
    public void testUpFile() throws Exception {
        //封装了一些客户端的参数
        Configuration conf = new Configuration();
        conf.setInt("dfs.replication", 1);/*副本数量*/
        conf.setStrings("dfs.blocksize", "128m");/*文件切块的大小*/
        //构造了一个访问 HDFS 的工具对象，它的内部封装了 HDFS 集群的 URI、客户端
的参数、客户端的用户名；
        FileSystem fs = FileSystem.get(new URI("hdfs://kxt-hdp11:9000"),conf,
"root");

        //调用方法进行文件操作：文件的上传
        fs.copyFromLocalFile(new Path("D:\\data\\study\\hadoop\\access.log.
fensi"),
                new Path("/hadoop/output/access.log.fensi"));

        //优雅地关闭 IO 流
        fs.close();
    }
}
```

下面是在 HDFS 中进行文件复制、下载、读取、删除等操作的 Java API 代码实例。

```
import org.apache.hadoop.conf.Configuration;
import org.apache.hadoop.fs.*;
import org.junit.After;
```

```
import org.junit.Before;
import org.junit.Test;
import java.io.BufferedReader;
import java.io.IOException;
import java.io.InputStreamReader;
import java.util.Arrays;
import java.util.HashMap;
import java.util.Map;
import java.util.Set;

/**
 * HDFS 的客户端 API
 */
public class HdfsClientDemo {

    public FileSystem fs = null;

    /**
     * HDFS 的配置连接方法二
     * @throws Exception
     */
    @Before
    public void init() throws Exception {
        //封装了一些客户端的参数
        Configuration conf = new Configuration();
        conf.setInt("dfs.replication", 1);/*副本数量*/
        conf.setStrings("dfs.blocksize", "128m");/*文件切块的大小*/
        conf.setStrings("fs.defaultFS", "hdfs://kxt-hdp11:9000");

        //设置当前系统的 HDFS 的客户端用户名
        System.setProperty("HADOOP_USER_NAME", "root");

        //构造了一个访问 HDFS 的工具对象,它的内部封装了 HDFS 集群的 URI、客户端
的参数、客户端的用户名;
        fs = FileSystem.get(conf);
    }

    /**
     * 上传文件
     * @throws Exception
```

```
    */
    @Test
    public void testUpFile() throws Exception {
        //调用方法进行文件操作:文件的上传
        fs.copyFromLocalFile(new Path("D:\\data\\study\\hadoop\\access.log.fensi"),
                new Path("/hadoop/output/access.log"));

        //优雅地关闭
        fs.close();
    }

    /**
     * 下载
     * @throws Exception
     */
    @Test
    public void testDownloadFile() throws Exception {
        //下载
        fs.copyToLocalFile(new Path("/hadoop/input/liangliang.txt"),
                    new Path("D:\\data\\test\\output\\hadoop\\hdfs\\
testDownloadFile\\liangliang1.txt"));

        //优雅地关闭
        fs.close();
    }

    /**
     * 删除
     * @throws Exception
     */
    @Test
    public void testDelete() throws Exception {
        //删除文件,是否递归
        fs.delete(new Path("/hadoop/output/access.log"), true);
        fs.close();
    }

    /**
     * 移动、重命名
     * @throws Exception
```

```
 */
@Test
public void testRename() throws Exception {
    //移动文件并且重命名,移动后原文件不存在
    fs.rename(new Path("/hadoop/output/access.log.fensi"), new Path("/
hadoop/input/access.log"));
    fs.close();
}

/**
 * 创建文件
 * @throws Exception
 */
@Test
public void testCreateFile() throws Exception {
    //创建一个空的文件
    fs.create(new Path("/hadoop/input/kxt.txt"));
    fs.close();
}

/**
 * 创建目录
 * @throws Exception
 */
@Test
public void testCreateDir() throws Exception {
    //创建目录
    fs.mkdirs(new Path("/hadoop/test/"));
    fs.close();
}

/**
 * 查询目录信息:文件的信息
 * @throws Exception
 */
@Test
public void testListFile() throws Exception {
    //迭代器:就是一个用来获取数据的工具,获取出来数据,Iterator 接口规范:
    hadNext()方法 判断是否还有数据;next()可以拿一个数据;
    RemoteIterator<LocatedFileStatus> listFiles = fs.listFiles(new Path
```

```
("/hadoop/input"), false);
        //获取数据
        while (listFiles.hasNext()){
            LocatedFileStatus next = listFiles.next();

            System.out.println(next);                    //获取该文件的所有信息
            System.out.println(next.getPath());          //获取文件的当前路径
            System.out.println(next.getGroup());         //组
            System.out.println(next.getOwner());         //搜索的人
            System.out.println(next.getAccessTime());    //最近访问的时间
            System.out.println(next.getModificationTime()); //最后修改文件的时间
            System.out.println(next.getLen());           //文件的长度
            System.out.println(next.getPermission());    //文件的权限信息
            System.out.println(next.getReplication());//文件的副本数量
            System.out.println(next.getBlockSize());     //文件的长度
            System.out.println(next.isFile());           //判断是不是一个文件
            System.out.println(next.isSymlink());        //判断是不是一个连接
            System.out.println(next.isDirectory());      //判断是不是一个目录

            System.out.println(next.getBlockLocations()); //文件中每一个块的信息
            BlockLocation[] bl = next.getBlockLocations();
            for ( BlockLocation block: bl ) {
                System.out.println("该块在文件中的起始偏移量:" + block.getOffset());
                System.out.println("该块在哪些 DataNode 上:" + Arrays.toString
    (block.getHosts()));
                System.out.println("该块的大小:" + block.getLength());
            }
            System.out.println("\n-----------------优雅的分隔符-------------------\n");
        }
        fs.close();
    }

    /**
     * 查询目录信息:文件的信息
     * @throws Exception
     */
    @Test
    public void testListDir() throws Exception {
        //获取数据
        FileStatus[] listStatus = fs.listStatus(new Path("/hadoop"));
```

```
        //遍历,打印
        for (FileStatus fss: listStatus) {
            System.out.println(fss.getPath());
            System.out.println(fss.getGroup());
            System.out.println(fss.getLen());
            System.out.println("\n----------------优雅的分隔符-------------------\n");
        }
        fs.close();
    }

    /**
     * 读取数据
     * 读取出来数据之后,对这个文件中,以空格切分后的单词,进行词频统计;wordcount
     * @throws Exception
     */
    @Test
    public void testReadFile() throws Exception {
        //使用HashMap创建一个容器
        HashMap<String, Integer> map = new HashMap<>();
        //指定数据的路径
        FSDataInputStream open = fs.open(new Path("/hadoop/input/liangliang.txt"));
        //获取数据,流
        BufferedReader br = new BufferedReader(new InputStreamReader(open));
        String line = null;
        //读数据
        while ((line = br.readLine())!= null){
            //以一行一行地读出来所有的数据
//              System.out.println(line);
            //对一行行的数据以空格来切分它,切分为一个一个的单词
            String[] word = line.split(" ");

            //遍历每一个单词
            for (String w:word ) {
                //如果说这个单词的Key相同,那么+1
                if (map.containsKey(w)){
                    map.put(w,map.get(w)+1);
                }else {
                    //如果说这个单词的Key不同,那么赋值为1,计数
                    map.put(w,1);
                }
            }
```

```
        }
        //打印
//          System.out.println(map);

        //指定文件,往里面写数据
        FSDataOutputStream outputWC = fs.create(newPath("/hadoop/output/wordcount.txt"));
        //Entry,解析为<key、value>的键值对
        Set<Map.Entry<String, Integer>> entries = map.entrySet();
        //遍历,将每对<key、value>组成一个字符串,再转换为 bytes 类型进行存储
        for (Map.Entry<String, Integer> entry:entries) {
        outputWC.write((entry.getKey() + ":" + entry.getValue() + "\n").getBytes());
        }

        //关闭进入的流;
        open.close();
        //关闭 output 流
        outputWC.close();
        //优雅地关闭
        fs.close();
    }

    /**
     * 按偏移量读取数据
     * @throws Exception
     */
    @Test
    public void testRandomRead() throws Exception {
        FSDataInputStream input = fs.open(new Path("/hadoop/input/a1.txt"));
        input.seek(0);
        byte[] b = new byte[10];
        input.read(b);
        System.out.println(new String(b));
    }

    /**
     * 写数据
     * @throws Exception
     */
    @Test
    public void testWriteToFile() throws Exception {
        //指定写数据的文件,一个 output 流
```

```
        FSDataOutputStream output = fs.create(new Path("/hadoop/input/kxt.txt"));
        int age = 97;
        //字符串
        String a = "-kxt-开学堂\n";
        output.writeInt(age);
        //将字符串转换为 byte 类型 1 字节,还可以指定编码格式
        output.write(a.getBytes("utf-8"));
        //关闭流
        output.close();
        //关闭 fs
        fs.close();
    }
}
```

本章小结

分布式文件系统 HDFS 是解决海量数据存储问题的有效方案，是大数据时代不可缺少的核心技术，HDFS 是 Hadoop 进行大数据存储管理的基础。本章深入介绍了 HDFS 的基本操作接口。

首先，详细介绍了 HDFS 常用命令接口。命令行是最简单的也是最直接的，通过使用命令与 HDFS 交互，可以查看文件列表、创建目录、上传和下载文件、查看文件内容以及对文件数据进行删除操作。通过本节的学习，可以使读者对 HDFS 命令接口有全面的认识和了解。

随后，讲解了 HDFS 的 Java 编程环境准备，主要介绍了 IntelliJ IDEA 开发环境工具的安装和配置以及 Maven 的安装配置。这两个工具是进行 HDFS 开发的基础软件工具，读者应熟练掌握这两个工具。

最后，详细讲解了 Java 接口编程，深入地探索了 Hadoop 的 FileSystem 类，通过代码实例，重点讲解了上传文件、下载文件、删除文件、移动文件、创建文件、创建目录、查询目录信息、读取数据和存储数据等文件操作。

习 题 四

1. 请简述如何使用静态方法获取 FileSystem 抽象类的实例。
2. 如何使用 FSDataOutputStream 写数据？
3. 请简述 ls 列出文件目录的命令用法。
4. 请简述 put 上传的命令用法。
5. 请简述 getmerge 合并文件的命令用法。
6. 实验任务：IDEA 的安装配置。
7. 实验任务：Maven 的安装配置。

第 5 章 分布式计算框架 MapReduce

在学习了 Hadoop 的分布式文件系统 HDFS 之后，接下来将学习 Hadoop 中对大规模海量数据进行计算处理的核心技术 MapReduce 并行编程模型。MapReduce 充分借鉴了分而治之的思想，将一个数据处理过程拆分成 Map(映射)与 Reduce(归约)两步。MapReduce 极大地方便了分布式编程工作，即使编程人员不懂分布式计算框架的内部运行机制，也可以很容易地将自己的程序运行在分布式系统上，完成对海量数据集的计算。

本章主要介绍 MapReduce 的产生背景、编程模型、新旧版本的比较、实现机制、编程步骤以及编程入门。后续章节将对 MapReduce 基础编程和高级编程进行深入介绍。

5.1 MapReduce 编程模型简介

5.1.1 产生背景

MapReduce 是一种编程模型，用于大规模数据集(大于 1 TB)的并行运算。概念 Map(映射)和 Reduce(归约)是该模型的主要思想，都是从函数式编程语言里，还有从矢量编程语言里借来的特性。它极大地方便了编程人员在不会分布式并行编程的情况下，将自己的程序运行在分布式系统上。

MapReduce 这种并行编程模式思想最早是在 1995 年提出的。而 MapReduce 编程模型最早是由 Google 公司研究提出的一种面向大规模数据处理的并行计算模型和方法。Google 公司设计 MapReduce 的初衷主要是为了解决其搜索引擎中大规模网页数据的并行化处理问题。Google 公司的架构师 Jeffery Dean 设计了一个新的抽象模型，封装并行处理、容错处理、本地化计算、负载均衡的细节，还提供了一个简单而强大的接口，这就是 MapReduce。与传统的分布式程序设计相比，MapReduce 封装了并行处理、容错处理、本地化计算、负载均衡等细节，还提供了一个简单而强大的接口。MapReduce 把对数据集的大规模操作，分发给一个主节点管理下的各分节点共同完成，通过这种方式实现任务的可靠执行与容错机制。

Google 公司发明了 MapReduce 之后首先用其重新改写了搜索引擎中的 Web 文档索引处理系统。但由于 MapReduce 可以普遍应用于很多大规模数据的计算，因此自发明 MapReduce 后，Google 公司内部进一步将其广泛应用于很多大规模数据处理的问题。到目前为止，Google 公司内有上万个各种不同的算法问题和程序都使用 MapReduce 进行处理。

2003 年和 2004 年，Google 公司在国际会议上分别发表了两篇关于 Google 分布式文件系统和 MapReduce 的论文，公布了 Google 的 GFS 和 MapReduce 的基本原理和主要设计思想。

Hadoop 的思想来源于 Google 的几篇论文，Google 在 MapReduce 论文里说：

“MapReduce的灵感来源于函数式语言(如Lisp)中的内置函数map和reduce。”在MapReduce里,Map处理的是原始数据,自然是杂乱无章的,每条数据之间相互没有关系;到了Reduce阶段,数据是以key后面跟着若干个value来组织的,这些value有相关性,至少它们都在一个key下面,于是就符合函数式语言里map和reduce的基本思想了。

这样就可以把MapReduce理解为,把一堆杂乱无章的数据按照某种特征归纳起来,然后处理并得到最后的结果。Map面对的是杂乱无章的互不相关的数据,它解析每个数据,从中提取出key和value,也就是提取数据的特征。经过MapReduce的Shuffle(洗牌)阶段之后,在Reduce阶段看到的都是已经归纳好的数据了,在此基础上可以做进一步的处理以便得到结果。这就回到了最初,终于知道MapReduce为何要这样设计了。

MapReduce的推出给大数据并行处理带来了革命性影响,使其已经成为事实上的大数据处理的工业标准。尽管MapReduce还有很多局限性,但人们普遍认为,MapReduce是目前为止最为成功、最广为接受和最易于使用的大数据并行处理技术。MapReduce的发展普及和带来的巨大影响远远超出了发明者和开源社区当初的意料,以至于马里兰大学教授、*Data-Intensive Text Processing with MapReduce*一书的作者Jimmy Lin在书中提出:MapReduce改变了我们组织大规模计算的方式,它代表了第一个有别于冯·诺依曼结构的计算模型,是在集群规模而非单个机器上组织大规模计算的新的抽象模型上的第一次重大突破,是目前为止所见到的最为成功的基于大规模计算资源的计算模型。

MapReduce设计上具有以下主要的技术特征。

(1) 向“外”横向扩展,而非向“上”纵向扩展

即MapReduce集群的构建完全选用价格便宜、易于扩展的低端商用服务器,而非价格昂贵、不易扩展的高端服务器。大规模数据处理有大量数据存储的需要,显而易见,基于低端服务器的集群远比基于高端服务器的集群优越,这就是MapReduce并行计算集群会基于低端服务器实现的原因。

(2) 失效被认为是常态

MapReduce集群中使用大量的低端服务器,因此,节点硬件失效和软件出错是常态。一个良好设计、具有高容错性的并行计算系统不能因为节点失效而影响计算服务的质量,任何节点失效都不应当导致结果的不一致或不确定性;任何一个节点失效时,其他节点要能够无缝接管失效节点的计算任务;当失效节点恢复后应能自动无缝加入集群,而不需要管理员人工进行系统配置。MapReduce并行计算软件框架使用了多种有效的错误检测和恢复机制,如节点自动重启技术,使集群和计算框架具有对付节点失效的健壮性,能有效处理失效节点的检测和恢复。

(3) 把处理向数据迁移

传统高性能计算系统通常有很多处理器节点与一些外存储器节点相连,如用存储区域网络(SAN,Storage Area Network)连接的磁盘阵列,因此,大规模数据处理时外存文件数据I/O访问会成为一个制约系统性能的瓶颈。为了减少大规模数据并行计算系统中的数据通信开销,代之以把数据传送到处理节点(数据向处理器或代码迁移),应当考虑将处理向数据靠拢和迁移。MapReduce采用了数据/代码互定位的技术方法,计算节点将首先尽量负责计算其本地存储的数据,以发挥数据本地化特点,仅当节点无法处理本地数据时,再采用就近原则寻找其他可用计算节点,并把数据传送到该可用计算节点。

(4) 顺序处理数据、避免随机访问数据

大规模数据处理的特点决定了大量的数据记录难以全部存放在内存,而通常只能放在外

存中进行处理。由于磁盘的顺序访问要远比随机访问快得多，因此 MapReduce 主要设计为面向顺序式大规模数据的磁盘访问处理。为了实现面向大数据集批处理的高吞吐量的并行处理，MapReduce 可以利用集群中的大量数据存储节点同时访问数据，以此利用分布在集群中大量节点上的磁盘集合提供高带宽的数据访问和传输。

（5）为应用开发者隐藏系统层细节

软件工程实践指南中，专业程序员认为之所以写程序困难，是因为程序员需要记住太多的编程细节（从变量名到复杂算法的边界情况处理），这对大脑记忆是一个巨大的认知负担，需要高度集中注意力；而并行程序编写有更多困难，如需要考虑多线程中诸如同步等复杂烦琐的细节。由于并发执行中的不可预测性，程序的调试查错也十分困难；而且，大规模数据处理时程序员需要考虑诸如数据分布存储管理、数据分发、数据通信和同步、计算结果收集等诸多细节问题。MapReduce 提供了一种抽象机制将程序员与系统层细节隔离开来，程序员仅需描述需要计算什么（What to compute），而具体怎么去计算（How to compute）就交由系统的执行框架处理，这样程序员可从系统层细节中解放出来，致力于其应用本身计算问题的算法设计。

（6）平滑无缝的可扩展性

这里指的可扩展性主要包含两层意义上的扩展性：数据扩展性和系统规模扩展性。理想的软件算法应当能随着数据规模的扩大而表现出持续的有效性，性能上的下降程度应与数据规模扩大的倍数相当；在集群规模上，要求算法的计算性能应能随着节点数的增加保持接近线性程度的增长。绝大多数现有的单机算法都达不到以上理想的要求；把中间结果数据维护在内存中的单机算法在大规模数据处理时很快失效；从单机到基于大规模集群的并行计算从根本上需要完全不同的算法设计。奇妙的是，MapReduce 在很多情形下能实现以上理想的扩展性特征。多项研究发现，对于很多计算问题，基于 MapReduce 的计算性能可随节点数目增长保持近似于线性的增长。

5.1.2　MapReduce 编程模型

MapReduce 擅长处理大数据，这是由 MapReduce 的设计思想决定的，MapReduce 的思想就是“分而治之”，具体如图 5-1 所示。

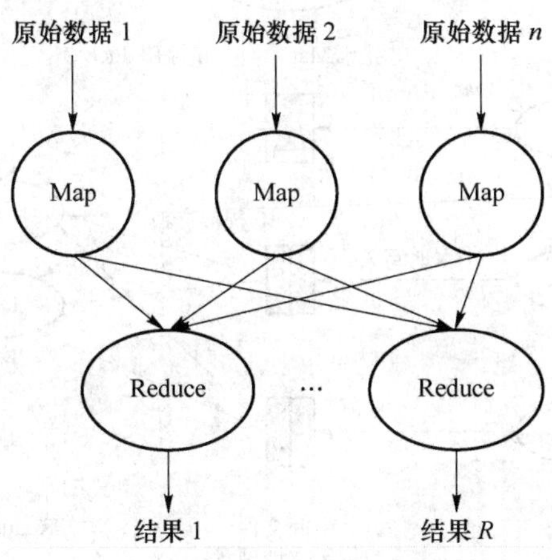

图 5-1　MapReduce 编程模型

① Map 负责“分”,即把复杂的任务分解为若干个“简单的任务”来处理。“简单的任务”包含三层含义:一是数据或计算的规模相对原任务要大大缩小;二是就近计算原则,即任务会分配到存放着所需数据的节点上进行计算;三是这些小任务可以并行计算,彼此间几乎没有依赖关系。

② Reduce 负责对 Map 阶段的结果进行汇总。至于需要多少个 Reduce,用户可以根据具体问题,通过在 mapred-site. xml 配置文件里设置参数 mapred. reduce. tasks 的值来实现,缺省值为 1。

下面用一个简单的例子来解释 MapReduce 的分而治之的思想。例如,我们要清点图书馆中的所有书的数量。一个人清点 1 号书架,另一个人清点 2 号书架,这就是“Map”。清点的人手越多,清点的速度就越快。接下来,把所有人的统计数加在一起,就能计算出图书馆中所有书的数量,这就是“Reduce”。Map 和 Reduce 函数的具体解释如下。

Map:$<in\_key, in\_value> \to \{<key_j, value_j> | j = 1 \cdots k\}$。

Map 输入参数:in_key 和 in_value,指明了 Map 需要处理的原始数据。

Map 输出结果:一组< key,value >对,这是经过 Map 操作后所产生的中间结果。

Reduce:$<key, [value_1, \cdots, value_m]> \to <key, final\_value>$。

Reduce 输入参数:$<key, [value_1, \cdots, value_m]>$。

Reduce 的工作:对这些对应相同 key 的 value 值进行归并处理。

Reduce 输出结果:< key, final_value >,所有 Reduce 的结果并在一起就是最终结果。

5.1.3 MapReduce 工作流程

MapReduce 的实现机制如图 5-2 所示,它把一个大的数据集拆分成多个小数据块在多台机器上并行处理,具体的实现过程如下。

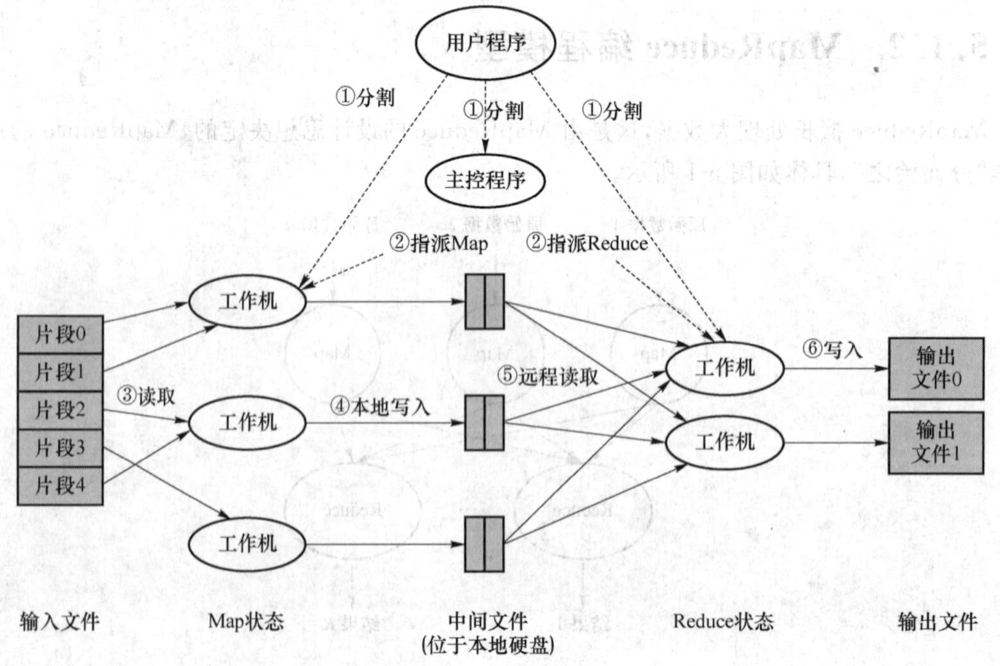

图 5-2 MapReduce 实现机制

① MapReduce 函数首先把输入文件分成 M 块。

② 分派的执行程序中有一个主控程序 Master。

③ 一个被分配了 Map 任务的工作机读取并处理相关的输入块。

④ 这些缓冲到内存的中间结果将被定时写到本地硬盘，为了让 Reduce 可以并行处理 Map 的结果，需要对 Map 的输出进行 Shuffle 操作，得到< key，value >形式的中间结果，再交给对应的 Reduce 进行处理。

⑤ 当 Master 通知执行 Reduce 的工作机关于中间< key，value >对的位置时，它调用远程过程，从 Map 工作机的本地硬盘上读取缓冲的中间数据。

⑥ Reduce 工作机根据每一个唯一中间 key 来遍历所有的排序后的中间数据，并且把 key 和相关的中间结果值集合传递给用户定义的 Reduce 函数。

当所有的 Map 任务和 Reduce 任务都完成的时候，Master 激活用户程序。

在 MapReduce 的工作流程中，Map 阶段处理的数据如何传递给 Reduce 阶段是 MapReduce 框架中非常关键的一个环节，这就是 Shuffle，从无序的< key，value >到有序的< key，value-list >，这个过程用 Shuffle 来称呼是非常形象的。

为什么 MapReduce 计算模型需要 Shuffle 过程？我们都知道 MapReduce 计算模型一般包括两个重要的阶段：Map 是映射，负责数据的过滤分发；Reduce 是归约，负责数据的计算归并。Reduce 的数据来源于 Map，Map 的输出即是 Reduce 的输入，Reduce 需要通过 Shuffle 来获取数据。Shuffle 横跨 Map 端和 Reduce 端，在 Map 端包括 Spill（溢写）过程，在 Reduce 端包括 Copy（复制）和 Sort（排序）过程，Shuffle 原理如图 5-3 所示。

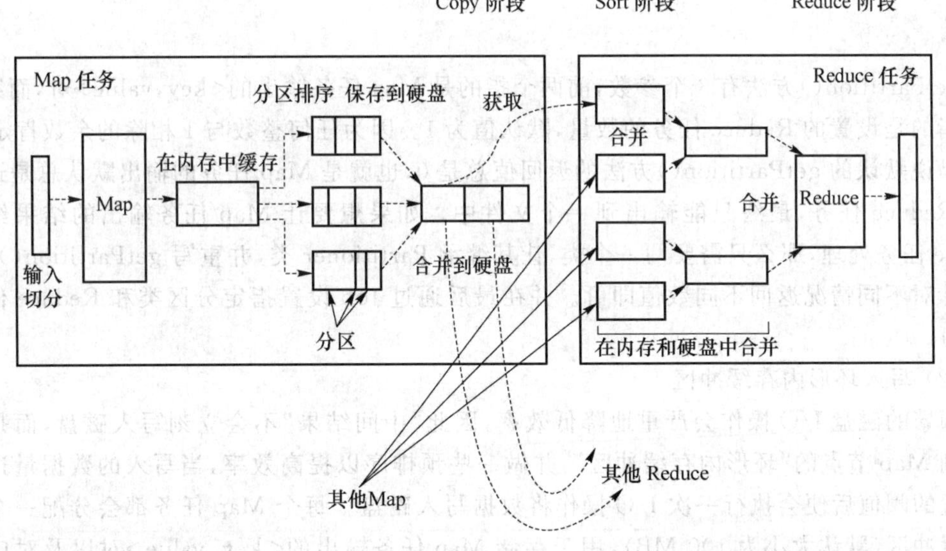

图 5-3　Shuffle 过程原理

1. Map 端的 Shuffle 过程

Map 端的 Shuffle 过程指对 Map 的结果进行分区、排序、分割，然后将属于同一划分（分区）的输出合并在一起并写在磁盘上，最终得到一个分区有序的文件的过程。分区有序的含义是 Map 输出的键值对按分区进行排列，具有相同 partition（分区）值的< key，value >对存储在一起，每个分区里面的< key，value >对又按 key 值进行升序排列（默认），具体的 Shuffle

过程如图 5-4 所示。

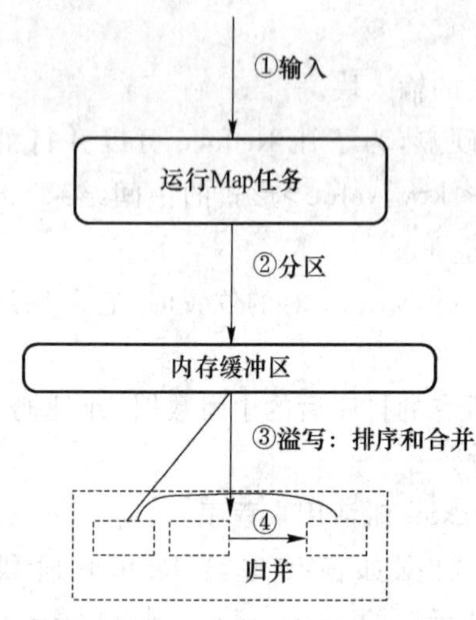

图 5-4 Map 端的 Shuffle 过程

整个流程分为四步。每个 Map 任务都有一个内存缓冲区，存储着 Map 的输出结果，当缓冲区快满的时候需要将缓冲区的数据以一个临时文件的方式存放到磁盘，当整个 Map 任务结束后再对磁盘中这个 Map 任务产生的所有临时文件做合并，生成最终的正式输出文件，然后等待 Reduce 任务来拉数据。

(1) 分区(Partition)

在将 map()函数处理后得到的< key,value >对写入缓冲区之前，需要先进行分区操作，这样就能把 Map 任务处理的结果发送给指定的 Reduce 任务去执行，从而达到负载均衡，避免数据倾斜的目的。MapReduce 提供默认的分区类 HashPartitioner，代码如下。

```
public class HashPartitioner <K, V> extends
Partitioner <K, V> {
    /** Use {@link Object#hashCode()} to partition. */
  public int getPartition(K key, V value,
          int numReduceTasks) {
          return (key.hashCode() & Integer.MAX_VALUE) % numReduceTasks;
          }
  }
```

getPartition()方法有 3 个参数，前两个指的是 Map 任务输出的< key,value >对，而第 3 个参数指的是设置的 Reduce 任务的数量，默认值为 1。因为任何整数与 1 相除的余数肯定是 0。也就是说默认的 getPartition()方法的返回值总是 0，也就是 Map 任务的输出默认总是送给同一个 Reduce 任务，最终只能输出到一个文件中。如果想要让 Map 任务输出的结果给多个 Reduce 任务处理，那么只需要写一个类，让其继承 Partitioner 类，并重写 getPartition()方法，让其针对不同情况返回不同数值即可。并在最后通过 Job 设置指定分区类和 Reduce 任务数量即可。

(2) 写入环形内存缓冲区

频繁的磁盘 I/O 操作会严重地降低效率，因此“中间结果”不会立刻写入磁盘，而是优先存储到 Map 节点的“环形内存缓冲区”，并做一些预排序以提高效率，当写入的数据量达到预先设置的阈值后便会执行一次 I/O 操作将数据写入磁盘。每个 Map 任务都会分配一个环形内存缓冲区(默认大小为 100 MB)，用于存储 Map 任务输出的< key,value >对以及对应的分区，被缓冲的< key,value >对已经被序列化(为了写入磁盘)。

(3) 溢写(Spill)

一旦缓冲区内容达到阈值(mapreduce. map. io. sort. spill. percent，默认为 0.80，或者 80%)，就会锁定这 80%的内存，并在每个分区中对其中的< key,value >对按 key 进行排序，具体是将数据按照 partition 和 key 这两个关键字进行排序，排序结果为缓冲区内的数据以 partition 为单位聚集在一起，同一个 partition 内的数据按照 key 排序。排序完成后会创建一个溢写文件(临时文件),然后开启一个后台线程把这部分数据以一个临时文件的方式溢写到本地磁盘中〔如果客户端自定义了 Combiner(相当于 Map 阶段的 Reduce),则会在分区排序后到溢写前自动调用 Combiner,将相同的 key 的 value 相加,这样的好处就是减少溢写到磁盘的数据量。这个过程叫“合并”〕。剩余的 20%的内存在此期间可以继续写入 Map 输出的< key, value >对。溢写过程按轮询方式将缓冲区中的内容写到 mapreduce. cluster. local. dir 属性指定的目录中。

如果指定了 Combiner,可能在两个地方被调用:

- 当为作业设置 Combiner 类后,缓存溢出线程将缓存存放到磁盘时,就会调用;
- 缓存溢出的数量超过 mapreduce. map. combine. minspills(默认 3)时,在缓存溢出文件合并的时候会调用。

合并(Combine)和归并(Merge)的区别为两个键值对<“a”,1 >和<“a”,1 >,如果合并,会得到<“a”,2 >;如果归并,会得到<“a”,< 1,1 >>。

如遇特殊情况,即当数据量很小,达不到缓冲区阈值时,怎么处理?对于这种情况,目前有两种不一样的说法:① 不会有写临时文件到磁盘的操作,也不会有后面的合并;② 最终也会以临时文件的形式存储到本地磁盘。

(4) 归并(Merge)

当一个 Map 任务处理的数据很大,以至于超过缓冲区内存时,就会生成多个溢写文件。此时就需要对同一个 Map 任务产生的多个溢写文件进行归并生成最终的一个已分区且已排序的大文件。配置属性 mapreduce. task. io. sort. factor 控制着一次最多能合并多少流,默认值是 10。这个过程包括排序和合并(可选),归并得到的文件内< key,value >对有可能拥有相同的 key,这个过程中如果客户设置过 Combiner,也会合并具有相同 key 值的< key,value >对(根据上面提到的 Combine 的调用时机可知)。

溢写文件归并完毕后,Map 将删除所有的临时溢写文件,并告知 NodeManager 任务已完成,只要其中一个 MapTask 完成,ReduceTask 就开始复制它的输出(复制阶段分区输出文件通过 HTTP 的方式提供给 Reduce)。

2. Reduce 端的 Shuffle 过程

Shuffle 在 Reduce 端的过程可用三步来概括,具体如图 5-5 所示。

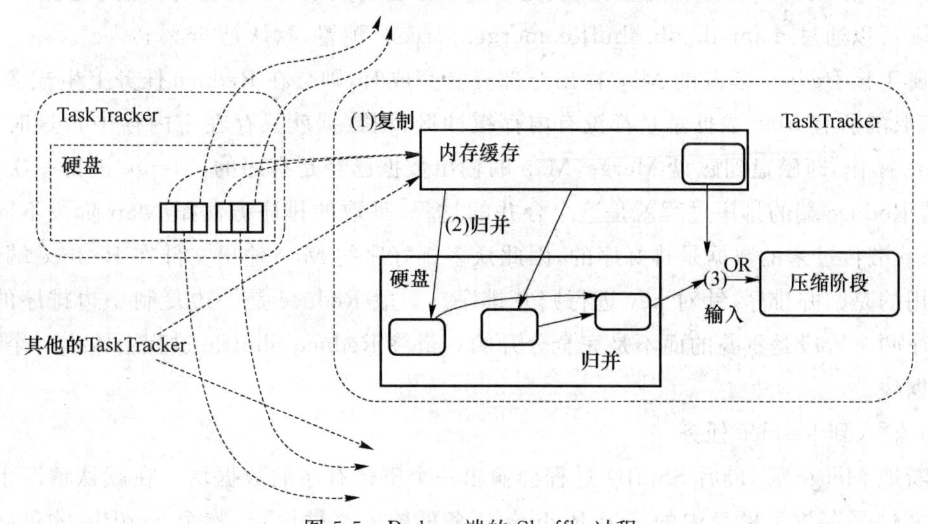

图 5-5　Reduce 端的 Shuffle 过程

(1) 复制

Reduce 进程启动一些数据复制(Copy)线程,通过 HTTP 方式请求 MapTask 所在的 NodeManager 以获取输出文件。NodeManager 需要为分区文件运行 Reduce 任务。并且 Reduce 任务需要集群上若干个 Map 任务的 Map 输出作为其特殊的分区文件。而每个 Map 任务的完成时间可能不同,因此只要有一个 Map 任务完成,Reduce 任务就开始复制其输出。

Reduce 任务有少量复制线程,因此能够并行取得 Map 输出。默认线程数为 5,但这个默认值可以通过 mapreduce. reduce. shuffle. parallelcopies 属性进行设置。

Reduce 任务如何知道自己应该处理哪些数据呢?

因为 Map 端进行分区的时候,实际上就相当于指定了每个 Reduce 任务要处理的数据(分区就对应了 Reduce 任务),所以 Reduce 任务在复制数据的时候只需复制与自己对应的分区中的数据即可。每个 Reduce 任务会处理一个或者多个分区。

Reduce 任务如何知道要从哪台机器上获取 Map 输出呢?

Map 任务完成后,它们会使用心跳机制通知它们的 ApplicationMaster,因此对于指定作业,ApplicationMaster 知道 Map 输出和主机位置之间的映射关系。Reduce 任务中的一个线程定期询问 ApplicationMaster 以便获取 Map 输出主机的位置。直到获得所有输出位置。

(2) 归并

复制过来的数据会先放入内存缓冲区中,这里的缓冲区大小要比 Map 端的更为灵活,它基于 JVM 的堆栈大小(heap size)设置,因为 Shuffle 阶段 Reduce 任务不运行,所以应该把绝大部分的内存都给 Shuffle 用。

复制过来的数据会先放入内存缓冲区中,如果内存缓冲区中能放得下这次数据就直接把数据写到内存中,即内存到内存归并(Merge)。Reduce 要向每个 Map 拖取数据,在内存中每个 Map 对应一块数据,当内存缓冲区中存储的 Map 数据占用空间达到一定程度时,开始启动内存中 Merge,把内存中的数据 Merge 输出到磁盘上一个文件中,即内存到磁盘 Merge。与 Map 端的溢写类似,在将缓存(Buffer)中多个 Map 输出合并写入磁盘之前,如果设置了 Combiner,则会化简压缩合并的 Map 输出。Reduce 的内存缓冲区可通过 mapred. job. shuffle. input. buffer. percent 配置,默认是 JVM 的堆栈大小的 70%。内存到磁盘 Merge 的启动门限可以通过 mapred. job. shuffle. merge. percent 配置,默认是 66%。

当属于该 Reduce 任务的 Map 输出全部复制完成时,则会在 Reduce 任务上生成多个文件(如果拖取的所有 Map 数据总量都没有内存缓冲区,则数据就只存在于内存中),这时开始执行 Merge 操作,即磁盘到磁盘 Merge,Map 的输出数据已经是有序的,Merge 进行一次合并排序,所谓 Reduce 端的排序过程就是这个合并的过程,采取的排序方法跟 Map 阶段不同,因为每个 Map 端传过来的数据是排好序的,因此众多排好序的 Map 输出文件在 Reduce 端进行合并时采用的是归并排序,针对 key 进行归并排序。一般 Reduce 是一边复制一边排序的,即复制和排序两个阶段是重叠的而不是完全分开的。最终 Reduce Shuffle 过程会输出一个整体有序的数据块。

(3) 输入到 Reduce 任务

不断地 Merge 后,最后 Shuffle 过程会输出一个整体有序的数据块。在默认情况下,这个数据块文件是存放于磁盘中的。当 Reduce 任务的输入文件已定,整个 Shuffle 才最终结束。

然后就是 Reduce 任务执行，此阶段的输出结果一般直接写到文件系统上(如 HDFS)。

5.1.4 MapReduce 两个版本比较

在 MapReduce 编程模型的发展过程中，经历了两个版本：MapReduce1.0 版(MRv1)和 YARN/MapReduce2.0 版(MRv2)。

在 MRv1 中，MapReduce 体系架构如图 5-6 所示，用于执行 MapReduce 任务的机器角色有两个：一个是 JobTracker，另一个是 TaskTracker。JobTracker 是用于调度工作的，TaskTracker 是用于执行工作的。一个 Hadoop 集群中只有一台 JobTracker。

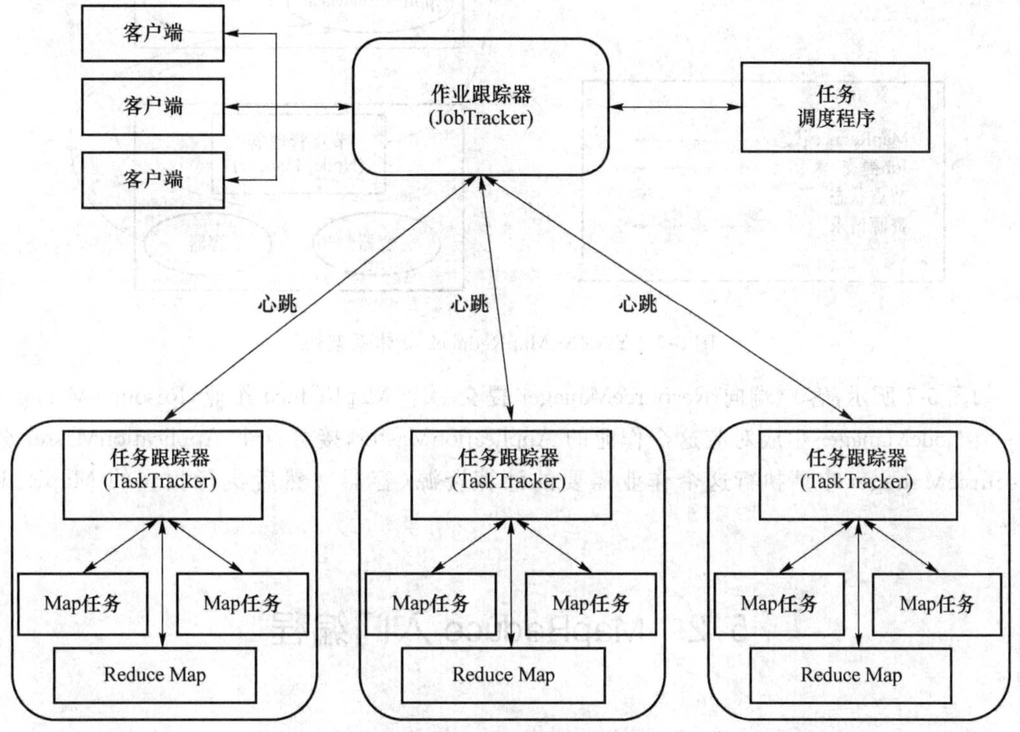

图 5-6　MapReduce1.0 体系架构

在集群节点超过 4 000 的大型集群中，MapReduce1.0 扩展会遇到瓶颈。针对 MRv1 中的扩展性和多框架支持方面的不足，提出了全新的资源管理框架 YARN，其体系结构如图 5-7 所示，它的主要思想是将 MRv1 版 JobTracker 的两大功能——资源管理和任务调度，拆分成两个独立的进程：全局资源管理进程 ResourceManager（RM）和任务管理进程 ApplicationMaster(AM)，ApplicationMaster 负责管理具体的应用，如 MapReduce 作业或者 DAG 作业。而 MRv1 里的 TaskTracker 则发展为 NodeManager。YARN 依旧是 Master/Slave 结构，主进程 ResourceManager 是整个集群资源仲裁中心，负责所有应用程序的资源分配，而从进程 NodeManager 管理本机资源，ResourceManager 和从属节点的进程 NodeManager 组成了 MapReduce2.0 的分布式数据计算框架。简言之，MRv1 仅是一个独立的离线计算框架，而 MRv2 则是运行于 YARN 之上的 MapReduce。下面将重点介绍 MRv2 版的 MapReduce。

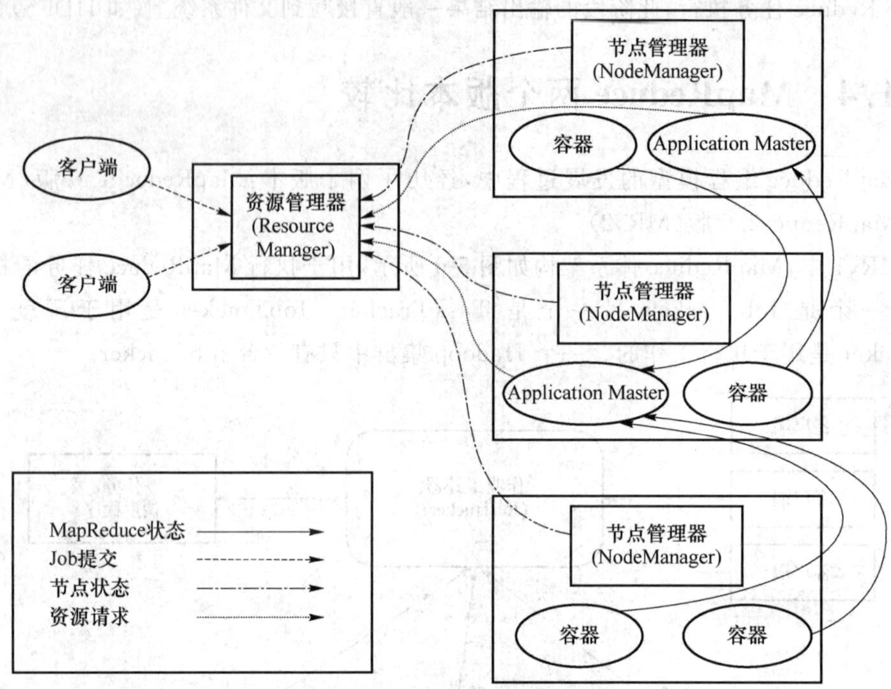

图 5-7　YARN/MapReduce2.0 体系架构

如图 5-7 所示，客户端向 ResourceManager 提交一个 MapReduce 作业，ResourceManager 会在一个 NodeManager 生成对应这个作业的 ApplicationMaster，接着这个 ApplicationMaster 会向 ResourceManager 申请执行这个作业需要的计算资源（容器），然后执行相应的 MapReduce 作业。

5.2　MapReduce 入门编程

5.2.1　认识 Map 和 Reduce

一个 MapReduce 分布式运算程序基本可以分为两个阶段：

- 阶段 1（MapTask）：读数据，拆分数据，将数据映射成< key，value >的形式，存储数据；
- 阶段 2（ReduceTask）：读数据，聚合运算，存储运算结果。

传统的计算方式往往是“数据跟着程序跑”，而 MapReduce 这样的分布式的计算方式是“程序跟着数据跑”。

5.2.2　MapTask 阶段

1. 实现步骤

① 创建要使用的 HDFS 工具：FileSystem；

② 读取数据，设置起始和结束偏移量；

③ 根据起始偏移量获取数据；

④ 遍历数据；

⑤ 处理每一行的数据，根据逻辑(key 相同 value 相加)对数据进行切分、累加；

⑥ 累计已经读取的数据量，如果超出定义的偏移量的总字段，那么结束读取；

⑦ 将累加好的数据结果存储到 HDFS 中；

⑧ 关闭所有数据流。

2. 代码示例

MapTask 阶段代码示例如下。

```
packagecom.kxt.hadoop.mapreduce;

import org.apache.hadoop.conf.Configuration;
import org.apache.hadoop.fs.FSDataInputStream;
import org.apache.hadoop.fs.FSDataOutputStream;
import org.apache.hadoop.fs.FileSystem;
import org.apache.hadoop.fs.Path;

import java.io.BufferedReader;
import java.io.InputStreamReader;
import java.net.URI;
import java.net.URISyntaxException;
import java.util.HashMap;
import java.util.Map;
import java.util.Set;

/**
 * 负责 Map 阶段的整个数据处理流程
 */
public class MapTask {

    public static void main(String[] args) throws Exception {
        //路径
        String filePath = args[0];
        //起始偏移量
        //java 中 Java.lang.Long.parseLong()方法将一个字符串类型转换成数字类型。还有 Integer.parseInt,Double.parseDouble 等方法也是同样的功能，只是返回值类型不同而已。
```

```
        long start = Long.parseLong(args[1]);
        //结束的偏移量
        long end = Long.parseLong(args[2]);
        int taskID = Integer.parseInt(args[3]);

        //创建一个容器,存储每个单词
        HashMap<String, Integer> map = new HashMap<>();

        //创建要使用 HDFS 实例
        FileSystem fs = FileSystem.get(new URI("hdfs://kxt-hdp11:9000"), new
    Configuration(), "root");
        //使用工具点出来的方法:读取数据
        FSDataInputStream input = fs.open(new Path(filePath));
        //定位到起始偏移量
        input.seek(start);

        //获取到数据的字符串
        BufferedReader br = new BufferedReader(new InputStreamReader(input));
        String line = null;

        //如果不是第一个运行实例,那么就抛弃这一行的数据
        if (taskID != 1){
            br.readLine();
        }
        long count = 0;

        while ((line = br.readLine()) != null){
            //处理每一行的数据,切分、累加
            landle(line,map);

            //累计已经读取的数据量,如果超出我们定义的偏移量的总字段,那么结束读取;
            count += line.length();
            if (count > (end - start)){
                break;
            }
        }
        br.close();
```

```
        input.close();

        //存储数据
        fs.mkdirs(new Path("/hadoop/output/wordcount/"));
        FSDataOutputStream output = fs.create(new Path("/hadoop/output/wordcount/
map-" + taskID));
        Set<Map.Entry<String, Integer>> entries = map.entrySet();
        for (Map.Entry<String, Integer> entry:entries) {
            output.write((entry.getKey() + ":" + entry.getValue() + "\n").
getBytes());
        }
        output.close();
        fs.close();
    }

    /**
     * 对数据处理,逻辑
     * @param line 每行的数据
     * @param map 对每个单词进行计算
     */
    private static void landle(String line, HashMap<String, Integer> map) {
        String[] words = line.split(" ");
        for (String word : words) {
            //如果已经包含这个单词,那么就累加
            if (map.containsKey(word)){
                map.put(word,map.get(word) + 1);
            }else {
                //如果不包括,将新单词放入集合中
                map.put(word,1);
            }
        }
    }
}
```

3. 修改配置信息

如图 5-8 所示,修改配置信息,指定文件的路径、起始偏移量、结束偏移量和 taskID。

因为运行一次程序,只会产生一个 MapTask,要将所有数据都计算出来,需要不断地修改起始偏移量、结束偏移量和 taskID。

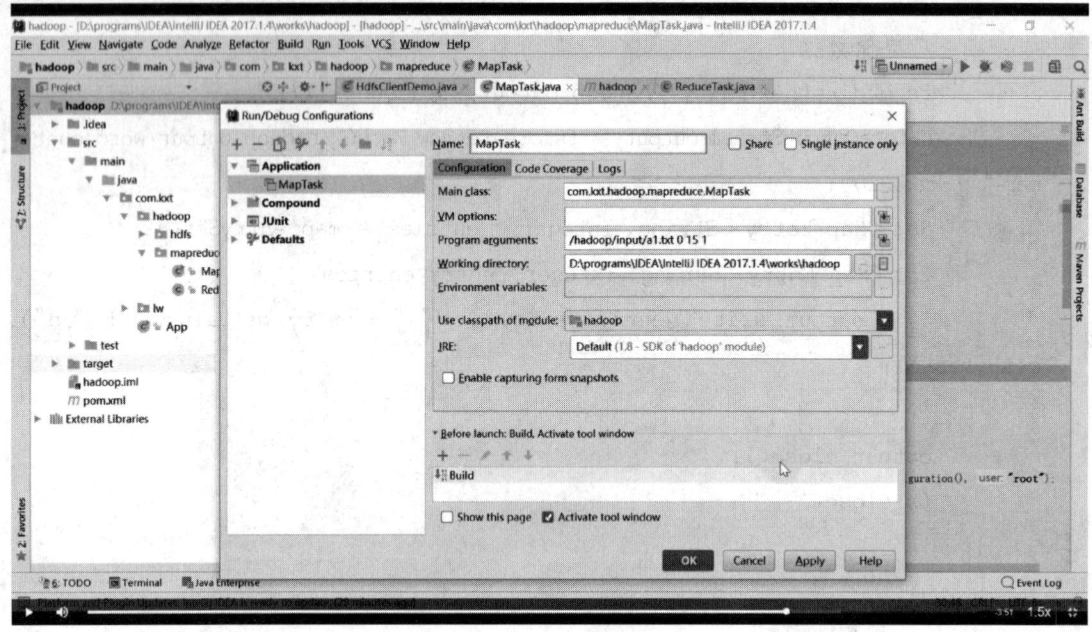

图 5-8　修改配置信息

4. 查看程序运行结果

首先查看程序的运行状态，如图 5-9 所示；然后，通过命令查看文件中的数据结果，如图 5-10 所示。

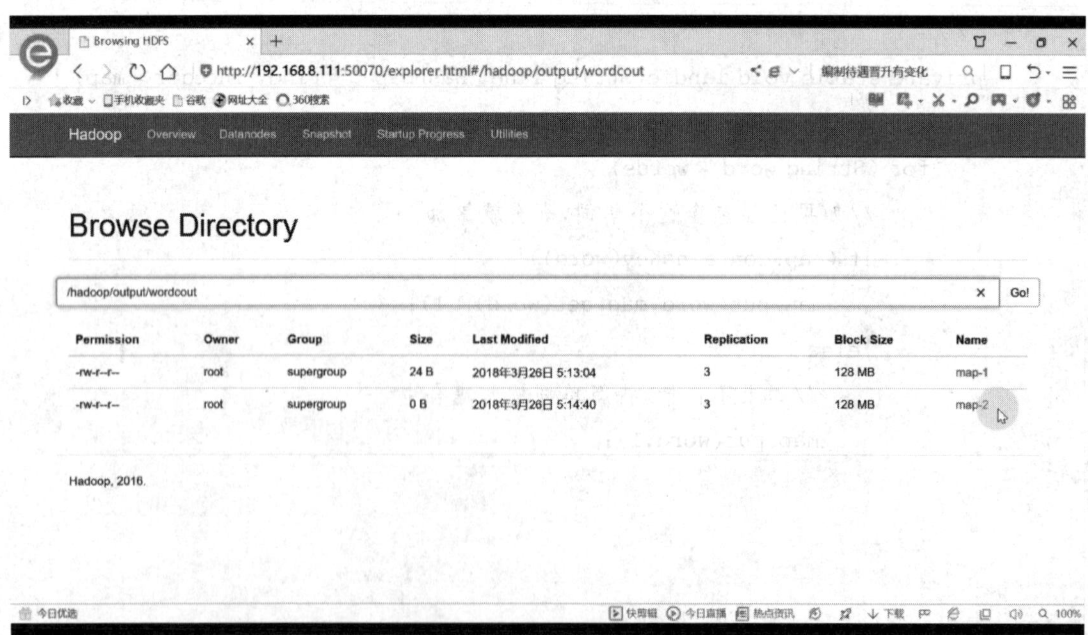

图 5-9　查看 Hadoop 控制台信息

```
[root@kxt-hdp11 data]# hadoop fs -cat /hadoop/output/wordcout/map-1
hello:2
hadoop:1
word:1
[root@kxt-hdp11 data]# hadoop fs -cat /hadoop/output/wordcout/map-2
kxt:1
hello:1
[root@kxt-hdp11 data]#
```

图 5-10　查看结果

5.2.3　ReduceTask 阶段

1. 实现步骤

① 列出 MapTask 阶段所产生的中间结果目录，看看有哪些中间结果文件；

② 读取所有文件中的数据；

③ 对每一行的数据进行切分；

④ 放入 HashMap 中，计数；

⑤ 将 HashMap 中的数据，写入 HDFS 中，生成一个最终的结果文件；

⑥ 将结果存储到 HDFS，关闭所有数据流。

2. 代码示例

ReduceTask 阶段代码示例如下。

```
packagecom.kxt.hadoop.mapreduce;

import org.apache.hadoop.conf.Configuration;
import org.apache.hadoop.fs.*;
import java.io.BufferedReader;
import java.io.InputStreamReader;
import java.net.URI;
import java.net.URISyntaxException;
import java.util.HashMap;
import java.util.Map;
import java.util.Set;

/**
 * 对 MapTask 阶段的所有结果，进行合并聚合，计算出总的结果，存储到 HDFS 上
 * 负责 Reduce 阶段的整个数据处理流程
 */
public class ReduceTask {

    public static void main(String[] args) throws Exception {
        //创建一个 HDFS 工具
```

```
        FileSystem fs = FileSystem.get(new URI("hdfs://kxt-hdp11:9000"), new
Configuration(), "root");
        String key = null;
        Integer value = null;
        HashMap<String, Integer> map = new HashMap<>();
        FSDataInputStream input = null;
        BufferedReader br = null;

        //获取指定目录下的所有文件
        FileStatus[] listStatus = fs.listStatus(new Path("/hadoop/output/
wordcount/"));

        //遍历,获取该目录下的所有文件的 Path
        for (FileStatus fss : listStatus) {
            //根据文件 Path 获取数据
            input = fs.open(new Path(fss.getPath().toString()));
            //获取到的数据转化为字符串
            br = new BufferedReader(new InputStreamReader(input));
            String line = null;

            //循环去读取文件中的数据
            while ((line = br.readLine()) != null){
                //以:切分每行的数据
                String[] words = line.split(":");
                //将 hello 赋值给 key
                key = words[0];
                //将次数(2..) 赋值给 value
                value = Integer.valueOf(words[1]);

                if (map.get(key) != null){
                    map.put(key,map.get(key) + value);
                }else {
                    map.put(key,value);
                }
            }
        }
        //创建目录
        fs.mkdirs(new Path("/hadoop/output/wordcount/"));
        //将数据写入 HDFS
        FSDataOutputStream output = fs.create(new Path("/hadoop/output/
```

```
wordcount/map"));
        Set<Map.Entry<String, Integer>> entries = map.entrySet();
        for (Map.Entry<String, Integer> entry:entries) {
            output.write((entry.getKey() + ":" + entry.getValue() + "\n").
getBytes());
        }

        //关闭连接、流
        input.close();
        br.close();
        output.close();
        fs.close();
    }
}
```

3. 运行结果

运行结果如图 5-11 所示。

```
[root@kxt-hdp11 data]# hadoop fs -cat /hadoop/output/wordcout/map
kxt:1
hello:3
hadoop:1
word:1
[root@kxt-hdp11 data]#
```

图 5-11　运行结果

本章小结

MapReduce 是目前为止最为成功、最广为接受和最易于使用的大数据并行处理技术。它是大数据领域必须要学习的核心技术之一。

本章主要分两个部分对 MapReduce 进行整体介绍。

首先，介绍了 MapReduce 的产生背景以及它给大数据并行处理带来的巨大革命性影响，它已经成为事实上的大数据处理的工业标准。通过简单易懂的例子，介绍了 MapReduce 的编程模型和实现机制，并对 MapReduce 两个版本进行了对比，并重点介绍了最新的 MapReduce2.0 的基本工作原理。

其次，通过一段最基本的 MapReduce 代码，介绍了 MapReduce 分布式计算程序的两个基本任务处理阶段，在 Map 任务阶段主要负责读取数据，拆分数据，将数据映射成< key,value >形式并存储过程数据；在 Reduce 任务阶段主要负责读取过程数据，聚合运算和存储运算结果。

下一章将通过一个完整的 wordcount 实例来进一步介绍 MapReduce 基础编程。

习题五

1. 填空题

(1) MapReduce 程序由 Map 和 Reduce 两个阶段完成，用户只需编写________和________两个函数即可完成分布式程序的设计。而在这两个函数中是以________作为输入和输出的。

(2) 在 MRv2 计算框架中提出了全新的资源管理框架________。它将 JobTracker 中的资源管理和作业控制功能分开，分别由________和________两个不同进程实现。

2. 问答题

(1) 请简述 MapReduce 编程模型。

(2) 请简述 MapReduce 的实现机制。

(3) 请对比 MapReduce 两个版本的不同之处。

(4) MapReduce 计算模型的核心是 Map 函数和 Reduce 函数，请简述这两个函数各自的输入、输出和处理过程。

第 6 章　MapReduce 基础编程

6.1　MapReduce 编程设计

MapReduce 是从以下两个角度来设计的。

- 角度 1：MapReduce 是一种分布式计算模型；
- 角度 2：MapReduce 是 Hadoop 对上述模型实现提供的一套编程框架。

6.1.1　MapReduce 分布式计算模型

MapReduce 是一种分布式计算模型，具体如图 6-1 所示。它将整个运算逻辑分成以下两个阶段。

- 阶段 1：将数据映射成 key：value 形式；
- 阶段 2：将 key：value 按相同 key 分组，对每组数据进行聚合运算。

之所以这么设计，是因为可以简单地把整个运算过程变为分布式并行计算的过程。

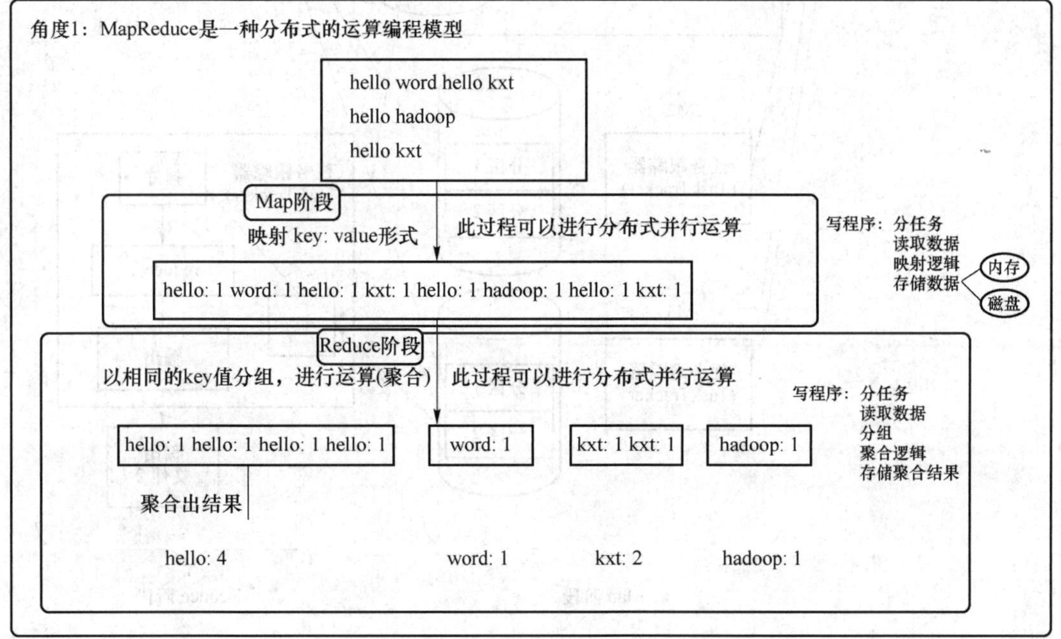

图 6-1　MapReduce 分布式计算模型

6.1.2 MapReduce 分布式编程框架

MapReduce 是 Hadoop 提供的一个对图 6-1 所示模型实现的一套编程框架。它为 Map 阶段实现了一个程序 MapTask，为 Reduce 阶段实现了一个程序 ReduceTask。MapTask 和 ReduceTask 都可以在多台机器上并行运行。

MapReduce 的这些程序已经完成了整个分布式运算过程中的绝大部分流程和工作，只需要用户提供两个阶段中的数据处理逻辑。

- Map 阶段：映射逻辑，就是实现框架所提供的一个接口 Mapper。
- Reduce 阶段：聚合逻辑，就是实现框架所提供的一个接口 Reducer。

MapReduce 的分布式编程框架如图 6-2 所示。

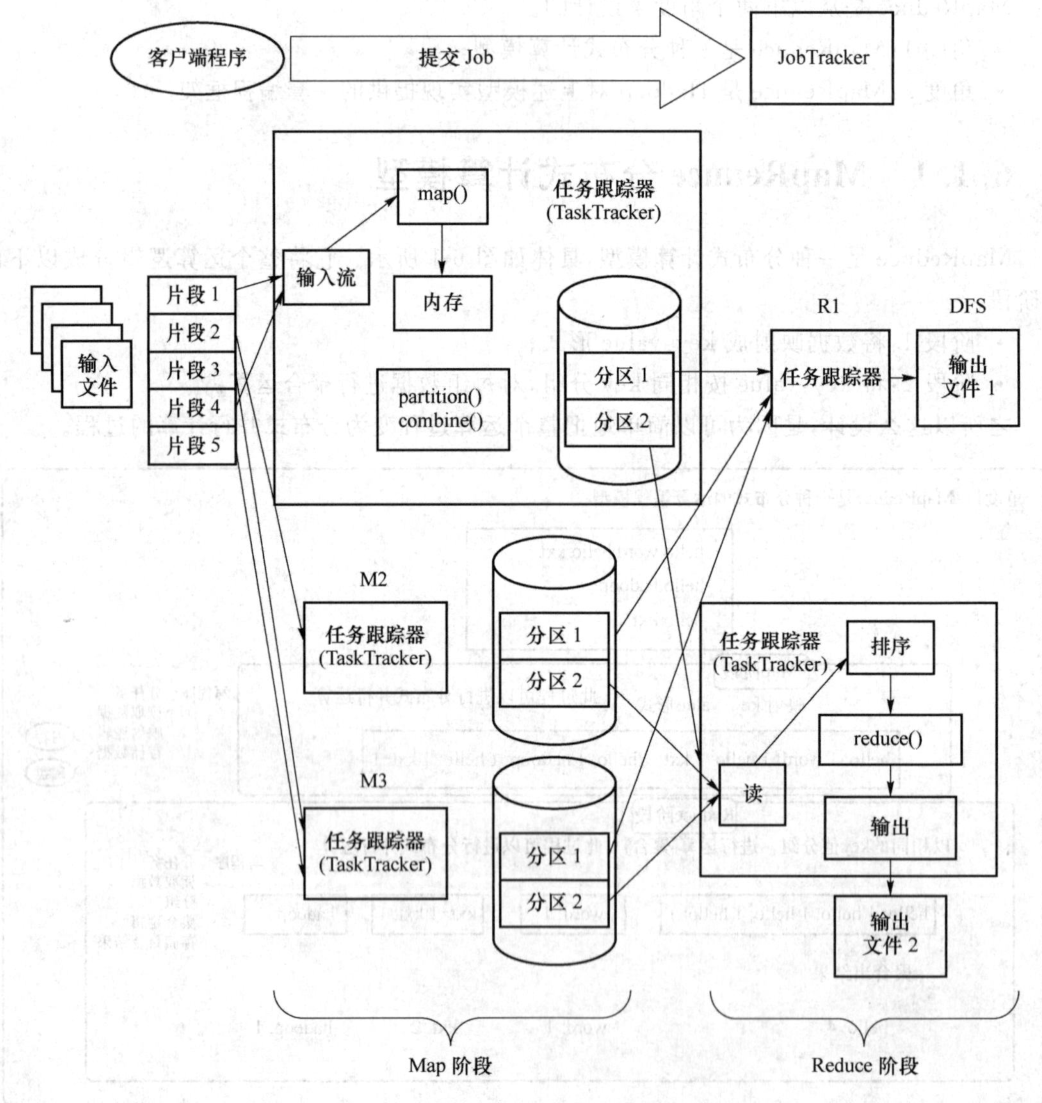

图 6-2 MapReduce 分布式编程框架

每台节点的 MapTask 会分布式地进行分任务读取文件，读取回来属于自己的数据后，交给 Mapper 接口〔map()映射逻辑〕,开发者根据自己的需求在 Mapper 中写映射逻辑,然后再由 Mapper 将逻辑结果交回 MapTask,由 MapTask 将结果通过哈希散列算法存储到本节点磁盘分区内。所有的 Map 阶段完成后,由 ReduceTask 到 Map 所在节点读取分区内数据,然后交给 Reducer 接口〔reduce()聚合逻辑〕,开发者根据自己的需求在 Reducer 中写聚合逻辑,再将结果返回给 ReduceTask,由 ReduceTask 将最终的结果存储到 HDFS 中,有几个分区就会产生几个输出文件。

6.2　MapReduce 编程实例 wordcount

6.2.1　wordcount 开发需求分析

HDFS 的/hadoop/input/目录中有大量文本文件,需要统计所有文件中,每个单词出现的总次数。可采用 Hadoop 所提供的 MapReduce 分布式计算框架来进行词频统计,具体的处理流程如图 6-3 所示。

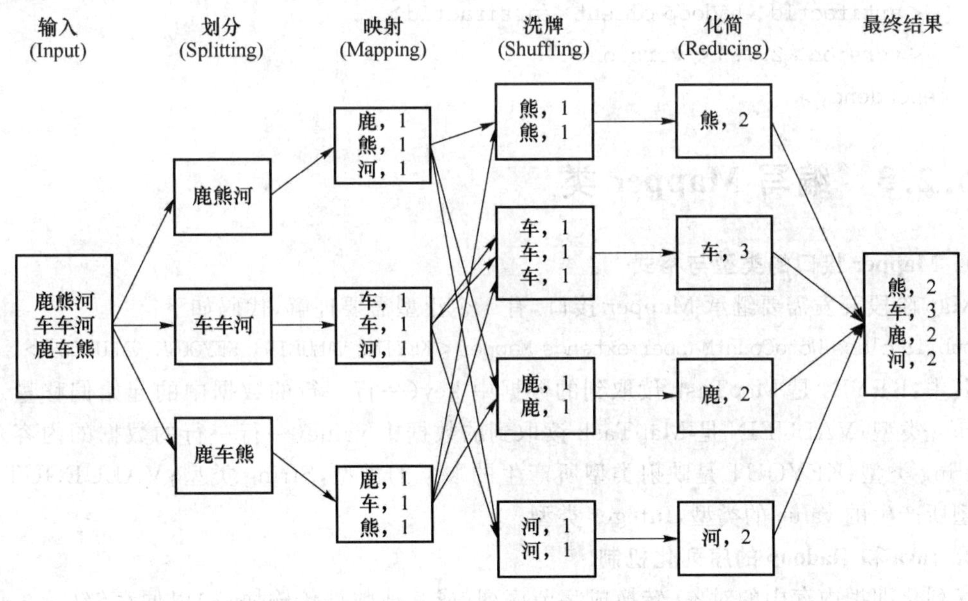

图 6-3　wordcount 处理流程

实现步骤如下。

① 添加所需要的依赖,或者是 jar 包;

② 新建一个类(WordCountMapper),实现 Mapper 接口,编写自己的映射逻辑;

③ 新建一个类(WordCountReducer),实现 Reducer 接口,编写自己的聚合逻辑;

④ 新建一个类(WordCountDriver),写一个提交 Job 到 YARN 去运行的 main 方法;

⑤ 再将工程打成 jar 包;把 jar 包上传到 Hadoop 集群中的任意一台 Linux 上;

⑥ 然后用命令启动 jar 包中的 Driver 类:hadoop jar jarDir Driver. classPath。

6.2.2 编程环境准备

向 IDEA 项目的 pom 文件导入依赖,代码如下。

```
<dependency>
    <groupId>org.apache.hadoop</groupId>
    <artifactId>hadoop-common</artifactId>
    <version>2.7.3</version>
</dependency>
<dependency>
    <groupId>org.apache.hadoop</groupId>
    <artifactId>hadoop-hdfs</artifactId>
    <version>2.7.3</version>
</dependency>
<dependency>
    <groupId>org.apache.hadoop</groupId>
    <artifactId>hadoop-client</artifactId>
    <version>2.7.3</version>
</dependency>
```

6.2.3 编写 Mapper 类

1. Mapper 接口的类型与格式

Map 阶段开发需要继承 Mapper 接口,有 4 个泛型需要理解,代码如下。

```
public class WordCountMapper extends Mapper<KEYIN, VALUEIN, KEYOUT, VALUEOUT>{
```

其中:KEYIN 是 MapTask 读取到的数据中 key(一行一行的数据中的起始偏移量)的类型,Long 类型;VALUEIN 是 MapTask 读取到的数据中 value(一行一行的数据的内容)的类型,String 类型;KEYOUT 是映射类型所产生的 key 的类型,String 类型;VALUEOUT 是映射类型所产生的 value 的类型,Integer 类型。

2. Java 和 Hadoop 的序列化机制

序列化即把内存中的对象,转换成字节序列(或其他数据传输协议)以便存储(持久化)和网络传输。

反序列化即将收到字节序列(或其他数据传输协议)或者是硬盘的持久化数据,转换成内存中的对象。

Hadoop 的序列化机制与 Java 的序列化机制不同,它将对象序列化到流中,值得一提的是,Java 的序列化机制是不断地创建对象,但在 Hadoop 的序列化机制中,用户可以复用对象,这样就减少了 Java 对象的分配和回收,节省了存储空间,提高了应用效率。

Hadoop 通过 Writable 接口实现了序列化机制。

3. Writable 接口的数据类型

在 Hadoop 中,并没有使用 Java 自带的基本类型类,而是使用自身开发的类型类,下面就是 Java 中的类型类与 Hadoop 中的类型类的对应关系。

String 类型应该替换成 Hadoop 中已经实现了的 Writable 接口的类型 Text；Long 类型应该替换成 LongWritable 类型；Integer 类型应该替换成 IntWritable 类型；Float 类型应该替换成 FloatWritable 类型；Double 类型应该替换成 DoubleWritable 类型。

所以 Mapper 接口的 4 个泛型应修改为如下代码。如果< key,value >数据是用户自定义的类，那么这个类也是要实现 Writable 接口的。

```
public class WordCountMapper extends Mapper < LongWritable, Text , Text , InWritable >{
```

4. Map 方法的映射逻辑

本方法是由 MapTask 调用的，每读取一行的数据，就要调用一次 Map 方法，而且会将该行的起始偏移量传入 key 中，将该行的内容传入 value 中。

key：每行数据的起始偏移量。

value：每行数据的内容。

Context：提供一个返回映射结果的工具。

```
@Override
protected void map ( LongWritable key, Text value, Context context ) throws
IOException, InterruptedException {
    //映射逻辑根据业务需求编写
}
```

5. Map 阶段完整代码

Map 阶段完整代码如下。

```
import org.apache.hadoop.io.IntWritable;
import org.apache.hadoop.io.LongWritable;
import org.apache.hadoop.io.Text;
import org.apache.hadoop.mapreduce.Mapper;
import java.io.IOException;

public class WordCountMapper extends Mapper < LongWritable, Text , Text , IntWritable >{

    @Override
    protected void map(LongWritable key, Text value, Context context) throws
IOException, InterruptedException {
        //将改行的数据转换成字符串后，以空格切分
        String line = value.toString();
        String[] words = line.split(" ");
        //将每一个单词映射成< key = 单词：value = 数字>，并通过 Context 返回
给 MapTask
        for (String word : words) {
            context.write(new Text(word),new IntWritable(1));
        }
    }
}
```

6.2.4 编写 Reducer 类

1. Reducer 接口的类型与格式

Reducer 接口有以下 4 个参数。

KEYIN:ReduceTask 传入 key 的类型,其实就是 MapTask 输出 key 的类型,Text 类型;VALUEIN:ReduceTask 传入 value 的类型,其实就是 MapTask 输出 value 的类型,IntWritable 类型;KEYOUT:是聚合逻辑所产生的结果的 key 的类型,Text 类型;VALUEOUT:是聚合逻辑所产生的结果的 value 的类型,IntWritable 类型。

下面的代码说明了如何定义一个实现了 Reducer 接口的实现类。

```
public class WordCountReducer extends Reducer < Text, InWritable, Text, IntWritable >{
```

2. Reduce 方法的聚合逻辑

Reduce 方法由 ReduceTask 程序调用,每读取一组数据,就会调用一次 Reduce 方法,Reduce 方法中的业务逻辑需要根据自身的要求编写。

key:这一组数据的 key。

values:一组数据的迭代器,可以迭代这一组数据中的所有数据的 value。

```
@Override
protected void reduce(Text key, Iterable < IntWritable > values, Context context)
throws IOException, InterruptedException {
    //聚合逻辑根据业务需求编写
    }
```

3. Reduce 阶段完整代码

Reduce 阶段完整代码如下。

```
import org.apache.hadoop.io.IntWritable;
import org.apache.hadoop.io.Text;
import org.apache.hadoop.mapreduce.Reducer;
import java.io.IOException;
import java.util.Iterator;

public class WordCountReducer extends Reducer < Text, IntWritable, Text, IntWritable >{

    @Override
    protected void reduce(Text key, Iterable < IntWritable > values, Context
context) throws IOException, InterruptedException {
        //取出迭代器
        Iterator < IntWritable > iterator = values.iterator();
        //这是计数器
        int count = 0;
        //读取每一组数据中的 VALUEIN
        while (iterator.hasNext()){
```

```
            IntWritable value = iterator.next();
            //累加
            count += value.get();
        }
        context.write(key,new IntWritable(count));
    }
}
```

6.2.5 MapReduce 程序在 YARN 集群的运行机制

上文已将 MapReduce 的程序写好，不过如何来运行 MapReduce 程序呢？下面详细介绍在 YARN 上运行 MapReduce 程序的流程，如图 6-4 所示，具体步骤如下。

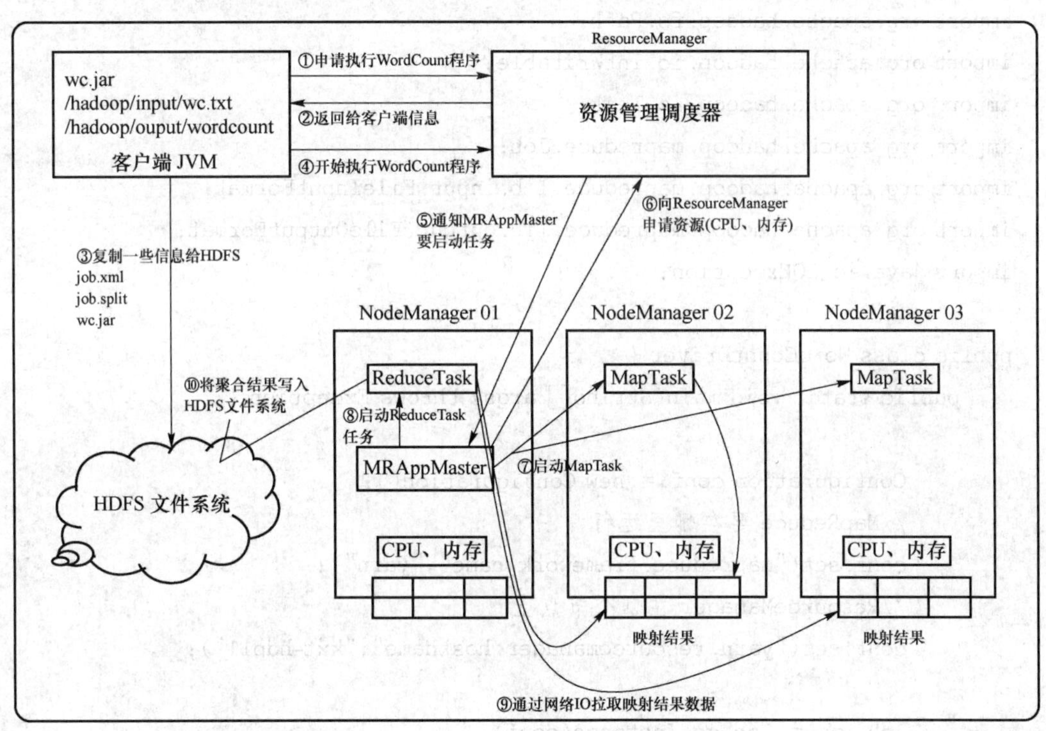

图 6-4　MapReduce 程序在 YARN 上运行流程

① 客户端向 ResourceManager 申请执行 MapReduce 程序；

② ResourceManager 返回给客户端可以执行和 NodeManager 的位置等信息；

③ 客户端复制一些信息给 HDFS，如 job. xml、job. split、程序 jar 包；

④ YARN 集群开始执行 MapReduce 程序；

⑤ ResourceManager 通知 NodeManager 节点的 MRAppMaster 启动任务；

⑥ MRAppMaster 向 ResourceManager 申请 Container(内存和 CPU)；

⑦ MRAppMaster 找到所有节点的 MapTask，启动，MapTask 读取数据，读取一次调用一次 Map 方法，执行一次映射逻辑，将结果写入节点磁盘中；

⑧ 所有 MapTask 执行完后关闭 MapTask，并且启动 ReduceTask 任务；

⑨ ReduceTask 通过网络 IO 到 NodeManager 节点磁盘中拉取 MapTask 处理完的映射结果；

⑩ ReduceTask 对拉取过来的数据进行分组，每读取一组数据调用一次 Reduce 方法，执行一次聚合逻辑，将最终的结果存储到 HDFS 中。有多少组数据，就会在 HDFS 中产生多少个输出文件，关闭 ReduceTask 后程序运行完成。

6.2.6 编写 YARN 的客户端

1. Driver 阶段完整代码

通过上一小节对 MapReduce 程序运行在 YARN 集群的机制学习得知，MapReduce 程序需要运行在 YARN 客户端程序中，那么接下来对 YARN 的客户端进行编程，代码如下。

```
import org.apache.hadoop.conf.Configuration;
import org.apache.hadoop.fs.Path;
import org.apache.hadoop.io.IntWritable;
import org.apache.hadoop.io.Text;
import org.apache.hadoop.mapreduce.Job;
import org.apache.hadoop.mapreduce.lib.input.FileInputFormat;
import org.apache.hadoop.mapreduce.lib.output.FileOutputFormat;
import java.io.IOException;

public class WordCountDriver {
    public static void main(String[] args) throws Exception {

        Configuration conf = new Configuration();
        //MapReduce 要在哪里运行
        conf.set("mapreduce.framework.name","yarn");
        //ResourceManager 在哪个节点上
        conf.set("yarn.resourcemanager.hostname","kxt-hdp11");

        Job job = Job.getInstance(conf);

        //告知给 job 对象,MapReduce 程序 jar 包所在的路径
//        job.setJar("D:\\data\\jar\\wordcount.jar");//静态的
        job.setJarByClass(WordCountDriver.class);//动态的

        //告知 job 对象,MapReduce 程序所使用的 Mapper 类和 Reducer 类的路径;
        job.setMapperClass(WordCountMapper.class);
        job.setReducerClass(WordCountReducer.class);

        //告知 job,Map 阶段输出 key-value 类型;
```

```
        job.setMapOutputKeyClass(Text.class);
        job.setMapOutputValueClass(IntWritable.class);

        //告知 job,Reduce 阶段输出 key-value 类型;
        job.setOutputKeyClass(Text.class);
        job.setOutputValueClass(IntWritable.class);

        //设置本次 job,输入数据的路径
        FileInputFormat.setInputPaths(job,new Path("/hadoop/input/"));

        //设置本次 job,输出数据的路径
        FileOutputFormat.setOutputPath(job,new Path("/hadoop/output/wordcount/"));

        //设置本次 job 的 ReduceTask 的运行实例数
        //设置本次 job 的 MapTask 的运行数据数,设置不了,因为 MapReduce 框架内有
一个固定的机制来计算启动多少个 MapTask;
        job.setNumReduceTasks(2);

        //想办法将 MapReduce 程序的 jar 包发送给 YARN
        //想办法将 MapReduce 程序的一些参数也发送给 YARN
        //想办法在 YARN 中启动 MapReduce 程序的 jar 包中的 MRAppMaster 管理程序;

        //将本次 job 的 jar 包和设置的信息提交给 YARN 集群;
//          job.submit();
        boolean b = job.waitForCompletion(true);
        System.out.println(b?"MapReduce 在 YARN 里面运行成功啦!!!!":"MapReduce
好像出问题了 o(╥﹏╥)o");
    }
}
```

2. Job 对象的使用

在 Hadoop 中,每个 MapReduce 任务都被初始化为一个 Job,每个 Job 又可分为两个阶段:Map 阶段和 Reduce 阶段。这两个阶段分别用两个函数来表示。Map 函数接收一个< key,value >形式的输入,然后同样产生一个< key,value >形式的中间输出,Hadoop 会负责将所有具有相同中间 key 值的 value 集合在一起传递给 Reduce 函数,Reduce 函数接收一个如< key,(list of values)>形式的输入,然后对这个 value 集合进行处理,每个 Reduce 产生 0 或 1 个输出,Reduce 的输出形式也是< key,value >。Job 的提交、初始化、任务分配和任务执行等任务流程将在 7.5 小节详细介绍,这里不再赘述。

3. InputFormat 接口的设计与实现

InputFormat 主要用于描述输入数据的格式,它提供以下两个功能。

① 数据切分,按照某个策略将输入数据切分成若干个片段(Split),以便确定 MapTask 的

个数以及对应的 Split。

② 为 Mapper 提供输入数据:给定某个 Split,能将其解析为一个个的< key,value >对。

InputFormat 接口(package org. apache. hadoop. mapreduce 包中)里包括两个方法:getSplits()和 createRecordReader(),这两个方法分别用来定义输入片段和读取片段的方法。

```
public abstract class InputFormat < K,V > {
    public abstract
    List < InputSplit > getSplits(JobContext context) throws IOException,
InterruptedException;

    public abstract
    RecordReader < K,V > createRecordReader < InputSplit split, TaskAttemptContext context)
throws IOException,
          InterruptedException;

}
```

每个 InputSplit 对应一个 Map 任务。作为 Map 的输入,在逻辑上提供了这个 Map 任务所要处理的< key,value >对。

InputSplit 只是定义了如何切分文件,但并没有定义如何访问它,这个工作由 RecordReader 来完成。RecordReader 的实例是由 InputFormat 定义的。例如,在 InputFormat 的默认子类 TextInputFormat 中,提供了 LineRecordReader。

LineRecordReader 会把文件的每一行作为一个单独的记录,并以行偏移为键值。这也就解释了 WordCount 例子中,行偏移为 key 值,每一行的内容作为 value 的原因。

Hadoop 内置提供了一个 CombineFileInputFormat 类来专门处理小文件,其核心思想是:根据一定的规则,将 HDFS 上多个小文件合并到一个 InputSplit 中,然后会启用一个 Map 来处理这里面的文件,以此减少 MapReduce 整体作业的运行时间。

最后介绍系统自带的各种 InputFormat 实现,如图 6-5 所示,所有基于文件的 InputFormat 实现的基类是 FileInputFormat,并派生出针对文本格式的 TextInputFormat、KeyValueTextInputFormat 和 NLineInputFormat 以及针对二进制文件格式的 SequenceFileInputFormat 等。

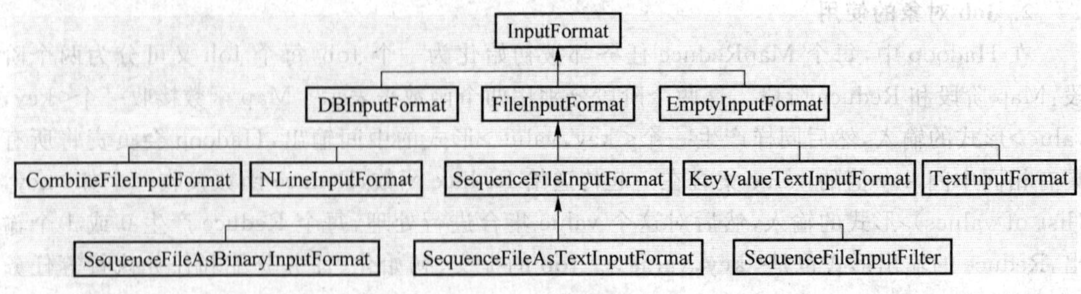

图 6-5 MapReduce 自带的 InputFormat 实现的类层次图

注意:以上就是 getSplits 获取分片的过程,当使用 FileInputFormat 继承 InputFormat 时,为了提高 MapTask 读取本地数据的概率,应尽量使 InputSplit 大小与块大小相同,因为当一个分片包含多个块的时候，总会从其他节点读取数据，也就做不到所有的计算都是本地化，为了发挥计算本地化性能，应该尽量使 InputSplit 大小和块大小相当。

4. OutputFormat 接口的设计与实现

OutputFormat 主要用于描述输出数据的格式，它能够将用户提供的< key,value >对写入待定格式的文件中。本小节将介绍 Hadoop 如何设计 OutputFormat 接口，以及一些常用的 OutputFormat 实现。

OutputFormat 接口（package org. apache. hadoop. mapreduce 包中）里包含 3 个方法：getRecordWriter()、checkOutputSpecs()和 getOutputCommitter()。

```
public abstract class OutputFormat < K,V > {

    public abstract RecordWriter < K,V > getRecordWriter (TaskAttemptContext context)
            throws IOException, InterruptedException;

    public abstract void checkOutputSpecs (JobContext context)
            throws IOException, InterruptedException;

    public abstract OutputCommitter getOutputCommitter (TaskAttemptContext context)
            throws IOException, InterruptedException;
}
```

getRecordWriter 方法返回一个 RecordWriter 类对象，OutputFormat 提供了对 RecordWriter 的实现，从而指定如何序列化数据。RecordWriter 类可以处理包含单个键值对的作业，并将结果写入 OutputFormat 中准备好的位置。RecordWriter 的实现主要包括两个函数："write"和"close"：write 函数从 Map/Reduce 作业中取出键值对，并将其字节写入磁盘；close 函数会关闭 Hadoop 到输出文件的数据流。

checkOutputSpecs 方法一般在用户作业被提交到 Job 之前，由 JobClient 自动调用，以检查输出目录是否合法。

OutputCommitter 由 OutputFormat 通过 getOutputCommitter()方法确定。默认为 FileOutputCommitter，而 MapReduce 使用一个提交协议来确保作业(Job)和任务(Task)都完全成功或失败。这个通过 OutputCommiter 来实现。

Hadoop 自带很多 OutputFormat 实现，它们与 InputFormat 实现相对应，具体如图 6-6 所示。所有基于文件的 OutputFormat 实现的基类为 FileOutputFormat，并由此派生出一些基于文本文件格式、二进制文件格式或者多输出的实现。

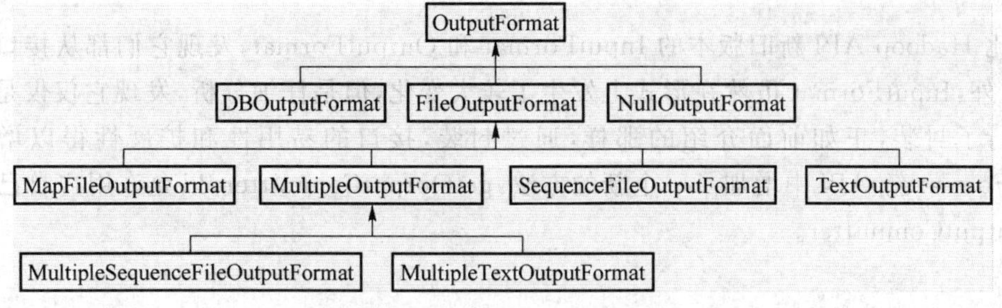

图 6-6　MapReduce 自带的 OutputFormat 实现的类层次图

为了深入分析 OutputFormat 的实现方法，选取比较有代表性的 FileOutputFormat 类进行分析。与 InputFormat 实现的思路一样，我们先介绍基类 FileOutputFormat，再介绍其派生类 TextOutputFormat。基类 FileOutputFormat 需要提供所有基于文件的 OutputFormat 实现的公共功能，总结起来，主要有以下两个。

(1) 实现 checkOutputSpecs 接口

该接口在作业运行之前被调用，默认功能是检查用户配置的输出目录是否存在，如果存在则抛出异常，以防止之前的数据被覆盖。

(2) 处理 side-effect file

任务的 side-effect file 并不是任务的最终输出文件，而是具有特殊用途的任务专属文件。它的典型应用是执行推测式任务。在 Hadoop 中，因为硬件老化、网络故障等原因，同一个作业的某些任务执行速度可能明显慢于其他任务，这种任务会拖慢整个作业的执行速度。为了对这种“慢任务”进行优化，Hadoop 会为之在另外一个节点上启动一个相同的任务，该任务便被称为推测式任务，最先完成任务的计算结果便是最终的处理结果。为防止这两个任务同时往一个输出文件中写入数据时发生写冲突，FileOutputFormat 会为每个任务的数据创建一个 side-effect file，并将产生的数据临时写入该文件，待任务完成后，再移动到最终输出目录中。这些文件的相关操作，如创建、删除、移动等，均由 OutputCommitter 完成。它是一个接口，Hadoop 提供了默认实现 FileOutputCommitter，用户也可以根据自己的需求编写 OutputCommitter 实现，并通过参数 mapred. output. committer. class 指定。OutputCommitter 接口定义以及 FileOutputCommitter 对应的实现如表 6-1 所示。

表 6-1 FileOutputCommitter 的方法实现

方法	何时被调用	FileOutputCommitter 实现
setupJob	作业初始化	创建临时目录 $ {mapred. out. dir}/_temporary
commitJob	作业成功运行完成	删除临时目录，并在 $ {mapred. out. dir} 目录下创建空文件_SUCCESS
abortJob	作业运行失败	删除临时目录
setupTask	任务初始化	不进行任何操作。原本是需要在临时目录下创建 side-effect file 的，但它是用时创建的(create on demand)
needsTaskCommit	判断是否需要提交结果	只要存在 side-effect file，就返回 true
commitTask	任务成功运行完成	提交结果，即将 side-effect file 移动到 $ (mapred. out. dir) 目录下
abortTask	任务运行失败	删除任务的 side-effect file，注意默认情况下，当作业成功运动完成后，会在最终结果目录 $ (mapred. out. dir) 下生成

对比 Hadoop API 新旧版本的 InputFormat 和 OutputFormat，发现它们都从接口变成抽象类，此外，InputFormat 虽然在形式上发生了较大变化，但是仔细分析，发现它仅仅是对之前的类进行了封装，正如前面介绍的那样，通过封装，接口的易用性和扩展性得以增强。而 OutputFormat 新 API 中增加了一个新的方法：getOutputCommitter，以允许用户自己定制合适的 OutputCommitter。

6.2.7　YARN 集群的配置、作业打包和启动

1. YARN 集群的配置

因为在 YARN 上运行 MapReduce 程序，需要启动一个 YARN 集群，所以对 YARN 的配置文件 vi yarn-site. xml 进行修改，代码如下。

```
<!-- 指定 YARN 的资源管理节点(ResourceManager)的地址 -->
<property>
<name>yarn.resourcemanager.hostname</name>
<value>kxt-hdp11</value>
</property>

<!-- reducer 获取数据的方式 -->
<property>
<name>yarn.nodemanager.aux-services</name>
<value>mapreduce_shuffle</value>
</property>

<!-- 指定一个 nodemanager 节点的内存资源  -->
<property>
<name>yarn.nodemanager.resource.memory-mb</name>
<value>2048</value>
</property>

<!-- 指定一个 nodemanager 节点的 cpu 核数  -->
<property>
<name>yarn.nodemanager.resource.cpu-vcores</name>
<value>1</value>
</property>
```

修改完成后，同步给其他机器。然后，启动脚本 start-hdfs. sh、start-yarn. sh。

2. MapReduce 程序作业打包、运行演示

① 启动 IDEA，选择目录 Maven Projects→hadoop→Lifecycle，双击运行 package，具体如图 6-7 所示。

② 到打包日志的最末端，找到 jar 包所在位置，如图 6-8 所示，将 jar 包上传到 Hadoop 集群指定目录下。

③ Hadoop 集群运行 MapReduce 程序的 jar 包，输入运行 jar 包命令，如图 6-9 所示；计算出的结果如图 6-10 所示，结果会存储到 HDFS 中。

Hadoop 运行 jar 包的命令为 hadoop jar jarDir Driver. classPath。其中：hadoop jar 表示 hadoop 运行 jar 包的命令；jarDir 表示 jar 包所在的路径；Driver. classPath 表示 MapReduce 程序中 YARN 客户端的 classPath。

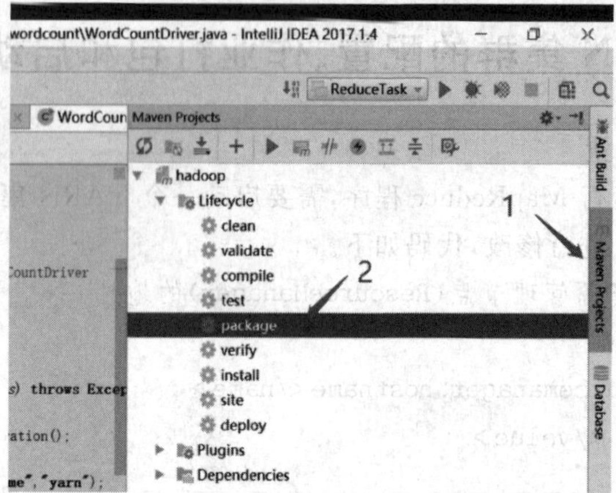

图 6-7　MapReduce 程序打包

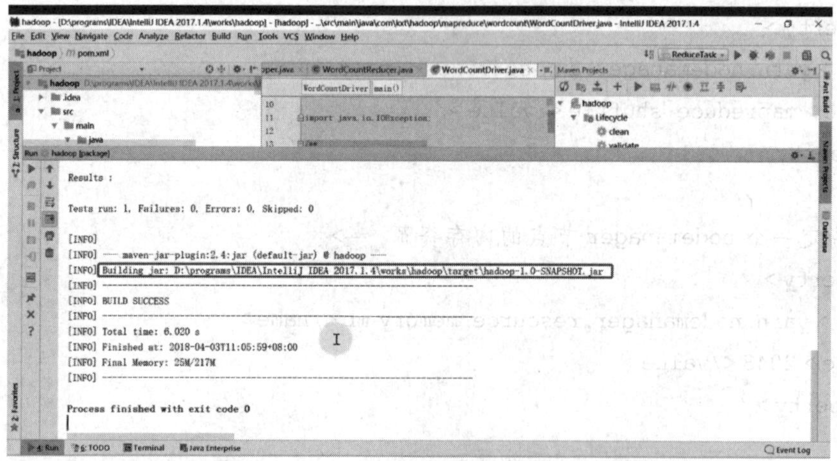

图 6-8　jar 包所在文件目录

图 6-9　运行 jar 包命令

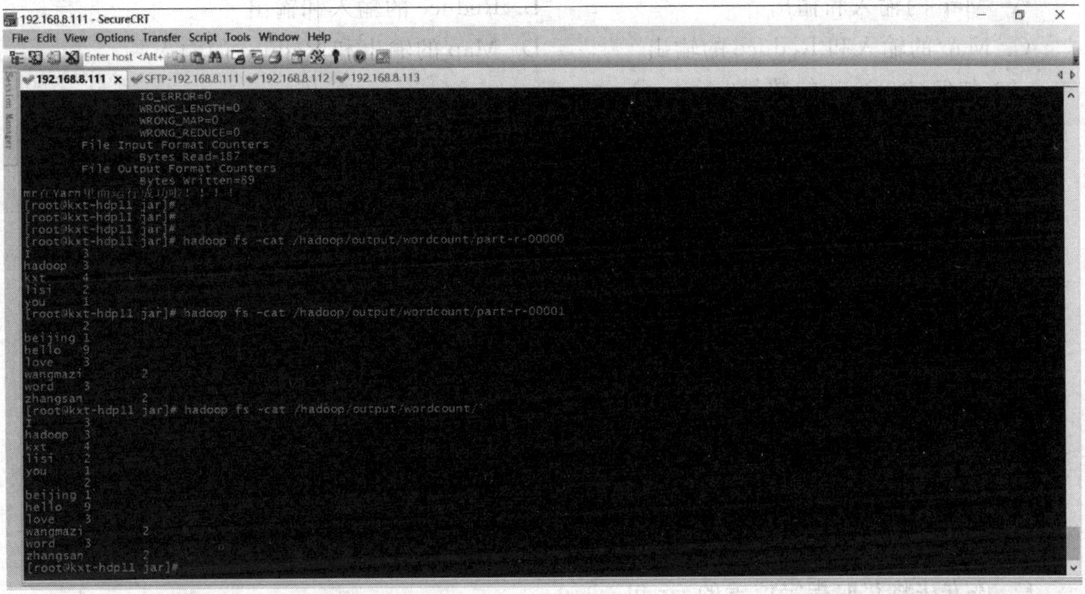

图 6-10　运行结果输出

本章小结

本章内容分为两部分。

第 1 部分包括 MapReduce 的分布式运算模型设计和 MapReduce 分布式编程框架设计，MapReduce 是一种分布式的运算编程模型，它将整个运算逻辑分成两个阶段：Map 阶段和 Reduce 阶段。MapReduce 是 Hadoop 提供的一套分布式编程框架，为 Map 阶段实现了 MapTask(映射逻辑)，提供了 Mapper 接口；为 Reduce 阶段实现了 ReduceTask(聚合逻辑)，提供了 Reducer 接口。

第 2 部分通过一个完整的 wordcount 实例进一步介绍 MapReduce 基础编程，其中包括 Mapper 类的编写、Reducer 类的编写和 YARN 客户端的编写。另外还介绍了以下内容。

① Mapper 和 Reducer 接口的类型与格式；

② Java 和 Hadoop 的序列化机制；

③ Writable 接口的数据类型；

④ MapReduce 程序运行在 YARN 集群的机制；

⑤ Job 对象的使用；

⑥ InputFormat 和 OutputFormat 接口的设计与实现。

习　题　六

1. 单项选择

(1) 在 Map 和 Reduce 函数的输入和输出类型中，必须一致的是(　　)。

A. Map 的输入和输出　　　　　　　　B. Reduce 的输入和输出
C. Map 的输入和 Reduce 的输出　　　D. Map 的输出和 Reduce 的输入

(2) 如何减少分片的数量?(　　)

A. 保持分片大小不变,减少分片的数量　B. 增大分片大小,减少分片的数量
C. 直接减少分片的数量　　　　　　　D. 通过减小分片大小来减少分片的数量

(3) 如何告知 Job 对象 MapReduce 程序所使用的 Reducer 类的路径?(　　)

A. job.setReducerClass(MRDriver.class);
B. job.getReducerClass(MRDriver.class);
C. job.setReducerClass(MRReduce.class);
D. job.getReducerClass(MRReduce.class);

2. 多项选择

(1) YARN 客户端开发,对 job.setJar()方法理解正确的是(　　)。

A. 该方法是一个动态的方法
B. 该方法是一个静态的方法
C. 该方法将获取指定位置的 jar 包
D. 只要执行这个方法,jar 包就生成到指定位置了

(2) 以下对 FileInputFormat 理解正确的是(　　)。

A. FileInputFormat 的主要方法之一 getSplits 完成的功能是获取 Job 要处理的路径文件所在的 block 信息

B. FileInputFormat 以及所有的输入格式类都继承自 InputFormat,InputFormat 是一个抽象类

C. 所有基于文件的 InputFormat 实现的基类是 FileInputFormat,并派生出针对文本格式的 TextInputFormat、KeyValueTextInputFormat 和 NLineInputFormat 以及针对二进制文件格式的 SequenceFileInputFormat 等

D. 当使用基于 FileInputFormat 实现 InputFormat 时,为了提高 MapTask 的数据本地性,应尽量使 InputSplit 与 block 大小相同

(3) InputFormat 接口里包含哪些方法(　　)?

A. checkOutputSpecs()　　　　B. getSplits()
C. createRecordReader()　　　D. getRecordWriter()

3. 问答题

(1) 下面是一条执行 jar 包的 Hadoop 命令,请解释 hadoop jar 后的每个字段的含义。

```
hadoop jar wordcount.jar com.kxt.hadoop.mapreduce.wordcount.wordCountDriver
```

(2) 简述 Hadoop 不适合处理大批量小文件的原因。

第 7 章　分布式资源管理系统 YARN

本章主要介绍 Hadoop2.0 中的核心组件 YARN 资源管理系统，YARN 是 Yet Another Resource Negotiator(另一种资源协调者)的缩写。Hadoop1.0 及更早版本只能运行 MapReduce，这导致图形处理、迭代计算等任务无法有效执行，而且，还存在单点故障、节点压力大和不易扩展等问题。在 Hadoop2.0 及后续版本中，MapReduce 的调度部分被外部化并重新编写为 YARN 的新组件，YARN 最大的特点是执行调度与 Hadoop 上运行的任务类型无关。YARN 不但可以在 Hadoop 集群上运行非 MapReduce 任务，还具备很多其他的优势，包括更好的可扩展性，更高的集群使用率及用户敏捷性。

7.1　YARN 简介

Apache Hadoop YARN 是一个分布式资源管理系统，负责为运算程序提供服务器运算资源，而 MapReduce 等运算程序则相当于运行在这个分布式管理系统之上的应用程序。

YARN 是 Hadoop 分布式资源调度器。YARN 是 Hadoop2.0 版本添加的功能，旨在应对 Hadoop1.0 版架构带来的如下问题。

- 大于 4 000 个节点的部署遇到可伸缩性问题，添加节点时并未产生预期的线性可伸缩性改进。而且还有一个最大的问题是级联故障，由于要尝试复制数据和重载活动的节点，所以一个故障会通过网络泛洪形式导致整个集群严重恶化。
- 仅支持 MapReduce 工作负载，这意味着不适合运行执行模型，如通常需要迭代计算的机器学习算法。

在 Hadoop2.0 之后的版本中，以上这些问题通过从 MapReduce 提取调度函数并将其重新编写为通用调度器(称为 YARN)来解决。YARN 的产生使 Hadoop 集群不再局限于运行 MapReduce 工作负载，YARN 允许在 Hadoop 本地支持一组新的工作负载，并允许其他处理模型(如图处理和流处理)与 MapReduce 共存。此外，YARN 框架具有更好的扩展性、可用性、可靠性、向后兼容性和更高的资源利用率。

7.2　发展史

7.2.1　Hadoop1.0

Hadoop1.0 即第 1 代 Hadoop，由分布式存储系统 HDFS 和分布式计算框架 MapReduce

组成，其中 HDFS 由一个 NameNode 和多个 DateNode 组成，MapReduce 由一个 JobTracker 和多个 TaskTracker 组成。

7.2.2 Hadoop2.0 和 Hadoop1.0 的区别

Hadoop2.0 即第 2 代 Hadoop，为克服 Hadoop1.0 中的不足，针对 Hadoop1.0 单 NameNode 制约 HDFS 的扩展性问题，提出 HDFS 联邦（Federation），它让多个 NameNode 分管不同的目录进而实现访问隔离和横向扩展，同时彻底解决了 NameNode 单点故障问题；针对 Hadoop1.0 中的 MapReduce 在扩展性和多框架支持等方面的不足，Hadoop2.0 对 MapReduce 框架做了彻底的设计重构。它将 JobTracker 中的资源管理和作业控制分开，分别由 ResourceManager（负责所有应用程序的资源分配）和 ApplicationMaster（负责管理一个应用程序）实现，即引入了资源管理框架 YARN。同时作为 Hadoop2.0 中的资源管理系统，YARN 是一个通用的资源管理模块，如图 7-1 所示。它可为各类应用程序进行资源管理和调度，不限于 MapReduce 一种框架，也可以为其他框架使用，如 Tez、Spark、Storm 等。

批量、交互和实时数据访问							
Script Pig Tez	SQL Hive Tez	JAVA Scala Cascading Tez	NoSQL HBase Accumulo Slider	Stream Storm Slider	In-Memory Spark	Search Solr	Others YARN READY ISV Engineer
YARN：数据操作系统 (集群资源管理)							
HDFS (Hadoop分布式文件系统)							

图 7-1　YARN 资源管理

7.2.3 MapReduce 计算框架的演变

MapReduce1.0 计算框架主要由三部分组成：编程模型、数据处理引擎和运行时环境。它的基本编程模型是将问题抽象成 Map 和 Reduce 两个阶段，其中 Map 阶段将输入的数据解析成< key，value >，迭代调用 map() 函数处理后，再以< key，value >的形式输出到本地目录；Reduce 阶段将 key 相同的 value 进行规约处理，并将最终结果写到 HDFS 上。它的数据处理引擎由 MapTask 和 ReduceTask 组成，分别负责 Map 阶段的逻辑处理和 Reduce 阶段的逻辑处理。它的运行时环境由一个 JobTracker 和若干个 TaskTracker 两类服务组成，其中 JobTracker 负责资源管理和所有作业的控制，TaskTracker 负责接收来自 JobTracker 的命令并执行它。

MapReduce2.0(MRv2)具有与 MapReduce1.0(MRv1)相同的编程模型和数据处理引擎，唯一不同的是运行时环境。MRv2 是在 MRv1 基础上经加工之后，运行于资源管理框架 YARN 之上的计算框架 MapReduce。它的运行时环境不再由 JobTracker 和 TaskTracker 等服务组成，而是变为通用资源管理系统 YARN 和作业控制进程 ApplicationMaster，其中 YARN 负责资源管理的调度而 ApplicationMaster 负责作业的管理。

7.3　YARN 的架构

YARN 的基本思想是将 JobTracker 的两个主要功能(资源管理和作业调度/监控)分离，主要方法是创建一个全局的 ResourceManager(RM)和若干个针对应用程序的 ApplicationMaster(AM)。这里的应用程序是指传统的 MapReduce 作业或作业的 DAG(有向无环图)。

ResourceManager 和 NodeManager 构成了数据计算框架，如图 7-2 所示。ResourceManager 控制整个集群并管理应用程序向基础计算资源的分配。ResourceManager 将各个资源部分(CPU、内存、磁盘、带宽等)精心安排给基础 NodeManager(YARN 的每节点代理)。ResourceManager 还与 ApplicationMaster 一起分配资源，与 NodeManager 一起启动和监视它们的基础应用程序。与 Hadoop1.x 版本相比，ApplicationMaster 承担了以前的 TaskTracker 的一些角色，ResourceManager 承担了 JobTracker 的角色。

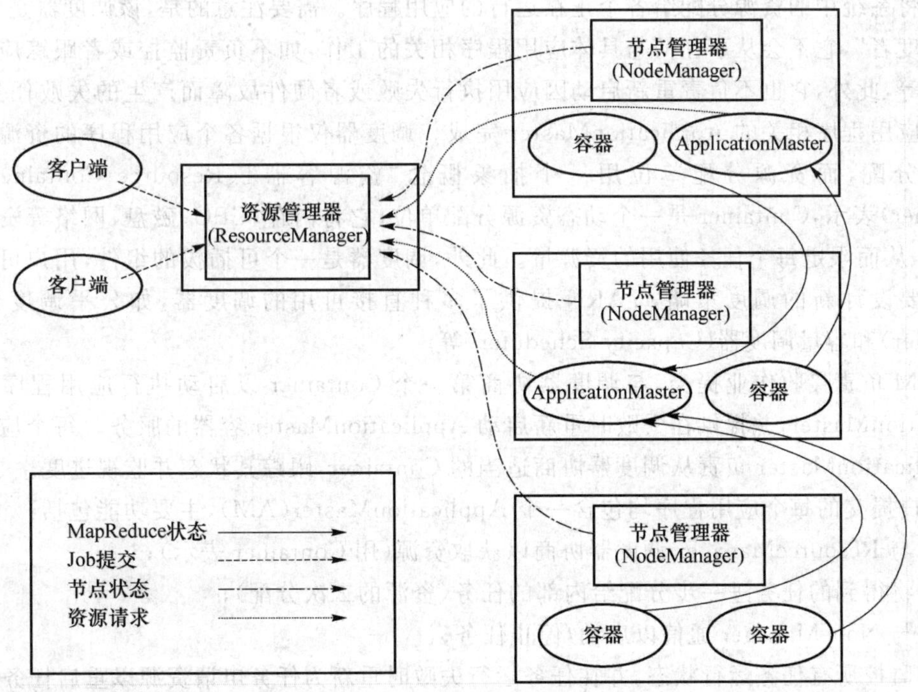

图 7-2　YARN 的架构

ApplicationMaster 管理在 YARN 内运行的应用程序中的每个实例。ApplicationMaster 负责

协调来自 ResourceManager 的资源，并通过 NodeManager 监视容器的执行和资源使用（CPU、内存等的资源分配）。请注意，尽管目前的资源更加传统（CPU 核心、内存），但未来会带来基于手头任务的新资源类型（如图形处理单元或专用处理设备）。从 YARN 角度讲，ApplicationMaster 是用户代码，因此存在潜在的安全问题。YARN 假设 ApplicationMaster 存在错误甚至是恶意的，因此将它们当作无特权的代码对待。

NodeManager 管理一个 YARN 集群中的每个节点。NodeManager 提供针对集群中每个节点的服务，从监督对一个容器的终生管理到监视资源和跟踪节点健康。MRv1 通过插槽管理 Map 和 Reduce 任务的执行，而 NodeManager 管理抽象容器，这些容器代表着可供一个特定应用程序使用的针对每个节点的资源。YARN 继续使用 HDFS 层。它的主要 NameNode 用于元数据服务，而 DataNode 用于分散在一个集群中的复制存储服务。

要使用一个 YARN 集群，首先需要来自包含一个应用程序的客户的请求。ResourceManager 协商一个容器（Container）的必要资源，启动一个 ApplicationMaster 来表示已提交的应用程序。通过使用一个资源请求协议，ApplicationMaster 协商每个节点上供应用程序使用的资源容器。执行应用程序时，ApplicationMaster 监视容器直到完成。当应用程序完成时，ApplicationMaster 从 ResourceManager 中注销其容器，执行周期就完成了。

下面详细介绍 YARN 中的各个功能模块。

1. 资源管理器

资源管理器（RM，ResourceManager）包含两个主要组件：调度器（Scheduler）和应用程序管理器（AsM，ApplicationsManager）。

调度器根据容量、队列等限制条件（如每个队列分配一定的资源，最多执行一定数量的作业等），将系统中的资源分配给各个正在运行的应用程序。需要注意的是，该调度器是一个“纯粹的调度者”，它不会从事任何与具体应用程序相关的工作，如不负责监控或者跟踪应用的执行状态等，此外，它也不负责重新启动因应用执行失败或者硬件故障而产生的失败任务，这些均交由应用程序相关的 ApplicationMaster 完成。调度器仅根据各个应用程序的资源需求进行资源分配，而资源分配单位用一个抽象概念“资源容器”（Resource Container，简称 Container）表示，Container 是一个动态资源分配单位，它将内存、CPU、磁盘、网络等资源封装在一起，从而限定每个任务使用的资源量。此外，调度器是一个可插拔的组件，用户可根据自己的需要设计新的调度策略，YARN 提供了多种直接可用的调度器，如公平调度器（Fair Scheduler）和容量调度器（Capacity Scheduler）等。

AsM 负责接收作业提交，与调度器协商第一个 Container 以启动执行应用程序特定的 ApplicationMaster，并提供在失败时重新启动 ApplicationMaster 容器的服务。每个应用程序的 ApplicationMaster 负责从调度器协商适当的 Container，跟踪其状态并监视进度。

用户提交的每个应用程序均包含一个 ApplicationMaster（AM），主要功能包括：

- 与 ResourceManager 调度器协商以获取资源（用 Container 表示）；
- 将得到的任务进一步分配给内部的任务（资源的二次分配）；
- 与 NodeManager 通信以启动/停止任务；
- 监控所有任务运行状态，并在任务运行失败时重新为任务申请资源以重启任务。

当前 YARN 自带了两个 ApplicationMaster 实现，一个是用于演示 ApplicationMaster 编写方法的实例程序 distributedshell，它可以申请一定数目的 Container 以并行运行一个 Shell 命令或者 Shell 脚本；另一个是运行 MapReduce 应用程序的 AM——MRAppMaster。

注意：ResourceManager 只负责监控 ApplicationMaster，在 ApplicationMaster 运行失败时启动它，ResourceManager 并不负责 ApplicationMaster 内部任务的容错，这由 ApplicationMaster 自身来完成。

2. 节点管理器

节点管理器（NM，NodeManager）负责启动和管理节点上的 Container。Container 执行 ApplicationMaster 指定的任务。

（1）健康检查服务

NodeManager 通过服务检查正在执行的节点的运行状况，包括对磁盘以及任何用户指定的测试进行检查。如果检查到运行有问题，NodeManager 会将该节点标记为运行状况不佳并将状态信息传给 ResourceManager，然后 ResourceManager 会停止将容器分配给该节点。NodeManager 和 ResourceManager 之间的状态通信是通过心跳机制完成的。

（2）NodeManager 重启

NodeManager 重启功能可以重新启动 NodeManager，而不会丢失节点上正在运行的 Container。在高级功能中，NodeMagager 在处理容器管理请求时会将任何必要的状态存储到本地。当 NodeManager 重新启动时，它首先为各个子系统加载状态，然后让这些子系统使用加载的状态来进行恢复。

YARN 会为每个任务分配一个 Container，且该任务只能使用该 Container 中描述的资源。

注意：①Container 不同于 MRv1 中的 Slot，它是一个动态资源划分单位，是根据应用程序的需求动态生成的；②现在 YARN 仅支持 CPU 和内存两种资源，且使用了轻量级资源隔离机制 CGroups 进行资源隔离。

7.4　YARN 集群执行应用程序的工作流程

当用户给 YARN 提交了一个应用程序后，YARN 需要 8 个步骤完成工作流程，YARN 的主要工作流程如图 7-3 所示。

① 用户向 YARN 提交应用程序，其中包括用户程序、相关文件、ApplicationMaster 启动命令、ApplicationMaster 程序等。

② ResourceManager 为该应用程序分配第一个 Container，并且与 Container 所在的 NodeManager 通信，要求该 NodeManager 在这个 Container 中启动应用程序对应的 ApplicationMaster。

③ ApplicationMaster 首先会向 ResourceManager 注册，这样用户才可以直接通过 ResourceManager 查看到应用程序的运行状态，然后它准备为该应用程序的各个任务申请资源，并监控它们的运行状态直到运行结束，即重复后面的④～⑦步。

④ ApplicationMaster 采用轮询的方式通过远程过程调用（RPC）协议向 ResourceManager 申请和领取资源。

⑤ 一旦 ApplicationMaster 申请到资源后，便会与申请到的 Container 所对应的 NodeManager 进行通信，并且要求它在该 Container 中启动任务。

⑥ 任务启动。NodeManager 为要启动的任务配置好运行环境，包括环境变量、jar 包、二

进制程序等，并且将启动命令写在一个脚本里，通过该脚本运行任务。

⑦ 各个任务通过 RPC 协议向其对应的 ApplicationMaster 汇报自己的运行状态和进度，以让 ApplicationMaster 随时掌握各个任务的运行状态，从而可以在任务运行失败时重启任务。

⑧ 应用程序运行完毕后，其对应的 ApplicationMaster 会向 ResourceManager 通信，要求注销和关闭自己。

需要注意的是，在整个工作流程中，ResourceManager 和 NodeManager 都是通过心跳保持联系的，NodeManager 会通过心跳信息向 ResourceManager 汇报自己所在节点的资源使用情况。

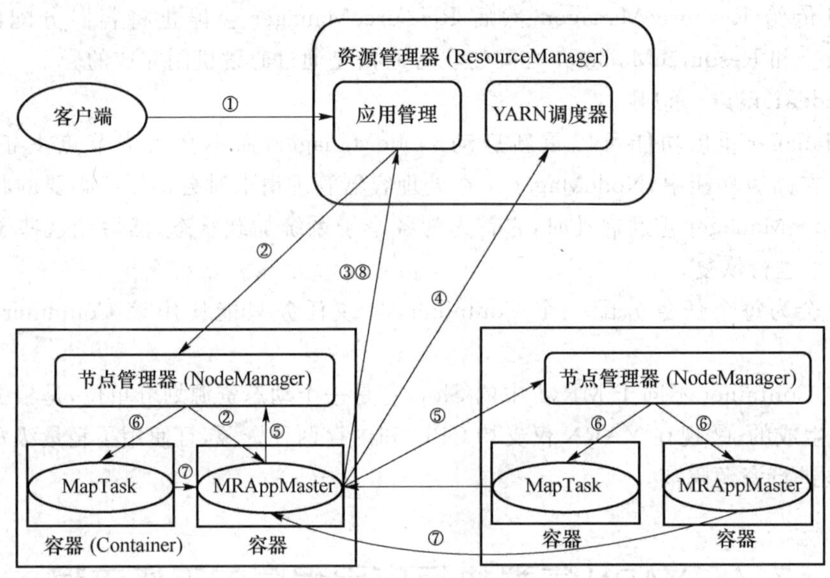

图 7-3　YARN 的工作流程

7.5　Hadoop 如何使用 YARN 运行一个 Job

MapReduce 只是 YARN 应用的一种形式，YARN 设计的精妙之处在于不同的 YARN 应用可以在同一个集群上共存，用户可以在同一个 YARN 上运行多个不同版本的 MapReduce 任务，这使得 MapReduce 升级过程更容易管理。下面以 MapReduce Job 为例，如图 7-4 所示，详细介绍 Job 在 YARN 上的运行过程。

1. Job 提交

在 MapReduce2.0 中提交 Job 和在 MapReduce1.0 中调用 API 是相同的。（步骤①）MapReduce2.0 需要配置 ClientProtocol，把 mapreduce.framework.name 设为 yarn。提交过程和 MapReduce1.0 非常相似。新的 Job ID 是从资源管理器中获取的（不是 JobTracker），在 YARN 中叫作 application ID。（步骤②）Job client 核对 Job 的输出规范，计算输入划分（input split），复制 Job resource（包括 Job JAR、配置文件和划分信息）到 HDFS（步骤③）。最后通过调用资源管器的 submitApplication()来提交 Job（步骤④）。

2. Job 初始化

当资源管理器收到一个 submitApplication()请求时，它会原封不动地传给调度器。调度器分配一个容器，然后资源管理器在该容器内启动应用管理器(application master)进程，由节点管理器监控(步骤⑤a和⑤b)。

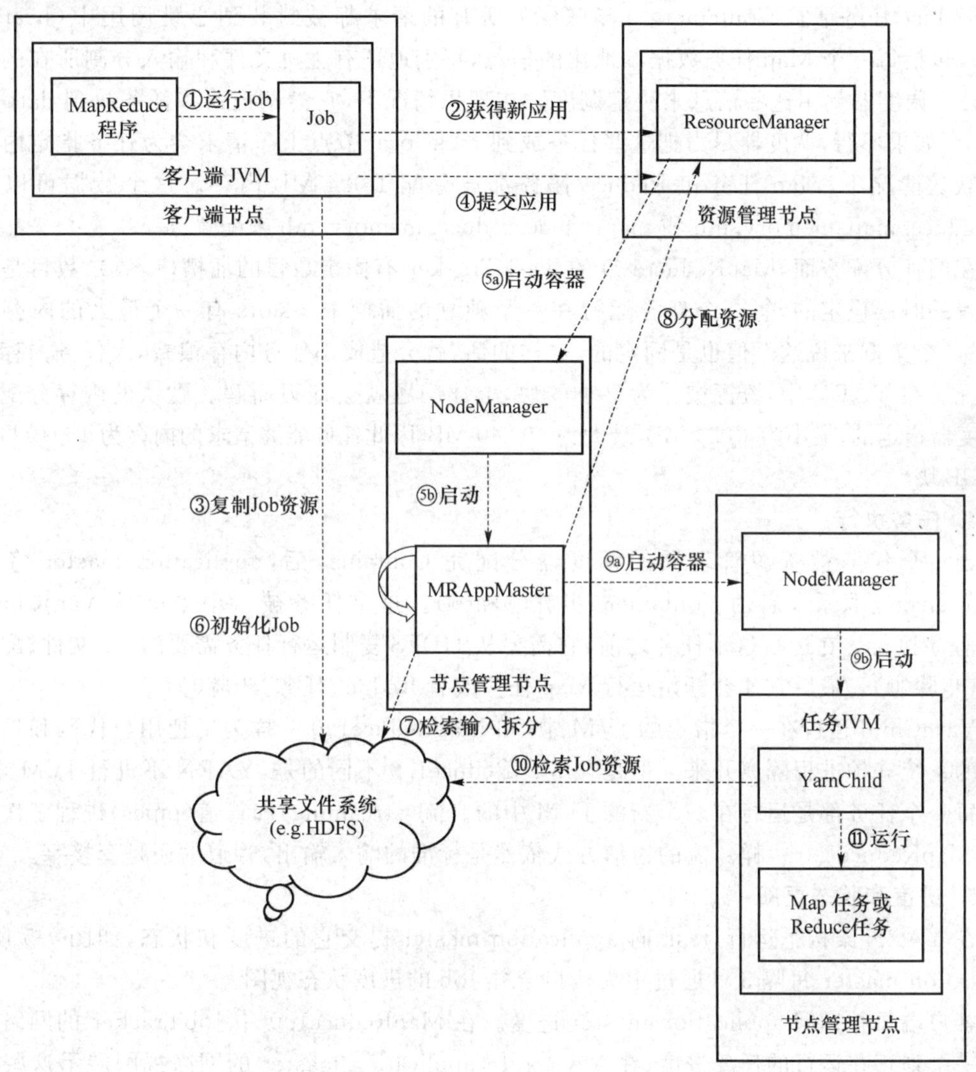

图 7-4　Job 在 YARN 上的运行流程

MapReduce job 的 application master 是一个主类为 MRAppMaster 的 Java 程序。它通过创建一些保存 Job 进度的对象来初始化 Job，同样地，它将会收到从 Task 提交的进度和完成报告(步骤⑥)。下一步，它检索从 HDFS 复制的客户端计算的输入分割(input split)(步骤⑦)。然后，它为每一个 split 创建一个 MapTask，而 ReduceTask 的个数是由 mapreduce. job. reduces 来确定的。application master 接下来会决定如何运行组成 MapReduce job 的任务。

如果 Job 非常小，application master 将会选择在一个 JVM 中运行这些任务。在这种情况下，平行运行这些任务与顺序运行这些任务的消耗之差比分配和在新容器中运行任务的消耗要小。这样的一个 Job 成为一个超级 Job(ubertask)。什么是一个小 Job 呢？默认情况下，一个 Job 的 MapTask 小于 10 个，ReduceTask 只有一个，并且输入大小(input size)小于 HDFS

的块大小。可以通过设置 mapreduce. job. ubertask. enable 为 false 来禁用 ubertask。在任何任务运行之前,创建输出目录的 job setup 方法将会被调用。

3. 任务分配

如果一个任务不是 ubertask,application master 将会从资源管理器为 Job 中所有的 MapReduce 任务请求 Container。(步骤⑧)所有的请求都被封装到心跳调用中(heartbeat calls),包括每一个 Map 任务数据本地化的信息,特别地还有主机文件和输入分割所在的机架(rack)。调度器利用这些信息来决定调度。在理想情况下,它尝试把这些任务放到 data-local 节点上,如果不行,调度器尽力把这些任务放到 rack-local 节点上。请求会为任务指定内存需求。默认情况下,Map 任务和 Reduce 任务都被分配 1 024 MB 内存。这个数据可以通过 mapreduce. map. memory. mb 和 mapreduce. reduce. memory. mb 来配置。

在内存分配方面,MapReduce1. 0 的 TaskTracker 有固定数目的插槽(slots),数目是在集群配置的时候设定的,每一个任务运行在一个独立的插槽中。slots 有一个最大的内存分配值,对一个集群来说这个值也是固定的,这样的话,就会造成小任务内存浪费,大任务内存不够的情况。在 YARN 中,资源被分为更小的块,上述问题就会迎刃而解。默认的内存分配额是由调度器指定的,最小为 1 024 MB,最大为 10 240 MB,因此任务能够请求的内存为 1～10 GB(多个 1 GB 块)。

4. 任务执行

当一个任务被资源管理器的调度器分配完 Container 后,application master 将会与 NodeManager 联系来启动 Container(步骤⑨a和⑨b)。这个任务被一个主类是 YarnChild 的 Java 程序执行。在运行这个任务之前,它需要从 HDFS 复制运行任务需要的 jar 文件、配置文件等(步骤⑩)。最后它才会开始运行 Map 任务或者 Reduce 任务(步骤⑪)。

YarnChild 运行在一个指定的 JVM 中,和 MapReduce1. 0 一样为了把用户代码和长时间运行的系统守护进程隔离开来。但是与 MapReduce1. 0 不同的是,YARN 不进行 JVM 重用,因此每一个任务都是运行在一个新的 JVM 中的。流(streaming)和管道(pipes)进程工作的方式和 MapReduce1. 0 一样。流的通信方式依然是标准的输入输出,管道的还是套接字。

5. 进度和状态更新

在 YARN 架构下运行,task 向 application master 提交它的进度和状态,如图 7-5 所示,application master 每隔 3 秒通过中央接口合并 Job 的进度状态视图。

客户端每秒询问 application master 进度。在 MapReduce1. 0 中 JobTracker 的网络视图展示一系列正在运行的任务进度;在 YARN 中,application master 的网络视图展示这些任务以及任务的详细进度。

6. Job 完成

客户端每隔 5 秒调用 waitForCompletion()核对 Job 是否已经完成。这个时间可以通过 mapreduce. client. completion. pollinterval 来设置。与 MapReduce1. 0 一样,Job 完成的通知也支持 HTTP callback。

在 Job 完成时,application master 和 task container 清除它们的工作状态,同时 OutputCommitter 的 Job 的 cleanup 方法被调用。Job 信息由 Job 历史服务器记录,确保之后想要查询时可以找到。

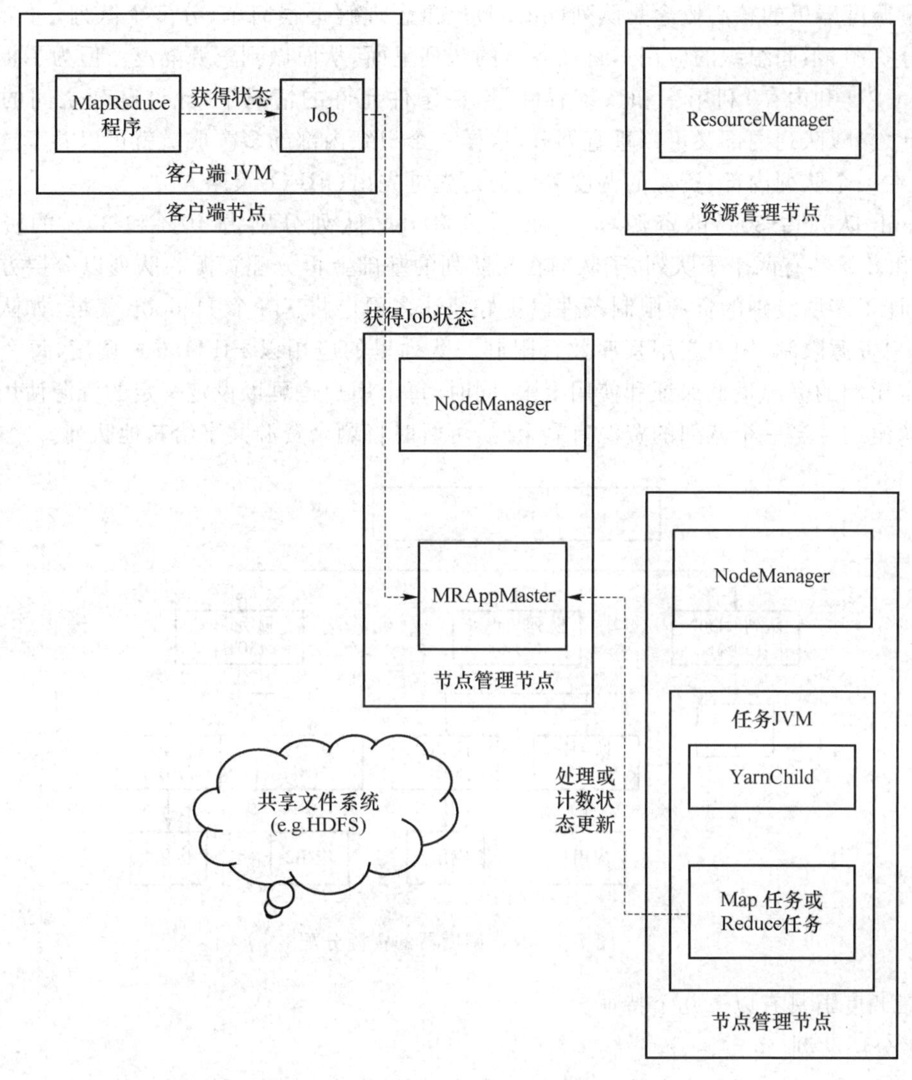

图 7-5　进度和状态更新

7.6 YARN 的调度策略

理想情况下，应用对 YARN 资源的请求应该立刻得到满足，但是，现实情况是资源是有限的，特别是在一个很繁忙的集群中，一个应用资源的请求需要等待一段时间才能得到相应的资源。在 YARN 中，负责给应用分配资源的就是 Scheduler。YARN 的调度器具有可拔插的调度策略，这些策略负责在各种队列、应用程序等之间对集群资源进行分区。其实调度本身就是一个难题，很难找到一个完美的策略适用所有的应用场景。为此，YARN 提供了多种调度策略供用户选择，如下面要详细介绍的容量调度器和公平调度器。

1. 容量调度器

容量调度器主要是为了解决多租户(multiple-tenants)的问题，也就是为了做资源隔离，让不同的组织使用各自的资源，不相互影响，同时提高整个集群的利用率和吞吐量，如图 7-6 所示。容量调度器里的核心概念是队列(queue)。概念理解上很简单,分多个队列,每个队列分配一部分资源,不同组织的应用运行在各自的队列里面,从而做到资源隔离。但为了提高资源(主要是CPU和内存)利用率和系统吞吐量,在条件允许的情况下,允许队列之间的资源抢占。除此之外,队列内部又可以垂直划分,这样一个组织内部的多个成员就可以共享这个队列资源了,在一个队列内部,资源的调度采用的是先进先出(FIFO)策略。

default队列占30%的资源,analyst队列和dev队列分别占40%和30%的资源。而analyst和dev各有两个子队列,子队列在父队列的基础上再分配资源。队列以分层方式组织资源,设计了多层级别的资源限制条件以更好地让多用户共享一个Hadoop集群,如队列资源限制、用户资源限制、用户应用程序数目限制。队列里的应用以FIFO方式调度,每个队列可设定一定比例的资源最低保证和使用上限,同时,每个用户也可以设定一定的资源使用上限以防止资源滥用。当一个队列的资源有剩余时,可暂时将剩余资源共享给其他队列。

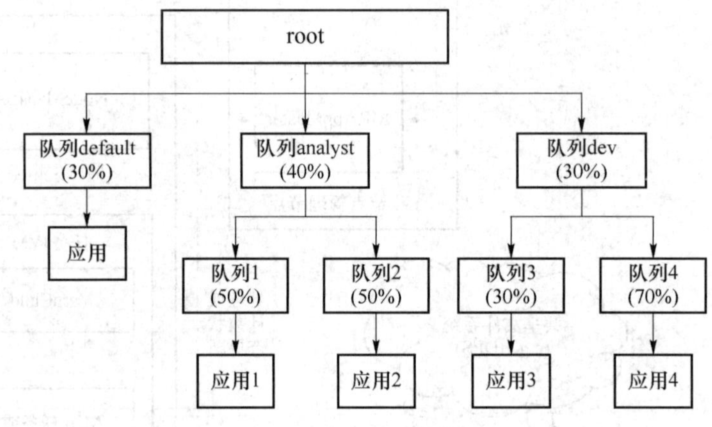

图7-6　容量调度器的资源分配

容量调度器具有以下几个特征。

(1) 分层队列

分层队列支持队列层次结构,以确保在允许其他队列使用空闲资源之前在组织的子队列之间共享资源,从而提供更多控制和具有可预测性。

(2) 容量保证

每个队列被分配一定比例的资源容量。提交到队列的所有应用程序都可以访问分配给队列的容量。管理员可以对分配给每个队列的容量配置进行软限制和可选的硬限制。

(3) 安全性

每个队列都有严格的访问控制列表(ACL,Access Control List),用于控制哪些用户可以将应用程序提交到各个队列。此外,还有安全保护,以确保用户无法查看和/或修改其他用户的应用程序。

(4) 弹性

空闲的资源可以被分配给任何队列,即使超出了这个队列被设定的资源容量。如果将来某个时间点,运行容量不足的队列需要这些资源,且这些资源也处于闲置状态,那么这些资源将分配给运行容量不足的队列上的应用程序(也支持抢占)。这样可以确保资源以可预测和弹性的方式提供给队列,有助于资源有效利用。

(5) 多租户

提供全面的限制,以防止单个应用程序、用户和队列独占整个队列或集群资源,确保集群不会被压垮。

(6) 可操作性

① 运行时配置。管理员可以在运行时以安全的方式更改队列定义和属性(如容量、ACL),以最大限度地减少对用户的干扰。此外,还为用户和管理员提供了一个控制台,以查看系统中各种队列的当前资源分配情况。管理员可以在运行时添加其他队列,但不能在运行时删除队列。

② 排空应用程序。管理员可以在运行时停止队列,以确保在现有应用程序运行完成时,不能提交新的应用程序。如果队列处于停止状态,则无法将新应用程序提交给自身或其任何子队列。现有应用程序继续完成,因此可以"优雅地"排空队列。管理员还可以启动已停止的队列。

(7) 基于资源的调度

支持资源密集型应用程序,其中应用程序可以选择指定比默认值更高的资源要求,从而适应具有不同资源要求的应用程序。目前,内存是支持调度的资源。

(8) 基于用户或组的队列映射

此功能允许用户根据用户或组将作业映射到特定队列。

(9) 优先级调度

此功能允许以不同的优先级提交和调度应用程序。较高的整数值表示应用程序的优先级较高。目前,只有 FIFO 排序策略支持应用程序优先级。

2. 公平调度器

公平调度是一种将资源分配给应用程序的方法,这样所有应用程序平均都能在一段时间内获得相同的资源份额。Hadoop NextGen 能够调度多种资源类型。默认情况下,公平调度程序只基于内存来安排公平性决策。它可以配置为同时使用内存和 CPU 进行调度,使用由 Ghodsi 等人开发的优势资源公平的概念。当有一个应用程序正在运行时,该应用程序将使用整个集群。当提交其他应用程序时,释放的资源被分配给新的应用程序,这样每个应用程序最终获得的资源量大致相同。与默认的 Hadoop 调度程序不同,它形成了一个应用程序队列,这使得短应用程序能够在合理的时间内完成,同时不会使长期存在的应用程序缺少资源。这也是在多个用户之间共享集群的合理方法。最后,公平共享还可以与应用程序优先级一起工作,优先级被用作权重以确定每个应用程序应该获得的总资源的比例。例如,假设有两个用户 A 和 B,他们分别拥有一个队列。当 A 启动一个任务而 B 没有任务时,A 会获得全部集群资源;当 B 启动一个任务后,A 的任务会继续运行,过一会儿后两个任务会各自获得一半的集群资源。如果此时 B 再启动第 2 个任务并且其他任务还在运行,则它将会和 B 的第 1 个任务共享 B 这个队列的资源,也就是 B 的两个任务会分别享用四分之一的集群资源,而 A 的任务仍然享用集群一半的资源,结果就是资源最终在两个用户之间平等地共享。

调度程序将应用程序进一步组织成"队列",并在这些队列之间公平地共享资源。默认情况下,所有用户共享一个名为"default"的队列。如果应用程序在容器资源请求中专门列出了一个队列,则请求将提交到该队列。还可以通过配置根据请求中包含的用户名分配队列。在每个队列中,调度策略用于在正在运行的应用程序之间共享资源。默认为基于内存的公平共享,但也可以配置具有主导资源公平性的 FIFO 和多资源。队列可以按层次结构排列以划分资源，并配置权重以按特定比例共享集群。

除了提供公平共享之外，公平调度程序还允许将保证的最小共享分配给队列，这对于确保某些用户、组或生产应用程序始终获得足够的资源非常有用。当队列包含应用程序时，它至少获得其最小共享，但当队列不需要其完全保证共享时，多余的部分将在其他正在运行的应用程序之间进行分割。这使调度程序能够保证队列的容量，同时在这些队列不包含应用程序时有效地利用资源。

公平调度器默认允许所有应用程序运行，但也可以通过配置文件限制每个用户和每个队列运行的应用程序数量。当用户必须一次提交数百个应用程序时，这可能很有用，或者一般来说，如果一次运行太多的应用程序会导致创建太多中间数据或上下文切换太多，则可以提高性能。限制应用程序不会导致随后提交的任何应用程序失败，只会在计划程序队列中等待，直到用户的某些早期应用程序完成。

7.7 YARN的重要概念总结

YARN 的重要概念总结如下。

① YARN 并不清楚用户提交的程序的运行机制；

② YARN 只提供运算资源的调度(用户程序向 YARN 申请资源，YARN 就负责分配资源)；

③ YARN 中的主管角色叫 ResourceManager；

④ YARN 中具体提供运算资源的角色叫 NodeManager；

⑤ YARN 与运行的用户程序完全解耦就意味着 YARN 上可以运行各种类型的分布式运算程序(MapReduce 只是其中的一种)，如 MapReduce、Storm 程序，Spark 程序，Tez 等；

⑥ Spark、Storm 等运算框架都可以整合在 YARN 上运行，只要它们各自的框架中有符合 YARN 规范的资源请求机制；

⑦ YARN 是一个通用的资源调度平台，各种运算集群都可以整合在一个物理集群上，从而提高资源利用率，方便数据共享。

本章小结

YARN 是一种新的 Hadoop 资源管理器，它是一个通用资源管理系统，可为上层应用提供统一的资源管理和调度，它的引入为集群在利用率、资源统一管理和数据共享等方面带来了巨大好处。本章对 YARN 进行了全面的介绍。

首先，对 YARN 的基本概念、发展史和架构进行了介绍，并对 ResourceManager 和 NodeManager 这两个重要的功能模块进行了详细的介绍。

其次，对 YARN 的工作原理进行了介绍，详细介绍了 YARN 集群执行应用程序的工作流程和 Hadoop 如何使用 YARN 运行一个 Job。

再次，介绍了 YARN 的两种常用调度策略，容量调度和公平调度，详细介绍了这两种调度策略的基本原理和特征。

最后，总结归纳了 YARN 的一些重要概念。

习　题　七

1. 选择题

(1) 下列(　　)不属于 MapReduce 的调度器。

A. FIFO 调度器　B. 公平调度器　C. 内核调度器　D. 容量调度器

(2) 对于 YARN ResourceManager 的理解，以下哪项是不正确的？(　　)

A. YARN ResourceManager 负责整个系统的资源管理和分配

B. YARN 提供了多种直接可用的调度器，如内核调度器

C. YARN ResourceManager 主要由两个组件构成：调度器和应用程序管理器

D. YARN ResourceManager 是一个纯粹的调度器

(3) NodeManager 的职责不包括(　　)。

A. 与调度器协商资源

B. 保证已启用的容器不使用超过分配的资源量

C. 为 Task 构建容器环境

D. 为所在的节点提供一个管理本地存储资源的简单服务

(4) YARN 上的 MapReduce 实体不包括(　　)。

A. NodeManager　B. Client　C. JobTracker　D. ResourceManager

2. 问答题

(1) 简述 MapReduce2.0 中作业(Job)的运行过程。

(2) 简述容量调度器与公平调度器各自的优缺点。

(3) 简述 YARN 的发展史。

(4) YARN ResourceManager 主要由哪两个组件组成？它们的功能分别是什么？

(5) ApplicationMaster 和 NodeManager 的主要职责分别是什么？

第8章　MapReduce 高级编程

前面章节已经对 MapReduce 的基本原理和基础编程进行了详细的介绍，并介绍了 MapReduce 应用如何在 YARN 集群上运行，这些都让读者对 MapReduce 有了初步的了解和认识。

本章将主要介绍 MapReduce 的一些重要组件和高级特性，如 Combiner、Partitioner、计数器、数据集的排序和连接(Join)等。计数器是一种收集作业统计信息的有效手段，排序是 MapReduce 的核心技术，MapReduce 也能够执行大型数据集间的"连接"操作。

8.1　Combiner

(1) Combiner 的概念

Combiner 是 MapReduce 程序中 Mapper 和 Reducer 之外的一种组件，它的作用是在 Map 任务运行之后对 Map 任务的结果进行局部汇总，以减轻 Reduce 任务的计算负载，减少网络传输。具体的操作过程如下，Combine 函数把一个 Map 函数产生的< key，value >对(多个 key，value)合并成一个新的< key2，value2 >，并将新的< key2，value2 >作为输入数据，输入 Reduce 函数中，其格式与 Reduce 函数相同。

(2) Combiner 的使用情况

Combiner 用于对记录进行汇总统计的场景，如求和，但求平均数的场景就不可以使用。

(3) Combiner 的使用方法

Combiner 继承 Reducer 类，代码示例如下。

```
public static class FlowSumCombine extends Reducer < Text, FlowBean, Text, FlowBean >
        { FlowBean v = new FlowBean();
        // combiner 的逻辑和 reducer 的逻辑一样
        @Override
         protected void reduce(Text key, Iterable < FlowBean > values, Context context) throws InterruptedException, IOException {
            long upFlowCount = 0;
            long downFlowCount = 0;
                for (FlowBean bean : values) {
                    upFlowCount += bean.getUpFlow();
                      downFlowCount += bean.getDownFlow();
            }
```

```
            v.set(key.toString(), upFlowCount, downFlowCount);
            context.write(key, v);
        }
    }
```

配置作业时加入 conf.setCombinerClass(Combiner.class)。

(4) 使用 Combiner 的注意事项

① Combiner 和 Reducer 的区别在于运行的位置:Combiner 是在每一个 Map 任务所在的节点运行,Reducer 是接收全局所有 Mapper 的输出结果。

② Combiner 的输出< key,value >类型应该跟 Reducer 的输入< key,value >类型对应起来,Combiner 的输入< key,value >类型应该跟 Mapper 的输出< key,value >类型对应起来。

③ 运行 Combiner 函数的时机有可能会在 Merge 完成之前,或者之后,这个时机可以由一个参数控制,即 min.num.spill.for.combine(default 3)。当 Job 中设定了 Combiner,并且 Spill 数最少是 3 个的时候,那么 Combiner 函数就会在 Merge 产生结果文件之前运行。

④ Combiner 的使用要非常谨慎,因为 Combiner 在 MapReduce 过程中可能调用也可能不调用,可能调一次也可能调用多次,所以 Combiner 的使用原则是:有或没有都不能影响业务逻辑,都不能影响最终结果。

8.2 Partitioner

MapReduce 中会将 Map 输出的< key,value >对,按照相同 key 分组,然后分发给不同的 ReduceTask,默认的分发规则为:根据 key 的 hashcode%reducetask 数来分发。

如果要按照自己的需求进行分组(例如,数据文件内包含省份,而输出要求每个省份输出一个文件),则需要改写数据分发组件 Partitioner。实现方式如下,首先,自定义一个 MyPartitioner.class 继承抽象类 Partitioner。然后,实现 Partitioner 接口覆盖 getPartition() 方法,最后,在 Job 对象中,设置自定义 partitioner:job.setPartitionerClass(MyPartitioner.class)。

框架默认的 HashPartitioner 如下。

```
public class HashPartitioner<K, V> extends Partitioner<K, V> {

  /** Use {@link Object#hashCode()} to partition. */
  public int getPartition(K key, V value,
                          int numReduceTasks) {
    return (key.hashCode() & Integer.MAX_VALUE) % numReduceTasks;
  }
}
```

自定义 Partitioner 示例如下。

```
import java.util.HashMap;
import org.apache.hadoop.io.Text;
import org.apache.hadoop.mapreduce.Partitioner;
```

```
public class MyPartitioner extends Partitioner<Text, FlowBean> {
        private static HashMap<String, Integer> provincMap = new HashMap
<String, Integer>();
        static {
            provincMap.put("138", 0);
            provincMap.put("139", 1);
            provincMap.put("136", 2);
            provincMap.put("137", 3);
            provincMap.put("135", 4);
            }
            @Override
        public int getPartition(Text key, FlowBean value, int numPartitions) {

            Integer code = provincMap.get(key.toString().substring(0, 3));
            if (code != null) {
            return code;
            }
            return 5;
            }
            }
```

8.3 计数器

计数器(Counter)主要用来收集系统信息和作业(Job)运行信息,用于获取作业成功、失败等情况,我们可以在程序的某个位置插入计数器,记录数据或者进度的变化情况。对于大型分布式作业而言,使用计数器不但方便,还可辅助诊断系统故障。例如,可以根据计数器值统计特定事件的发生次数,从而确定系统是否存在故障,这比分析一堆日志文件容易得多。

此外,MapReduce 计数器为我们提供一个窗口,用于观察 MapReduce 作业运行期的各种细节数据,这对 MapReduce 性能调优很有帮助,MapReduce 性能优化的评估大部分都是基于这些计数器的数值表现出来的。

MapReduce 自带了许多默认计数器,以描述多项指标,例如,输入的字节数、输出的字节数、Map 端输入/输出的字节数和条数、Reduce 端输入/输出的字节数和条数等。下面详细介绍这些默认计数器,大家需要知道计数器组名称(groupName)和计数器名称(counterName),以后使用计数器时查找 groupName 和 counterName 即可。

这些内置计数器被划分为若干个组,详细分组如表 8-1 所示。主要分为任务计数器(在任务处理过程中不断更新)和作业计数器(在作业处理过程中不断更新)。

表 8-1　内置的计数器分组

组别	名称/类别	参考
MapReduce 任务计数器	org. apache. hadoop. mapreduce. TaskCounter	表 8-2
文件系统任务计数器	org. apache. hadoop. mapreduce. FileSystemCounter	表 8-3
FileInputFormat 任务计数器	org. apache. hadoop. mapreduce. lib. input. FileInputFormatCounter	表 8-4
FileOutputFormat 任务计数器	org. apache. hadoop. mapreduce. lib. output. FileOutputFormatCounter	表 8-5
作业计数器	org. apache. hadoop. mapreduce. JobCounter	表 8-6

1. 任务计数器

在任务执行过程中，任务计数器采集任务的相关信息，每个作业的所有任务的结果会被聚集起来。例如，MAP_INPUT_RECORDS 计数器统计每个 Map 任务输入记录的总数，并在一个作业的所有 Map 任务上进行聚集，使得最终数字是整个作业的所有输入记录的总数。任务计数器由其关联任务维护，并定期发送给 TaskTracker，再由 TaskTracker 发送给 JobTracker。因此，计数器能够被全局地聚集。下面详细介绍各种任务计数器。

(1) MapReduce 任务计数器

MapReduce 任务计数器的 groupName 为 org. apache. hadoop. mapreduce. TaskCounter，它包含的计数器如表 8-2 所示。

表 8-2　MapReduce 任务计数器

计数器名称	说明
map 输入的记录数 (MAP_INPUT_RECORDS)	作业中所有 map 已处理的输入记录数。每次 RecorderReader 读到一条记录并将其传给 map 的 map()函数时，该计数器的值增加
map 跳过的记录数 (MAP_SKIPPED_RECORDS)	作业中所有 map 跳过的输入记录数
map 输入的字节数 (MAP_INPUT_BYTES)	作业中所有 map 已处理的未经压缩的输入数据的字节数。每次 RecorderReader 读到一条记录并将其传给 map 的 map()函数时，该计数器的值增加
分片 split 的原始字节数 (SPLIT_RAW_BYTES)	由 map 读取的输入-分片对象的字节数。这些对象描述分片元数据(文件的位移和长度)，而不是分片的数据自身，因此总规模是小的
map 输出的记录数 (MAP_OUTPUT_RECORDS)	作业中所有 map 产生的 map 输出记录数。每次某一个 map 的 Context 调用 write()方法时，该计数器的值增加
map 输出的字节数 (MAP_OUTPUT_BYTES)	作业中所有 map 产生的未经压缩的输出数据的字节数。每次某一个 map 的 Context 调用 write()方法时，该计数器的值增加
map 输出的物化字节数 (MAP_OUTPUT_MATERIALIZED_BYTES)	map 输出后确实写到磁盘上的字节数；若 map 输出压缩功能被启用，则会在计数器值上反映出来
combine 输入的记录数 (COMBINE_INPUT_RECORDS)	作业中所有 Combiner(如果有)已处理的输入记录数。Combiner 的迭代器每读一个值，该计数器的值增加
combine 输出的记录数 (COMBINE_OUTPUT_RECORDS)	作业中所有 Combiner(如果有)已产生的输出记录数。每当一个 Combiner 的 Context 调用 write()方法时，该计数器的值增加

续表

计数器名称	说明
reduce 输入的组 (REDUCE_INPUT_GROUPS)	作业中所有 reducer 已经处理的不同的码分组的个数。每当某一个 reducer 的 reduce()被调用时,该计数器的值增加
reduce 输入的记录数 (REDUCE_INPUT_RECORDS)	作业中所有 reducer 已经处理的输入记录的个数。每当某个 reducer 的迭代器读一个值时,该计数器的值增加。如果所有 reducer 已经处理完所有输入,则该计数器的值与计数器"map 输出的记录"的值相同
reduce 输出的记录数 (REDUCE_OUTPUT_RECORDS)	作业中所有 map 已经产生的 reduce 输出记录数。每当某一个 reducer 的 Context 调用 write()方法时,该计数器的值增加
reduce 跳过的组数 (REDUCE_SKIPPED_GROUPS)	作业中所有 reducer 已经跳过的不同的码分组的个数
reduce 跳过的记录数 (REDUCE_SKIPPED_RECORDS)	作业中所有 reducer 已经跳过的输入记录数
reduce 经过 shuffle 的字节数 (REDUCE_SHUFFLE_BYTES)	shuffle 将 map 的输出数据复制到 reducer 中的字节数
溢出的记录数 (SPILLED_RECORDS)	作业中所有 map 和 reduce 任务溢出到磁盘的记录数
CPU 毫秒 (CPU_MILLISECONDS)	总计的 CPU 时间,以毫秒为单位,由/proc/cpuinfo 获取
物理内存字节数 (PHYSICAL_MEMORY_BYTES)	一个任务所用物理内存的字节数,由/proc/cpuinfo 获取
虚拟内存字节数 (VIRTUAL_MEMORY_BYTES)	一个任务所用虚拟内存的字节数,由/proc/cpuinfo 获取
有效的堆字节数 (COMMITTED_HEAP_BYTES)	在 JVM 中的总有效内存量(以字节为单位),可由 Runtime(). getRuntime(). totalMemory()获取
GC 运行时间毫秒数 (GC_TIME_MILLIS)	在任务执行过程中,垃圾收集器(GC,Garbage Collection)花费的时间(以毫秒为单位)可由 GarbageCollector MXBean. getCollectionTime()获取;该计数器并未出现在 Hadoop1.×版本中
由 shuffle 传输的 map 输出数 (SHUFFLED_MAPS)	由 shuffle 传输到 reducer 的 map 输出文件数
失败的 shuffle 数 (SHUFFLE_MAPS)	在 shuffle 过程中,发生复制错误的 map 输出文件数,该计数器并没有包含在 Hadoop1.×版本中
被合并的 map 输出数	在 shuffle 过程中,在 reduce 端被合并的 map 输出文件数,该计数器没有包含在 Hadoop 1.×版本中

(2) 文件系统任务计数器

文件系统任务计数器的 groupName 为 org. apache. hadoop. mapreduce. FileSystemCounter,它包含的计数器如表 8-3 所示。

表 8-3　文件系统任务计数器

计数器名称	说明
文件系统的读字节数（BYTES_READ）	由 map 和 reduce 等任务在各个文件系统中读取的字节数，各个文件系统分别对应一个计数器，可以是 Local、HDFS、S3 和 KFS 等
文件系统的写字节数（BYTES_WRITTEN）	由 map 和 reduce 等任务在各个文件系统中写的字节数

（3）FileInputFormat 任务计数器

FileInputFormat 任务计数器的 groupName 为 org. apache. hadoop. mapreduce. lib. input. FileInputFormatCounter，它包含的计数器如表 8-4 所示。

表 8-4　FileInputFormat 任务计数器

计数器名称	说明
读取的字节数（BYTES_READ）	由 map 任务通过 FileInputFormat 读取的字节数

（4）FileOutputFormat 任务计数器

FileOutputFormat 任务计数器的 groupName 为 org. apache. hadoop. mapreduce. lib. input. FileOutputFormatCounter，它包含的计数器如表 8-5 所示。

表 8-5　FileOutputFormat 任务计数器

计数器名称	说明
写的字节数（BYTES_WRITTEN）	由 map 任务（针对仅含 map 的作业）或者 reduce 任务通过 FileOutputFormat 写的字节数

2. 作业计数器

作业计数器由 JobTracker（或 YARN）维护，因此无须在网络间传输数据，这一点与包括“用户定义的计数器”在内的其他计数器不同。这些计数器都是作业级别的统计量，其值不会随着任务运行而改变。作业计数器的 groupName 为 org. apache. hadoop. mapreduce. JobCounter，它包含的计数器如表 8-6 所示。

表 8-6　作业计数器

计数器名称	说明
启用的 map 任务数（TOTAL_LAUNCHED_MAPS）	启动的 map 任务数，包括以“推测执行”方式启动的任务
启用的 reduce 任务数（TOTAL_LAUNCHED_REDUCES）	启动的 reduce 任务数，包括以“推测执行”方式启动的任务
失败的 map 任务数（NUM_FAILED_MAPS）	失败的 map 任务数
失败的 reduce 任务数（NUM_FAILED_REDUCES）	失败的 reduce 任务数

续表

计数器名称	说明
数据本地化的 map 任务数 (DATA_LOCAL_MAPS)	与输入数据在同一节点的 map 任务数
机架本地化的 map 任务数 (RACK_LOCAL_MAPS)	与输入数据在同一机架范围内,但不在同一节点上的 map 任务数
其他本地化的 map 任务数 (OTHER_LOCAL_MAPS)	与输入数据不在同一机架范围内的 map 任务数。由于机架之间的宽带资源相对较少,Hadoop 会尽量让 map 任务靠近输入数据执行,因此该计数器值一般比较小
map 任务的总运行时间 (SLOTS_MILLIS_MAPS)	map 任务的总运行时间,单位为毫秒。该计数器包括以推测执行方式启动的任务
reduce 任务的总运行时间 (SLOTS_MILLIS_REDUCES)	reduce 任务的总运行时间,单位为毫秒。该值包括以推测执行方式启动的任务
在保留槽之后,map 任务等待的总时间 (FALLOW_SLOTS_MILLIS_MAPS)	在为 map 任务保留槽之后所花费的总等待时间,单位为毫秒
在保留槽之后,reduce 任务等待的总时间 (FALLOW_SLOTS_MILLIS_REDUCES)	在为 reduce 任务保留槽之后所花费的总等待时间,单位为毫秒

3. 计数器的使用

下面来介绍如何使用计数器。

(1) 定义计数器

① 枚举声明计数器

```
// 自定义枚举变量 Enum
Counter counter = context.getCounter(Enum enum)
```

② 自定义计数器

```
// 自己命名 groupName 和 counterName
Counter counter = context.getCounter(String groupName,String counterName)
```

(2) 为计数器赋值

① 初始化计数器

```
counter.setValue(long value);// 设置初始值
```

② 计数器自增

```
counter.increment(long incr);// 增加计数
```

(3) 获取计数器的值

① 获取枚举计数器的值

```
Configuration conf = new Configuration();
Job job = new Job(conf, "MyCounter");
job.waitForCompletion(true);
Counters counters = job.getCounters();
Counter counter = counters.findCounter(LOG_PROCESSOR_COUNTER.BAD_RECORDS_LONG);// 查找枚举计数器,假如 Enum 的变量为 BAD_RECORDS_LONG
```

```
long value = counter.getValue();//获取计数值
```

② 获取自定义计数器的值

```
Configuration conf = new Configuration();
Job job = new Job(conf, "MyCounter");
job.waitForCompletion(true);
Counters counters = job.getCounters();
Counter counter = counters.findCounter("ErrorCounter","toolong");// 假如
groupName 为 ErrorCounter,counterName 为 toolong
long value = counter.getValue();// 获取计数值
```

③ 获取内置计数器的值

```
Configuration conf = new Configuration();
Job job = new Job(conf, "MyCounter");
job.waitForCompletion(true);
Counters counters = job.getCounters();
// 查找作业运行启动的 reduce 个数的计数器,groupName 和 counterName 可以从内置计
数器表格查询(前面已经列举)
Counter counter = counters.findCounter("org.apache.hadoop.mapreduce.
JobCounter","TOTAL_LAUNCHED_REDUCES");// 假如 groupName 为 org.apache.hadoop.
mapreduce.JobCounter,counterName 为 TOTAL_LAUNCHED_REDUCES
long value = counter.getValue();// 获取计数值
```

④ 获取所有计数器的值

```
Configuration conf = new Configuration();
Job job = new Job(conf, "MyCounter");
Counters counters = job.getCounters();
for (CounterGroup group : counters) {
  for (Counter counter : group) {
    System.out.println(counter.getDisplayName() + ": " + counter.getName() +
": " + counter.getValue());
  }
}
```

(4) 自定义计数器

MapReduce 允许用户编写程序来定义计数器,计数器的值可在 Mapper 或 Reducer 中增加,计数器由一个 Java 枚举(Enum)类型来定义,以便对有关的计数器分组。一个作业可以定义的枚举类型数量不限,各个枚举类型所包含的字段数量也不限。枚举类型的名称即为组的名称,枚举类型的字段就是计数器名称。

自定义计数器用得比较广泛,特别是在统计无效数据条数的时候,就会用到计数器来记录错误日志的条数。下面将举例介绍自定义计数器,统计输入的无效数据。

① 数据集

假如一个文件,规范的格式是 3 个字段,"\t"作为分隔符,其中有 2 条异常数据,一条数据是只有 2 个字段,另一条数据是有 4 个字段。其内容如图 8-1 所示。

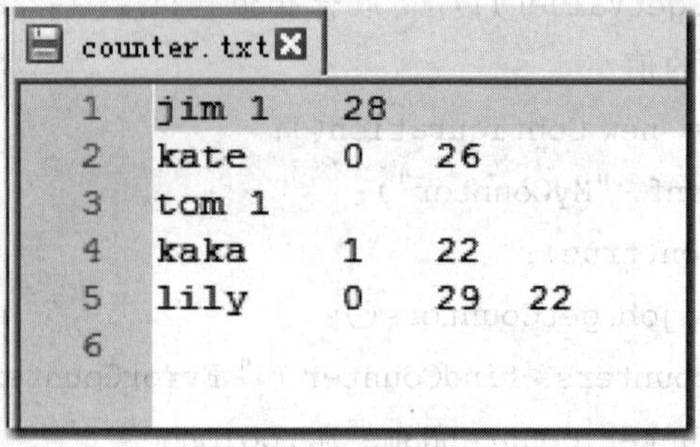

counter.txt

```
jim 1	28
kate	0	26
tom 1
kaka	1	22
lily	0	29	22
```

图 8-1　数据集

② 代码实现

```
package com.buaa;

import java.io.IOException;

import org.apache.hadoop.conf.Configuration;
import org.apache.hadoop.fs.FileSystem;
import org.apache.hadoop.fs.Path;
import org.apache.hadoop.io.LongWritable;
import org.apache.hadoop.io.Text;
import org.apache.hadoop.mapreduce.Job;
import org.apache.hadoop.mapreduce.Mapper;
import org.apache.hadoop.mapreduce.lib.input.FileInputFormat;
import org.apache.hadoop.mapreduce.lib.output.FileOutputFormat;

/**
 * @ProjectName CustomCounterDemo
 * @PackageName com.buaa
 * @ClassName MyCounter
 * @Description 假如一个文件,规范的格式是3个字段,"\t"作为分隔符,其中有2条异常数据,一条数据只有2个字段,另一条数据有4个字段
 */
public class MyCounter {
    // \t键
    private static String TAB_SEPARATOR = "\t";

    public static class MyCounterMap extends
            Mapper<LongWritable, Text, Text, Text> {
        // 定义枚举对象
        public static enum LOG_PROCESSOR_COUNTER {
            BAD_RECORDS_LONG, BAD_RECORDS_SHORT
```

```
        };

        protected void map(LongWritable key, Text value, Context context) throws
IOException, InterruptedException {
            String arr_value[] = value.toString().split(TAB_SEPARATOR);
            if (arr_value.length > 3) {
                /* 自定义计数器 */
                context.getCounter("ErrorCounter", "toolong").increment(1);
                /* 枚举计数器 */
                context.getCounter(LOG_PROCESSOR_COUNTER.BAD_RECORDS_LONG).
increment(1);
            } else if (arr_value.length < 3) {
                // 自定义计数器
                context.getCounter("ErrorCounter", "tooshort").increment(1);
                // 枚举计数器
                context.getCounter(LOG_PROCESSOR_COUNTER.BAD_RECORDS_SHORT).
increment(1);
            }
        }
    }

    @SuppressWarnings("deprecation")
    public static void main(String[] args) throws IOException, InterruptedException,
ClassNotFoundException {
        String[] args0 = {
                "hdfs://hadoop2:9000/buaa/counter/counter.txt",
                "hdfs://hadoop2:9000/buaa/counter/out/"
            };
        // 读取配置文件
        Configuration conf = new Configuration();

        // 如果输出目录存在,则删除
        Path mypath = new Path(args0[1]);
        FileSystem hdfs = mypath.getFileSystem(conf);
        if (hdfs.isDirectory(mypath)) {
            hdfs.delete(mypath, true);
        }

        // 新建一个任务
```

```
        Job job = new Job(conf, "MyCounter");
        // 主类
        job.setJarByClass(MyCounter.class);
        // Mapper
        job.setMapperClass(MyCounterMap.class);

        // 输入目录
        FileInputFormat.addInputPath(job, new Path(args0[0]));
        // 输出目录
        FileOutputFormat.setOutputPath(job, new Path(args0[1]));

        // 提交任务,并退出
        System.exit(job.waitForCompletion(true) ? 0 : 1);
    }
}
```

③ 运行结果

在输出日志中,查看计数器的值,如图 8-2 所示。从日志中可以看出,通过枚举声明和自定义计数器两种方式,统计出的不规范数据是一样的。

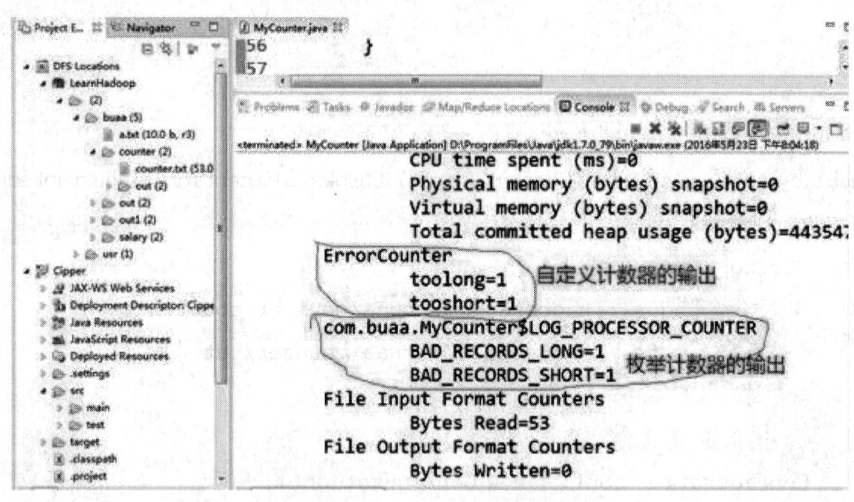

图 8-2 运行结果

8.4 排 序

首先,回顾一下在 MapReduce 中,排序和分组在哪里被执行。在图 8-3 中,可以清楚地看出,在步骤④中,需要对不同分区中的数据进行排序和分组,默认情况下,是按照 key 进行排序和分组的。排序分为以下几种。

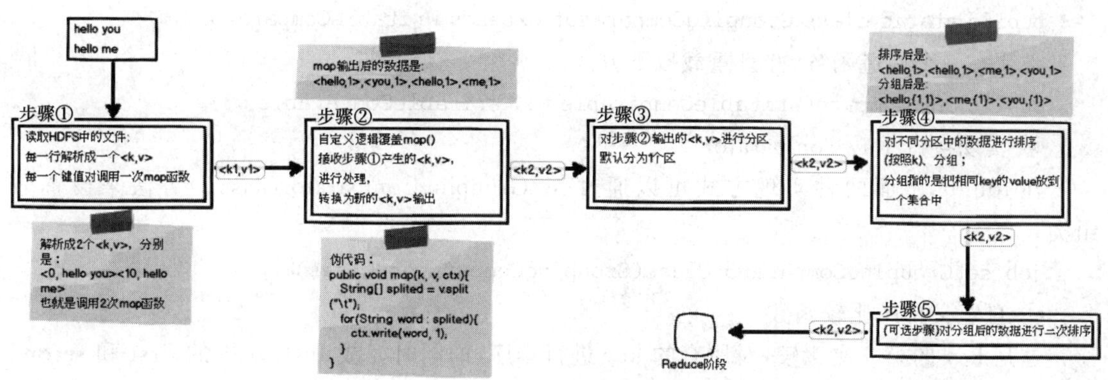

图 8-3　MapReduce 数据处理过程

(1)普通排序

MapReduce 本身自带排序功能，默认情况下，按照 key 进行排序和分组。如果 key 为封装 int 的 IntWritable 类型，那么按照数字大小对 key 排序，如果 key 为封装 String 的 Text 类型，那么按照字典顺序对字符串排序。所以，Text 对象是不适合排序的，一般情况下考虑以 IntWritable 作为 key 进行排序。

(2) 部分排序

所谓部分排序是指输出的每个文件都是排过序的，如果不需要全局排序，那么这是个不错的选择。

(3) 全局排序

Hadoop 平台没有提供全局数据排序，而在大规模数据处理中进行数据的全局排序是非常普遍的需求。使用 Hadoop 进行大量的数据排序最直观的方法是把文件所有内容给 map 之后，map 不做任何处理，直接输出给一个 reduce，利用 Hadoop 自己的 shuffle 机制，对所有数据进行排序，而后由 reduce 直接输出。

(4) 二次排序

二次排序是指除了 MapReduce 默认会对 key 进行排序，还需要对输出到 Reduce 的 value 也进行排序。

实现二次排序的步骤如下。

① 自定义组合 key

组合 key 由 key 和需要排序的 value 组成，要实现 WritableComparable 接口，并且实现 compareTo()方法的比较策略。

② 自定义分区函数

将相同 key 分配到同一个 reduce 中，要继承 Partitioner，重写 getPartition 函数。

自定义分区函数类 FirstPartitioner，是 key 的第 1 次比较，完成对所有 key 的排序。

```
public static class FirstPartitioner extends Partitioner< IntPair,IntWritable >
```

在 Job 中使用 setPartitionerClass()方法设置 Partitioner。

```
job.setPartitionerClass(FirstPartitioner.Class);
```

③ 自定义分组比较函数

定义这个比较器，可以有两种方式。

- 继承 WritableComparator

```
public static class GroupingComparator extends WritableComparator
```

必须有一个构造函数,并且重载以下方法。

```
public int compare(WritableComparable w1, WritableComparable w2)
```

- 实现接口 RawComparator

在 Job 中,上面两种实现方式可以通过 setGroupingComparatorClass()方法来设置分组类。

```
job.setGroupingComparatorClass(GroupingComparator.Class);
```

④ 自定义排序比较函数

这是 key 的第 2 次比较,对所有的 key 进行排序,即同时完成 IntPair 中的 first 和 second 排序。该类是一个比较器,可以通过以下两种方式实现。

- 继承 WritableComparator

```
public static class KeyComparator extends WritableComparator
```

必须有一个构造函数,并且重载以下方法。

```
public int compare(WritableComparable w1, WritableComparable w2)
```

- 实现接口 RawComparator

在 Job 中,上面两种实现方式可以通过 setSortComparatorClass()方法来设置 key 的比较类。

```
job.setSortComparatorClass(KeyComparator.Class);
```

注意:如果没有使用自定义的 SortComparator 类,则默认使用 key 中 compareTo()方法对 key 排序。

下面通过简单的数据实例说明二次排序的过程。例如:

Map 之前的数据

```
key1  1
key2  2
key2  3
key3  4
key1  2
```

MapReduce 只能排序 key,所以为了二次排序要重新定义自己的 key,简单说来就是< key value > value,组合完后

```
<key1  1>   1
<key2  2>   2
<key2  3>   3
<key3  4>   4
<key1  2>   2
```

经过实现自定义的排序类、分组类后,数据变成

```
<key1  1>   1
<key1  2>   2
<key2  2>   2
<key2  3>   3
<key3  4>   4
```

最后，在 Reduce 处理后输出结果

```
key1  1
key1  2
key2  2
key2  3
key3  4
```

(5) 代码实例

原始数据有如下两列。

```
3  3
3  2
3  1
2  2
2  1
1  1
```

如果按照第 1 列升序排列，当第 1 列相同时，按第 2 列升序排列，结果如下。

```
1  1
2  1
2  2
3  1
3  2
3  3
```

如果第 1 列相同，求出第 2 列的最小值，结果如下。

```
1  1
2  1
3  1
```

下面，针对这个数据文件，进行排序和分组的实践尝试，以求达到结果所示的效果。

在 Hadoop 默认的排序算法中，只会针对 key 值进行排序，代码如下(这里只展示了 map 函数和 reduce 函数)。

```
public class MySortJob extends Configured implements Tool {

    public static class MyMapper extends
            Mapper<LongWritable, Text, LongWritable, LongWritable>{
        protected void map(
                LongWritable key,
                Text value,
                Mapper<LongWritable, Text, LongWritable, LongWritable>.Context
context)
                throws java.io.IOException, InterruptedException {
            String[] spilted = value.toString().split("\t");
            long firstNum = Long.parseLong(spilted[0]);
```

```
                long secondNum - Long.parseLong(spilted[1]);

                context.write(new LongWritable(firstNum), new LongWritable(
                        secondNum));
            };
        }

        public static class MyReducer extends
                Reducer<Text, LongWritable, Text, LongWritable>{
            protected void reduce(
                    LongWritable key,
                    java.lang.Iterable<LongWritable> values,
                    Reducer<LongWritable, LongWritable, LongWritable, LongWritable>.
    Context context)
                    throws java.io.IOException, InterruptedException {
                for (LongWritable value : values) {
                    context.write(key, value);
                }
            }
        }

    }
```

这里将第 1 列作为 key,第 2 列作为 value。运行后的结果如下。

```
1    1
2    2
2    1
3    3
3    2
3    1
```

从运行结果来看,并没有达到最初的目的,所以,需要抛弃默认的排序规则,使用自定义排序,代码如下。

首先,封装一个自定义类型作为 key 的新类型:将第 1 列与第 2 列都作为 key。

```
private static class MyNewKey implements WritableComparable<MyNewKey>{
    long firstNum;
    long secondNum;

    public MyNewKey() {
    }

    public MyNewKey(long first, long second) {
```

```
        firstNum = first;
        secondNum = second;
    }

    @Override
    public void write(DataOutput out) throws IOException {
        out.writeLong(firstNum);
        out.writeLong(secondNum);
    }

    @Override
    public void readFields(DataInput in) throws IOException {
        firstNum = in.readLong();
        secondNum = in.readLong();
    }

    /*
     * 当 key 进行排序时会调用以下这个 compareTo 方法
     */
    @Override
    public int compareTo(MyNewKey anotherKey) {
        long min = firstNum - anotherKey.firstNum;
        if (min != 0) {
            // 说明第 1 列不相等，则返回两数之间小的数
            return (int) min;
        } else {
            return (int) (secondNum - anotherKey.secondNum);
        }
    }
}
```

注意：这里为什么需要封装一个新类型呢？因为原来只有 key 参与排序，现在将第 1 个数和第 2 个数都进行排序，作为一个新的 key。

然后，改写最初的 MapReduce 方法函数代码（只展示了 map 函数和 reduce 函数，还需要修改 map 输出和 reduce 输出的类型设置）。

```
    public static class MyMapper extends
        Mapper<LongWritable, Text, MyNewKey, LongWritable> {
    protected void map(
            LongWritable key,
            Text value,
            Mapper<LongWritable, Text, MyNewKey, LongWritable>.Context context)
```

```
            throws java.io.IOException, InterruptedException {
        String[] spilted = value.toString().split("\t");
        long firstNum = Long.parseLong(spilted[0]);
        long secondNum = Long.parseLong(spilted[1]);
        //使用新的类型作为key参与排序
        MyNewKey newKey = new MyNewKey(firstNum, secondNum);

        context.write(newKey, new LongWritable(secondNum));
    }
}

public static class MyReducer extends
        Reducer<MyNewKey, LongWritable, LongWritable, LongWritable> {
    protected void reduce(
            MyNewKey key,
            java.lang.Iterable<LongWritable> values,
            Reducer<MyNewKey, LongWritable, LongWritable, LongWritable>.Context
context)
            throws java.io.IOException, InterruptedException {
        context.write(new LongWritable(key.firstNum), new LongWritable(
                key.secondNum));
    }
}
```

从上面的代码中可以发现，新类型MyNewKey实现了一个叫作WritableComparable的接口，该接口中有一个compareTo()方法，当对key进行比较时会调用该方法，而我们将其改为自己定义的比较规则，从而实现想要的效果。

其实，这个WritableComparable还实现了两个接口，其定义如下。

```
public interface WritableComparable<T> extends Writable, Comparable<T> {
}
```

Writable接口是为了实现序列化，而Comparable接口则是为了实现比较。现在看看运行结果：

```
1   1
2   1
2   2
3   1
3   2
3   3
```

运行结果与预期的已经一致，自定义排序生效。

Hadoop中的默认分组规则也是基于key进行的，会将相同key的value放到一个集合中去。这里以上面的例子继续看看分组，因为我们自定义了一个新的key，它是以两列数据作为

key 的，所以这 6 行数据中每个 key 都不相同，也就是说会产生 6 个组，它们是：1 1，2 1，2 2，3 1，3 2，3 3。而实际上只可以分为 3 个组，分别是 1，2，3。

下面首先改写 reduce 函数代码，目的是求出第 1 列相同时第 2 列的最小值，看看它会有怎么样的分组。

```
public static class MyReducer extends
        Reducer<MyNewKey, LongWritable, LongWritable, LongWritable> {
    protected void reduce(
            MyNewKey key,
            java.lang.Iterable<LongWritable> values,
            Reducer<MyNewKey, LongWritable, LongWritable, LongWritable>.Context
context)
            throws java.io.IOException, InterruptedException {
        long min = Long.MAX_VALUE;
        for (LongWritable number : values) {
            long temp = number.get();
            if (temp < min) {
                min = temp;
            }
        }

        context.write(new LongWritable(key.firstNum), new LongWritable(min));
    }
}
```

其运行结果为

```
1    1
2    1
2    2
3    1
3    2
3    3
```

但是预期的结果为

```
1    1
2    1
3    1
```

为了针对新的 key 类型做分组，需要自定义分组规则。

首先，编写一个新的分组比较类型用于新分组。

```
private static class MyGroupingComparator implements
        RawComparator<MyNewKey> {

    /*
```

```
     * 基本分组规则:按第 1 列 firstNum 进行分组
     */
    @Override
    public int compare(MyNewKey key1, MyNewKey key2) {
        return (int) (key1.firstNum - key2.firstNum);
    }

    /*
     * @param b1 表示第 1 个参与比较的字节数组
     *
     * @param s1 表示第 1 个参与比较的字节数组的起始位置
     *
     * @param l1 表示第 1 个参与比较的字节数组的偏移量
     *
     * @param b2 表示第 2 个参与比较的字节数组
     *
     * @param s2 表示第 2 个参与比较的字节数组的起始位置
     *
     * @param l2 表示第 2 个参与比较的字节数组的偏移量
     */
    @Override
    public int compare(byte[] b1, int s1, int l1, byte[] b2, int s2, int l2) {
        return WritableComparator.compareBytes(b1, s1, 8, b2, s2, 8);
    }

}
```

从代码中可以知道,我们自定义了一个分组比较器 MyGroupingComparator,该类实现了 RawComparator 接口,而 RawComparator 接口又实现了 Comparator 接口,下面看看这两个接口的定义。

首先是 RawComparator 接口的定义。

```
public interface RawComparator<T> extends Comparator<T> {
  public int compare(byte[] b1, int s1, int l1, byte[] b2, int s2, int l2);
}
```

其次是 Comparator 接口的定义。

```
public interface Comparator<T> {
    int compare(T o1, T o2);
    boolean equals(Object obj);
}
```

在 MyGroupingComparator 中分别对这两个接口中的定义进行了实现,RawComparator 中的 compare()方法是基于字节的比较,Comparator 中的 compare()方法是基于对象的比较。

在基于字节的比较方法中,有以下 6 个参数。

- @param arg0 表示第 1 个参与比较的字节数组;
- @param arg1 表示第 1 个参与比较的字节数组的起始位置;
- @param arg2 表示第 1 个参与比较的字节数组的偏移量;
- @param arg3 表示第 2 个参与比较的字节数组;
- @param arg4 表示第 2 个参与比较的字节数组的起始位置;
- @param arg5 表示第 2 个参与比较的字节数组的偏移量。

由于在 MyNewKey 中有两个 long 类型,每个 long 类型又占 8 个字节。这里因为比较的是第 1 列数字,所以读取的偏移量为 8 字节。

其次,添加对分组规则的设置。

```
// 设置自定义分组规则
job.setGroupingComparatorClass(MyGroupingComparator.class);
```

最后,运行结果如图 8-4 所示,与预期的结果一致。

```
[root@hadoop-master files]# hadoop fs -text /testdir/output/group/part-*
1       1
2       1
3       1
```

图 8-4　运行结果

8.5　Join 连接

Join 是用于将关系组合在一起的操作。在 MapReduce 中,Join 适用于组合两个或更多数据集的情况,例如,希望将用户(从关系数据库中提取)与日志文件(包含用户活动详细信息)组合在一起。

在关系型数据库中,要实现 Join 操作是非常方便的,通过 SQL 定义的 Join 原语就可以实现。在 HDFS 存储的海量数据中,要实现 Join 操作,可以通过 HiveQL 很方便地实现。不过 HiveQL 也是转化成 MapReduce 来完成操作的,下面将介绍如何通过编写 MapReduce 程序来完成 Join 操作。

MapReduce 提供了 3 种 Join 连接操作,包括 Reduce 端 Join、Map 端 Join 还有 SemiJoin,也叫半连接。

(1) Reduce 端 Join

在 Map 阶段,map 函数同时读取两个文件 File1 和 File2,为了区分两种来源的< key, value >数据对,对每条数据打一个标签 (tag),比如:tag=0 表示来自文件 File1,tag=2 表示来自文件 File2。即 Map 阶段的主要任务是对不同文件中的数据打标签。在 Reduce 阶段,reduce 函数获取 key 相同的来自 File1 和 File2 文件的 value list, 然后对于同一个 key,对 File1 和 File2 中的数据进行 Join(笛卡儿乘积)。即在 Reduce 阶段进行实际的连接操作。

这种方法存在以下两个问题。

- Map 阶段没有对数据瘦身,Shuffle 的网络传输和排序性能很低。
- Reduce 端对 2 个集合做乘积计算,很耗内存,容易导致内存溢出(OOM,out of memory)。

(2) Map 端 Join

虽然 Reduce 端 Join 很低效,但是还是有存在的必要,因为在 Map 阶段不能获取所有需要的 Join 字段,即同一个 key 对应的字段可能位于不同的 Map 中。Map 端 Join 是针对以下场景进行的优化:两个待连接表中,有一个表非常大,而另一个表非常小,以至于小表可以直接存放到内存中。这样,可以将小表复制多份,让每个 MapTask 内存中存在一份(比如存放到哈希表中),然后只扫描大表:对于大表中的每一条记录< key,value >,在哈希表中查找是否有相同的 key 的记录,如果有,则连接后输出即可。

这种方法要使用 Hadoop 中的 DistributedCache 把小数据分布到各个计算节点,每个 Map 节点都要把小数据库加载到内存,按关键字建立索引。这种方法有明显的局限性:需要有一份数据比较小,在 Map 端,能够把它加载到内存,并进行 Join 操作。

(3) SemiJoin 半连接

半连接是从分布式数据库中借鉴过来的方法。它的产生动机是:对于 Reduce 端 Join,跨机器的数据传输量非常大,这成了 Join 操作的一个瓶颈,如果能够在 Map 端过滤掉不会参加 Join 操作的数据,则可以大大节省网络 I/O。

实现方法很简单:选取一个小表,假设是 File1,将其参与 Join 的 key 抽取出来,保存到文件 File3 中,File3 文件一般很小,可以放到内存中。在 Map 阶段,使用 DistributedCache 将 File3 复制到各个 TaskTracker 上,然后将 File2 中不在 File3 中的 key 对应的记录过滤掉,剩下的 Reduce 阶段的工作与 Reduce 端 Join 相同。

下面将举例说明如何使用 Map 端 Join 和 Reduce 端 Join。

假设存在用户数据文件 users. txt 和用户登录日志数据文件 login_logs. txt,数据内容分别如下所示。

用户数据文件 user. txt,列:userid、name。

```
userid  name
1       LiXiaolong
2       JetLi
3       Zhangsan
4       Lisi
5       Wangwu
```

用户登录日志数据文件 login_logs. txt,列:userid、login_time、login_ip。

```
userid   login_time            login_ip
1        2015-06-07 15:10:18   192.168.137.101
3        2015-06-07 15:12:18   192.168.137.102
3        2015-06-07 15:18:36   192.168.137.102
1        2015-06-07 15:22:38   192.168.137.101
1        2015-06-07 15:26:11   192.168.137.103
```

期望计算结果为

```
userid  name         login_time            login_ip
1       LiXiaolong   2015-06-07 15:10:18   192.168.137.101
1       LiXiaolong   2015-06-07 15:22:38   192.168.137.101
1       LiXiaolong   2015-06-07 15:26:11   192.168.137.103
```

3　　Zhangsan　　2015-06-07 15:12:18　　192.168.137.102

3　　Zhangsan　　2015-06-07 15:18:36　　192.168.137.102

1. 使用 Reduce 端 Join 实现

① 在 Map 阶段可以通过文件路径判断数据来自 users. txt 还是 login_logs. txt，来自 users. txt 的数据输出< userid，'u＃'＋name >，来自 login_logs. txt 的数据输出< userid，'l＃'＋login_time＋'\t'＋login_ip >。

② 在 Reduce 阶段将来自不同表的数据区分开，然后做笛卡儿乘积，输出结果。

实现代码如下。

```
package com.hicoor.hadoop.mapreduce;

import java.io.IOException;
import java.net.URI;
import java.net.URISyntaxException;
import java.util.LinkedList;

import org.apache.hadoop.conf.Configuration;
import org.apache.hadoop.fs.FileSystem;
import org.apache.hadoop.fs.Path;
import org.apache.hadoop.io.LongWritable;
import org.apache.hadoop.io.Text;
import org.apache.hadoop.mapreduce.Job;
import org.apache.hadoop.mapreduce.Mapper;
import org.apache.hadoop.mapreduce.Reducer;
import org.apache.hadoop.mapreduce.lib.input.FileInputFormat;
import org.apache.hadoop.mapreduce.lib.input.FileSplit;
import org.apache.hadoop.mapreduce.lib.output.FileOutputFormat;

public class ReduceJoinDemo {
    public static final String DELIMITER = "\t"; // 字段分隔符

    static class MyMappper extends Mapper<LongWritable, Text, Text, Text> {
        @Override
        protected void map(LongWritable key, Text value,
                Mapper<LongWritable, Text, Text, Text>.Context context)
                throws IOException, InterruptedException {

            FileSplit split = (FileSplit) context.getInputSplit();
            String filePath = split.getPath().toString();
            //获取记录字符串
            String line = value.toString();
```

```
            //抛弃空记录
            if (line == null || line.trim().equals("")) return;

            String[] values = line.split(DELIMITER);
            //处理user.txt数据
            if (filePath.contains("users.txt")) {
                if (values.length < 2) return;
                context.write(new Text(values[0]), new Text("u#" + values[1]));
            }
            //处理login_logs.txt数据
            else if (filePath.contains("login_logs.txt")) {
                if (values.length < 3) return;
                context.write(new Text(values[0]), new Text("l#" + values[1] +
    DELIMITER + values[2]));
            }
        }
    }

    static class MyReducer extends Reducer<Text, Text, Text, Text> {
        @Override
        protected void reduce(Text key, Iterable<Text> values,
                Reducer<Text, Text, Text, Text>.Context context)
                throws IOException, InterruptedException {

            LinkedList<String> linkU = new LinkedList<String>();  //users值
            LinkedList<String> linkL = new LinkedList<String>();  //login_logs值

            for (Text tval : values) {
                String val = tval.toString();
                if(val.startsWith("u#")) {
                    linkU.add(val.substring(2));
                } else if(val.startsWith("l#")) {
                    linkL.add(val.substring(2));
                }
            }

            for (String u : linkU) {
                for (String l : linkL) {
                    context.write(key, new Text(u + DELIMITER + l));
                }
```

```
            }
        }
    }

    private final static String FILE_IN_PATH = "hdfs://cluster1/join/in";
    private final static String FILE_OUT_PATH = "hdfs://cluster1/join/out";

    public static void main (String[] args) throws IOException,
ClassNotFoundException, InterruptedException, URISyntaxException {
        System.setProperty("hadoop.home.dir", "D:\\desktop\\hadoop-2.6.0");
        Configuration conf = getHAConfiguration();
        // 删除已存在的输出目录
        FileSystem fileSystem = FileSystem.get(new URI(FILE_OUT_PATH), conf);
        if (fileSystem.exists(new Path(FILE_OUT_PATH))) {
            fileSystem.delete(new Path(FILE_OUT_PATH), true);
        }

        Job job = Job.getInstance(conf, "Reduce Join Demo");
        job.setMapperClass(MyMapper.class);
        job.setJarByClass(ReduceJoinDemo.class);
        job.setReducerClass(MyReducer.class);
        job.setOutputKeyClass(Text.class);
        job.setOutputValueClass(Text.class);
        FileInputFormat.addInputPath(job, new Path(FILE_IN_PATH));
        FileOutputFormat.setOutputPath(job, new Path(FILE_OUT_PATH));
        job.waitForCompletion(true);
    }

    private static Configuration getHAConfiguration() {
        Configuration conf = new Configuration();
        conf.setStrings("dfs.nameservices", "cluster1");
        conf.setStrings("dfs.ha.namenodes.cluster1", "hadoop1,hadoop2");
        conf.setStrings("dfs.namenode.rpc-address.cluster1.hadoop1", "172.19.
7.31:9000");
        conf.setStrings("dfs.namenode.rpc-address.cluster1.hadoop2", "172.19.
7.32:9000");
        // 必须配置,可以通过该类获取当前处于 active 状态的 namenode
        conf.setStrings("dfs.client.failover.proxy.provider.cluster1", "org.
apache.hadoop.hdfs.server.namenode.ha.ConfiguredFailoverProxyProvider");
```

```
        return conf;
    }

}
```

2. 使用 Map 端 Join 实现

当 Join 的两个表中有一个表数据量不大，可以轻松加载到各节点内存中时，可以使用 DistributedCache 将小表的数据加载到分布式缓存，然后 MapReduce 框架会将缓存数据分发到需要执行 Map 任务的节点上，在 Map 节点上直接调用本地的缓存文件参与计算。在 Map 端完成 Join 操作，可以降低网络传输到 Reduce 端的数据流量，有利于提高整个作业的执行效率。

在本例中，假设 users. txt 用户表数据量较小，则将 users. txt 数据添加到 DistributedCache 分布式缓存中，在 Map 计算中读取本地缓存的 users. txt 数据并将 login_logs. txt 中的 userid 数据翻译成用户名，本例无须 Reduce 参与。

实现代码如下。

```
package com.hicoor.hadoop.mapreduce;

import java.io.BufferedReader;
import java.io.FileReader;
import java.io.IOException;
import java.net.URI;
import java.net.URISyntaxException;
import java.util.Map;
import java.util.Scanner;
import java.util.StringTokenizer;

import org.apache.commons.collections.map.HashedMap;
import org.apache.hadoop.conf.Configuration;
import org.apache.hadoop.examples.SecondarySort.Reduce;
import org.apache.hadoop.fs.FSDataInputStream;
import org.apache.hadoop.fs.FileSystem;
import org.apache.hadoop.fs.Path;
import org.apache.hadoop.io.LongWritable;
import org.apache.hadoop.io.Text;
import org.apache.hadoop.mapreduce.Job;
import org.apache.hadoop.mapreduce.Mapper;
import org.apache.hadoop.mapreduce.Reducer;
import org.apache.hadoop.mapreduce.filecache.DistributedCache;
import org.apache.hadoop.mapreduce.lib.input.FileInputFormat;
import org.apache.hadoop.mapreduce.lib.output.FileOutputFormat;
import org.apache.hadoop.yarn.webapp.example.MyApp.MyController;
```

```
public class DistributedCacheDemo {
    public static final String DELIMITER = "\t"; // 字段分隔符

    static class MyMapper extends Mapper<LongWritable, Text, Text, Text> {
        private Map<String, String> userMaps = new HashedMap();

        @Override
         protected void setup(Mapper<LongWritable,Text,Text,Text>.Context
context)throws IOException,InterruptedException {
            //可以通过 localCacheFiles 获取本地缓存文件的路径
            //Configuration conf = context.getConfiguration();
            //Path[] localCacheFiles = DistributedCache.getLocalCacheFiles(conf);

            //此处使用快捷方式 users.txt 访问
            FileReader fr = new FileReader("users.txt");
            BufferedReader br = new BufferedReader(fr);
            String line;
            while((line = br.readLine()) != null) {
                //map 端加载缓存数据
                String[] splits = line.split(DELIMITER);
                if(splits.length < 2) continue;
                userMaps.put(splits[0], splits[1]);
            }
        };

        @Override
        protected void map(LongWritable key, Text value, Mapper<LongWritable,
Text, Text, Text>.Context context) throws IOException, InterruptedException {
            // 获取记录字符串
            String line = value.toString();
            // 抛弃空记录
            if (line == null || line.trim().equals("")) return;

            String[] values = line.split(DELIMITER);
            if(values.length < 3) return;

            String name = userMaps.get(values[0]);
            Text t_key = new Text(values[0]);
            Text t_value = new Text(name + DELIMITER + values[1] + DELIMITER +
```

```
values[2]);
            context.write(t_key, t_value);
        }
    }

    private final static String FILE_IN_PATH = "hdfs://cluster1/join/in/login_
logs.txt";
    private final static String FILE_OUT_PATH = "hdfs://cluster1/join/out";

    public static void main(String[] args) throws IOException, ClassNotFoundException,
InterruptedException, URISyntaxException {
        System.setProperty("hadoop.home.dir", "D:\\desktop\\hadoop-2.6.0");
        Configuration conf = getHAConfiguration();

        // 删除已存在的输出目录
        FileSystem fileSystem = FileSystem.get(new URI(FILE_OUT_PATH), conf);
        if (fileSystem.exists(new Path(FILE_OUT_PATH))) {
            fileSystem.delete(new Path(FILE_OUT_PATH), true);
        }

        //添加分布式缓存文件 可以在 map 或 reduce 中直接通过 users.txt 链接访问
对应缓存文件
        DistributedCache.addCacheFile(new URI("hdfs://cluster1/join/in/users.
txt#users.txt"), conf);

        Job job = Job.getInstance(conf, "Map Distributed Cache Demo");
        job.setMapperClass(MyMapper.class);
        job.setJarByClass(DistributedCacheDemo.class);
        job.setMapOutputKeyClass(Text.class);
        job.setMapOutputValueClass(Text.class);
        job.setOutputKeyClass(Text.class);
        job.setOutputValueClass(Text.class);
        FileInputFormat.addInputPath(job, new Path(FILE_IN_PATH));
        FileOutputFormat.setOutputPath(job, new Path(FILE_OUT_PATH));
        job.waitForCompletion(true);
    }

    private static Configuration getHAConfiguration() {
        Configuration conf = new Configuration();
        conf.setStrings("dfs.nameservices", "cluster1");
```

```
        conf.setStrings("dfs.ha.namenodes.cluster1", "hadoop1,hadoop2");
        conf.setStrings("dfs.namenode.rpc-address.cluster1.hadoop1", "172.19.7.31:9000");
        conf.setStrings("dfs.namenode.rpc-address.cluster1.hadoop2", "172.19.7.32:9000");
        //必须配置,可以通过该类获取当前处于 active 状态的 namenode
        conf.setStrings("dfs.client.failover.proxy.provider.cluster1", "org.apache.hadoop.hdfs.server.namenode.ha.ConfiguredFailoverProxyProvider");
        return conf;
    }

}
```

3. 总结

通常情况下我们会使用 Map 端 Join 和 Reduce 端 Join 实现一些复杂的、特殊的需求。此外还有一种实现方式 SemiJoin，它是介于 Map 端 Join 和 Reduce 端 Join 之间的方法，就是在 Map 端过滤掉一些数据，在网络中只传输参与连接的数据而不传输不参与连接的数据，从而减少了 Shuffle 的网络传输量，使整体效率得到提高。3 种操作的执行效率：Map 端 Join > SemiJoin > Reduce 端 Join。

8.6 倒排索引

倒排索引(Inverted Index)是文档检索系统中最常用的数据结构，被广泛地应用于全文搜索引擎。它主要用来存储某个单词(或词组)在一个文档或一组文档中的存储位置的映射，即提供了一种根据内容来查找文档的方式。由于不是根据文档来确定文档所包含的内容，而是进行相反的操作，因而称为倒排索引，也常被称为反向索引、置入档案或反向档案。

有两种反向索引形式：

- 一条记录的水平反向索引(或者反向档案索引)包含每个引用单词的文档的列表；
- 一个单词的水平反向索引(或者完全反向索引)又包含每个单词在一个文档中的权重，最常用的权重包括词频和位置。完全反向索引提供了更多的兼容性(如短语搜索)，但是需要更多的时间和空间来创建。

下面举例说明倒排索引的原理，假设有 3 个要被索引的文本。

```
T0 = "it is what it is"
T1 = "what is it"
T2 = "it is a banana"
```

首先就能得到下面的反向档案索引：

```
"a":      {2}
"banana": {2}
"is":     {0, 1, 2}
"it":     {0, 1, 2}
```

"what"：　{0，1}

检索的条件"what""is"和"it"将对应这个集合：$\{0,1\} \cap \{0,1,2\} \cap \{0,1,2\} = \{0,1\}$。

其次可以得到完全反向索引，该索引是由文档编号和当前查询的单词在文档中的位置组成的成对数据构成的。同样，文档编号和当前查询的单词在文档中的位置都从零开始。所以，"banana"：{(2，3)} 就是说"banana"在第 3 个文档里（T2），而且在第 3 个文档的位置是第 4 个单词（地址为 3）。

```
"a"：      {(2, 2)}
"banana"： {(2, 3)}
"is"：     {(0, 1), (0, 4), (1, 1), (2, 1)}
"it"：     {(0, 0), (0, 3), (1, 2), (2, 0)}
"what"：   {(0, 2), (1, 0)}
```

如果执行短语搜索"what is it"，那么得到这个短语的全部单词各自的结果所在文档为文档 T0 和文档 T1，即文档 T0 和 T1 包含了所要索引的单词，但是这个短语检索的连续的条件仅仅文档 T1 能满足。

下面通过代码实例，详细介绍倒排索引的实现过程。

1. 构造数据文件

```
file1.txt：it is what it is
file2.txt：what is it
file3.txt：it is a banana
```

2. Map 过程

这里存在两个需要注意的问题。第 1，< key，value >对只能有两个值，在不使用 Hadoop 自定义数据类型的情况下，需要根据情况将其中两个值合并成一个值，作为 key 或 value 值；第 2，通过一个 Reduce 过程无法同时完成词频统计和生成文档列表，所以必须增加一个 Combine 过程完成词频统计。

如图 8-5 所示，这里用单词和 URL 组成 key 值（如"MapReduce：file1. txt"），将词频作为 value，这样做的好处是可以利用 MapReduce 框架自带的 Map 端排序，将同一文档的相同单词的词频组成列表，传递给 Combine 过程，实现类似于 WordCount 的功能。

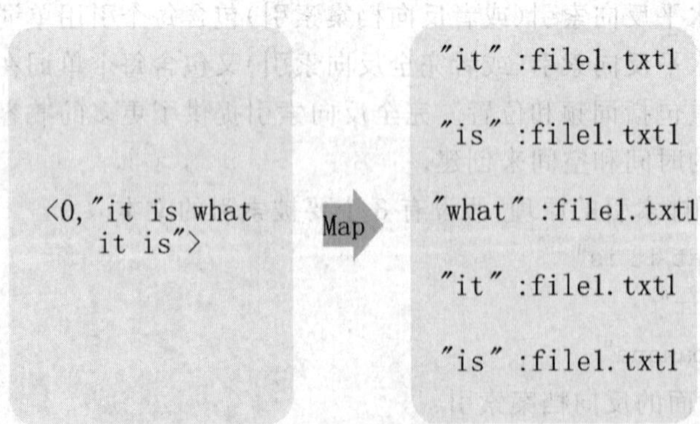

图 8-5　Map 过程

3. Combine 过程

经过 Map 方法处理后，如图 8-6 所示，Combine 过程将 key 值相同的 value 值累加，得到一个单词在文档中的词频，如果直接输出作为 Reduce 过程的输入，在 Shuffle 过程时将面临一个问题：所有具有相同单词的记录（由单词、URL 和词频组成）应该交由同一个 Reducer 处理，但当前的 key 值无法保证这一点，所以必须修改 key 值和 value 值。这次将单词作为 key 值，URL 和词频组成 value 值（如“file1. txt：1”）。这样做的好处是可以利用 MapReduce 框架默认的 HashPartitioner 类完成 Shuffle 过程，将相同单词的所有记录发送给同一个 Reducer 进行处理。

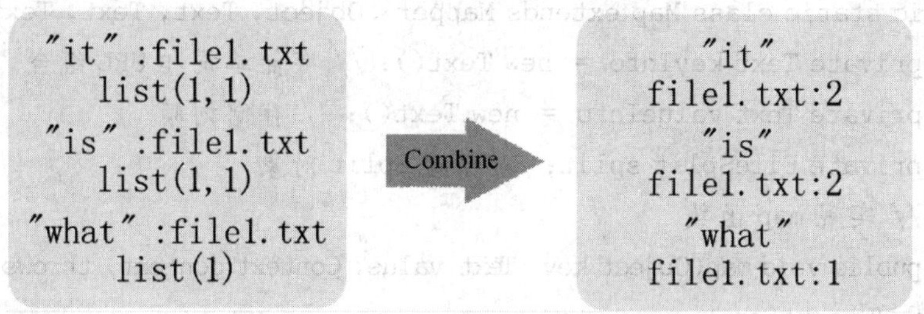

图 8-6　Combine 过程

4. Reduce 过程

经过上述两个过程后，如图 8-7 所示，Reduce 过程只需将相同 key 值的 value 值组合成倒排索引文件所需的格式即可，剩下的事情就可以直接交给 MapReduce 框架进行处理了。

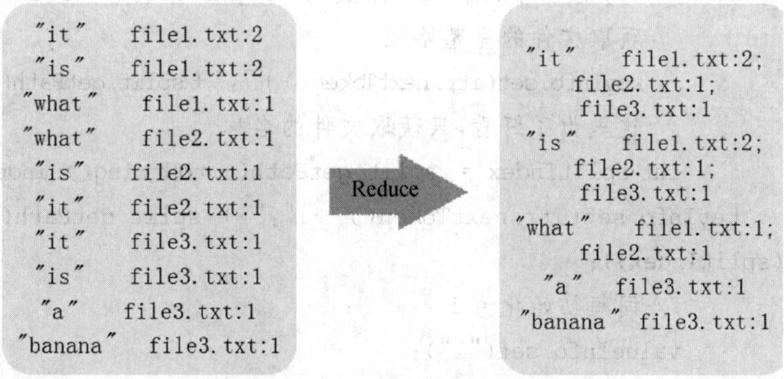

"it"　file1. txt:2
"is"　file1. txt:2
"what"　file1. txt:1
"what"　file2. txt:1
"is"　file2. txt:1
"it"　file2. txt:1
"it"　file3. txt:1
"is"　file3. txt:1
"a"　file3. txt:1
"banana"　file3. txt:1

Reduce

"it"　file1. txt:2; file2. txt:1; file3. txt:1
"is"　file1. txt:2; file2. txt:1; file3. txt:1
"what"　file1. txt:1; file2. txt:1
"a"　file3. txt:1
"banana"　file3. txt:1

图 8-7　Reduce 过程

5. 代码实现

完整代码如下。

```
import java.io.IOException;
import java.util.StringTokenizer;

import org.apache.hadoop.conf.Configuration;
import org.apache.hadoop.fs.Path;
import org.apache.hadoop.io.Text;
import org.apache.hadoop.mapreduce.Job;
import org.apache.hadoop.mapreduce.Mapper;
import org.apache.hadoop.mapreduce.Reducer;
import org.apache.hadoop.mapreduce.lib.input.FileInputFormat;
```

```
import org.apache.hadoop.mapreduce.lib.input.FileSplit;
import org.apache.hadoop.mapreduce.lib.output.FileOutputFormat;
import org.apache.hadoop.util.GenericOptionsParser;

public class InvertedIndex {
    public static class Map extends Mapper < Object, Text, Text, Text > {
        private Text keyInfo = new Text(); // 存储单词和 URL 组合
        private Text valueInfo = new Text(); // 存储词频
        private FileSplit split; // 存储 Split 对象
        // 实现 map 函数
        public void map(Object key, Text value, Context context) throws IOException,
InterruptedException {
            // 获得<key,value>对所属的 FileSplit 对象
            split = (FileSplit) context.getInputSplit();
            StringTokenizer itr = new StringTokenizer(value.toString());
            while (itr.hasMoreTokens()) {
                // key 值由单词和 URL 组成,如"MapReduce:file1.txt"
                // 获取文件的完整路径
                // keyInfo.set(itr.nextToken() + ":" + split.getPath().toString());
                // 这里为了好看,只获取文件的名称
                int splitIndex = split.getPath().toString().indexOf("file");
            keyInfo.set(itr.nextToken() + ":" + split.getPath().toString().
substring(splitIndex));
                // 词频初始化为 1
                valueInfo.set("1");
                context.write(keyInfo, valueInfo);
            }
        }
    }
    public static class Combine extends Reducer < Text, Text, Text, Text > {
        private Text info = new Text();
        // 实现 reduce 函数
        public void reduce(Text key, Iterable < Text > values, Context context)
throws IOException, InterruptedException {
            // 统计词频
            int sum = 0;
            for (Text value : values) {
                sum += Integer.parseInt(value.toString());
            }
```

```
            int splitIndex = key.toString().indexOf(":");
            // 重新设置 value 值由 URL 和词频组成
            info.set(key.toString().substring(splitIndex + 1) + ":" + sum);
            // 重新设置 key 值为单词
            key.set(key.toString().substring(0, splitIndex));
            context.write(key, info);
        }
    }
    public static class Reduce extends Reducer<Text, Text, Text, Text> {
        private Text result = new Text();
        // 实现 reduce 函数
        public void reduce(Text key, Iterable<Text> values, Context context)
throws IOException, InterruptedException {
            // 生成文档列表
            String fileList = new String();
            for (Text value : values) {
                fileList += value.toString() + ";";
            }
            result.set(fileList);
            context.write(key, result);
        }
    }
    public static void main(String[] args) throws Exception {
        Configuration conf = new Configuration();
        conf.set("mapred.jar", "ii.jar");
        String[] ioArgs = new String[] {"index_in", "index_out"};
        String[] otherArgs = new GenericOptionsParser(conf, ioArgs).
getRemainingArgs();
        if (otherArgs.length != 2) {
            System.err.println("Usage: Inverted Index <in> <out>");
            System.exit(2);
        }
        Job job = new Job(conf, "Inverted Index");
        job.setJarByClass(InvertedIndex.class);
        // 设置 Map、Combine 和 Reduce 处理类
        job.setMapperClass(Map.class);
        job.setCombinerClass(Combine.class);
        job.setReducerClass(Reduce.class);
        // 设置 Map 输出类型
        job.setMapOutputKeyClass(Text.class);
```

```
        job.setMapOutputValueClass(Text.class);
        // 设置 Reduce 输出类型
        job.setOutputKeyClass(Text.class);
        job.setOutputValueClass(Text.class);
        // 设置输入和输出目录
        FileInputFormat.addInputPath(job, new Path(otherArgs[0]));
        FileOutputFormat.setOutputPath(job, new Path(otherArgs[1]));
        System.exit(job.waitForCompletion(true) ? 0 : 1);
    }
}
```

8.7 求平均值和数据去重

1. 求平均值

在谈平均值之前先回顾一下 Hadoop HelloWorld 程序——WordCount，其主要作用是统计数据集中各个单词出现的次数。因为次数没有多少之分，如果将这里的次数换成分数就将字数统计问题转化成求每个个体的总成绩的问题，外加对(总成绩/学科数)的运算就是这里要讨论的求平均数问题了。下面举例说明如何求平均值。

假设有 3 个文件分别存储了学生的语文、数学和英语成绩，输出每个学生的平均分。数据格式如下。

```
Chinese.txt:
张三    78
李四    89
王五    96
赵六    67
Math.txt:
张三    88
李四    99
王五    66
赵六    77
English.txt:
张三    80
李四    82
王五    84
赵六    86
```

完整代码如下。

```
package com.javacore.hadoop;
import org.apache.hadoop.conf.Configuration;
```

```
import org.apache.hadoop.fs.Path;
import org.apache.hadoop.io.DoubleWritable;
import org.apache.hadoop.io.Text;
import org.apache.hadoop.mapreduce.Job;
import org.apache.hadoop.mapreduce.Mapper;
import org.apache.hadoop.mapreduce.Reducer;
import org.apache.hadoop.mapreduce.lib.input.FileInputFormat;
import org.apache.hadoop.mapreduce.lib.output.FileOutputFormat;


import java.io.IOException;
public class StudentAvgDouble {

    public static class MyMapper extends Mapper < Object, Text, Text,
DoubleWritable > {
        public void map(Object key, Text value, Context context) throws
IOException, InterruptedException {
            String eachline = value.toString();
            StringTokenizer tokenizer = new StringTokenizer(eachline, "\n");
            while (tokenizer.hasMoreElements()) {
                StringTokenizer tokenizerLine = new StringTokenizer(tokenizer
                        .nextToken());
                    String strName = tokenizerLine.nextToken();
                    String strScore = tokenizerLine.nextToken();
                    Text name = new Text(strName);
                    IntWritable score = new IntWritable(Integer.parseInt(strScore));
                    context.write(name, score);
                }
            }
    }
    public static class MyReducer extends Reducer < Text, DoubleWritable, Text,
DoubleWritable >{
        public void reduce(Text key, Iterable < DoubleWritable > values, Context
            context) throws IOException, InterruptedException {
            double sum = 0.0;
            int count = 0;
            for (DoubleWritable val : values) {
                sum += val.get();
                count ++ ;
            }
```

```
                DoubleWritable avgScore = new DoubleWritable(sum / count);
                context.write(key, avgScore);
            }
        }
        public static void main(String[] args) throws IOException, ClassNotFoundException,
    InterruptedException {
            //删除 output 文件夹
            FileUtil.deleteDir("output");
            Configuration conf = new Configuration();
            String[] otherArgs = new String[]{"input/studentAvg", "output"};
            if (otherArgs.length != 2) {
                System.out.println("参数错误");
                System.exit(2);
            }
            Job job = Job.getInstance();
            job.setJarByClass(StudentAvgDouble.class);
            job.setMapperClass(MyMapper.class);
            job.setReducerClass(MyReducer.class);
            job.setOutputKeyClass(Text.class);
            job.setOutputValueClass(DoubleWritable.class);
            FileInputFormat.addInputPath(job, new Path(otherArgs[0]));
            FileOutputFormat.setOutputPath(job, new Path(otherArgs[1]));
            System.exit(job.waitForCompletion(true) ? 0 : 1);
        }
    }
```

运行程序,输出结果如下。

```
张三  82.0
李四  90.0
王五  82.0
赵六  76.66666666666667
```

2. 数据去重

数据去重的最终目的是让原始数据中出现次数超过一次的数据在输出文件中只出现一次。如果你还是用传统的思维去考虑一个去重的程序需要多少次的判断,那么你就还不了解什么是真正的 Map 和 Reduce。当一个 Map 执行完后会对执行的数据进行一个排序,比如按照字母先后顺序;后面会进入 Combine 阶段,在这个阶段,< key,value >中有相同的 key 就合并;再到 Reduce 阶段,通过迭代器遍历前一阶段合并的各个元素,得到最终的输出结果。

对于去重来说,我们不在乎一个元素到底出现了几次,只要知道这个元素确实出现了,并能够在最后显示出来就行了,通过 Map 和 Combiner,我们最终得到的< key,value-list >对中的 key 都是不一样的,当 Reduce 接收到一个< key,value-list >时,它不管每个 key 有多少个 value,直接将输入的 key 复制为输出的 key,并将 value 设置为空值就可以了。

下面通过一个具体的实例来介绍数据去重。假设有两个数据集,每个文件内都有重复元素,两个文件内也有重复元素,具体如下。

repeat1.txt:

安徽 jack
江苏 jim
江西 lucy
广东 david
上海 smith
安徽 jack
江苏 jim
北京 john

repeat2.txt:

江西 lucy
安徽 jack
上海 hanmei
北京 john
新疆 afanti
黑龙江 lily
福建 tom
安徽 jack

完整代码如下。

```
package org.apache.mapreduce;

import java.io.IOException;
import java.util.Collection;
import java.util.Iterator;
import java.util.StringTokenizer;

import org.apache.hadoop.conf.Configuration;
import org.apache.hadoop.fs.Path;
import org.apache.hadoop.io.IntWritable;
import org.apache.hadoop.io.LongWritable;
import org.apache.hadoop.io.Text;
import org.apache.hadoop.mapred.TextInputFormat;
import org.apache.hadoop.mapreduce.Job;
import org.apache.hadoop.mapreduce.Mapper;
import org.apache.hadoop.mapreduce.Reducer;
import org.apache.hadoop.util.GenericOptionsParser;
import org.apache.mapreduce.Test1123.MapperClass;
import org.apache.mapreduce.Test1123.ReducerClass;
```

```
public class Test1215 {

    public static class MapperClass extends Mapper < LongWritable, Text, Text,
Text > {
        public void map(LongWritable key, Text value, Context context){

            try {
                context.write(value, new Text(""));
                System.out.println("value:" + value);
            } catch (IOException e) {
                e.printStackTrace();
            } catch (InterruptedException e) {
                e.printStackTrace();
            }
        }
    }

    public static class ReducerClass extends Reducer < Text, Text, Text, Text >{
        public void reduce(Text key, Iterable < Text > value, Context context){

            try {
                context.write(key, new Text(""));
                System.out.println("key:" + key);
            } catch (IOException e) {
                e.printStackTrace();
            } catch (InterruptedException e) {
                e.printStackTrace();
            }
        }
    }
    /**
     * @param args
     * @throws IOException
     * @throws ClassNotFoundException
     * @throws InterruptedException
     */
    public static void main(String[] args) throws IOException, InterruptedException,
ClassNotFoundException {
```

```
        Configuration conf = new Configuration();
        String[] otherArgs = new GenericOptionsParser(conf, args).getRemainingArgs();
        if (otherArgs.length != 2) {
          System.err.println("Usage: wordcount <in><out>");
          System.exit(2);
        }
        Job job = new Job(conf, "Test1214");

        job.setJarByClass(Test1215.class);
        job.setMapperClass(MapperClass.class);
        job.setCombinerClass(ReducerClass.class);
        job.setReducerClass(ReducerClass.class);
        job.setOutputKeyClass(Text.class);
        job.setOutputValueClass(Text.class);

        org.apache.hadoop.mapreduce.lib.input.FileInputFormat.addInputPath(job, new
Path(otherArgs[0]));
        org.apache.hadoop.mapreduce.lib.output.FileOutputFormat.setOutputPath
(job, new Path(otherArgs[1]));
        System.exit(job.waitForCompletion(true) ? 0 : 1);
        System.out.println("end");
    }

}
```

运行程序，结果如下。

```
key:上海 hanmei
key:上海 smith
key:北京 john
key:安徽 jack
key:广东 david
key:新疆 afanti
key:江苏 jim
key:江西 lucy
key:福建 tom
key:黑龙江 lily
```

本章小结

本章详细介绍了 MapReduce 的高级编程，这些编程方法在实际的项目开发中经常用到，主要包含以下内容。

① 学习 Combiner 组件，可以使我们了解在什么样的场景下使用它，它的作用是在 Map 任务运行之后对 Map 任务的结果进行局部汇总，以减轻 ReduceTask 的计算负载，减少网络传输。

② MapReduce 有默认的分组规则，如果要按照自己的需求进行分组，需要改写数据分发组件 Partitioner，通过学习该组件，可以自定义分组。

③ 详细介绍了 MapReduce 内置计数器和自定义计数器，通过学习，可以充分了解计数器的功能、作用和技术特点。

④ 详细介绍了普通排序、部分排序、全局排序和二次排序，并通过简单易懂的案例进行了说明。排序是 MapReduce 编程中使用频率很高的功能，所以，需要熟练掌握排序的编程方法。

⑤ 主要介绍了 MapReduce 提供的 3 种 Join 连接操作，包括 Map 端 Join、Reduce 端 Join 还有 SemiJoin。并通过简单易懂的案例说明了 Map 端 Join 和 Reduce 端 Join 的具体实现，最后比较了这 3 种 Join 操作的效率。

⑥ 主要介绍了倒排索引的原理及应用，并通过简单易懂的案例说明了倒排索引的实现过程。

⑦ 介绍了如何使用 MapReduce 求平均值和数据去重，这两个功能是 MapReduce 的 WordCount 案例的变化应用，通过学习这两个功能，可以促使大家灵活掌握应用 MapReduce 的编程思想。

习题八

1. MapReduce 中的内置计数器和用户自定义的计数器有什么区别？
2. 简述二次排序的实现过程。
3. 简述如何使用 MapReduce 进行数据去重。
4. Reduce 端 Join 与 Map 端 Join 相比，有什么优势？
5. 倒排索引有什么功能和作用？
6. 简述倒排索引的实现过程。

第9章 分布式锁服务 ZooKeeper

前面章节已经详细介绍了 Hadoop2.0 的相关技术，本章将引进 Hadoop2.0 生态组件中一个非常重要的组件 ZooKeeper。ZooKeeper 最早起源于 Yahoo 研究院的一个研究小组。在当时，研究人员发现，在 Yahoo 内部有很多大型系统都需要依赖一个类似的系统来进行分布式协调，而这些系统往往都存在分布式单点问题。所以，Yahoo 的开发人员就试图开发一个通用的无单点问题的分布式协调框架，以便让开发人员将精力集中在处理业务逻辑上。这就是 ZooKeeper，它的主要作用是进行分布式环境的协调。

本章将详细介绍 ZooKeeper 的工作原理、应用场景和编程实例，为下一章的 Hadoop 高可用集群搭建奠定坚实的基础。

9.1 ZooKeeper 基本概念介绍

9.1.1 ZooKeeper 的定义

ZooKeeper 是一个分布式服务框架，是 Apache Hadoop 的一个子项目，它主要用来解决分布式应用中经常遇到的一些数据管理问题，如统一命名服务、状态同步服务、集群管理、分布式应用配置项的管理等。

ZooKeeper 的目标就是封装好复杂易出错的关键服务，将简单易用的接口和性能高效、功能稳定的系统提供给用户。

9.1.2 ZooKeeper 的基本原理和应用场景

ZooKeeper 是以 Fast Paxos 算法为基础的，Paxos 算法存在活锁的问题，即当有多个 proposer 交错提交时，有可能互相排斥导致没有一个 proposer 能提交成功，而 Fast Paxos 对此做了一些优化，通过选举产生一个 Leader（领导者），只有 Leader 才能提交 proposer，具体算法可见 Fast Paxos。因此，要想弄懂 ZooKeeper 首先得对 Fast Paxos 有所了解。

ZooKeeper 的基本运转流程如下。

① 选举 Leader；

② 同步数据；

③ 选举 Leader 过程中算法有很多，但要达到的选举标准是一致的；

④ Leader 要具有最高的执行 ID，类似 root 权限；

⑤ 集群中大多数的机器得到响应并接受选出的 Leader。

ZooKeeper 是一个典型的分布式数据一致性解决方案，分布式应用程序可以基于

ZooKeeper 实现诸如数据发布/订阅、负载均衡、命名服务、分布式协调/通知、集群管理、Master 选举、分布式锁和分布式队列等功能。

ZooKeeper 一个最常用的使用场景就是担任服务生产者和服务消费者的注册中心，如图 9-1 所示。服务生产者将自己提供的服务注册到 ZooKeeper 中心，服务消费者在进行服务调用的时候先到 ZooKeeper 中查找服务，获取服务生产者的详细信息之后，再去调用服务生产者的内容与数据。

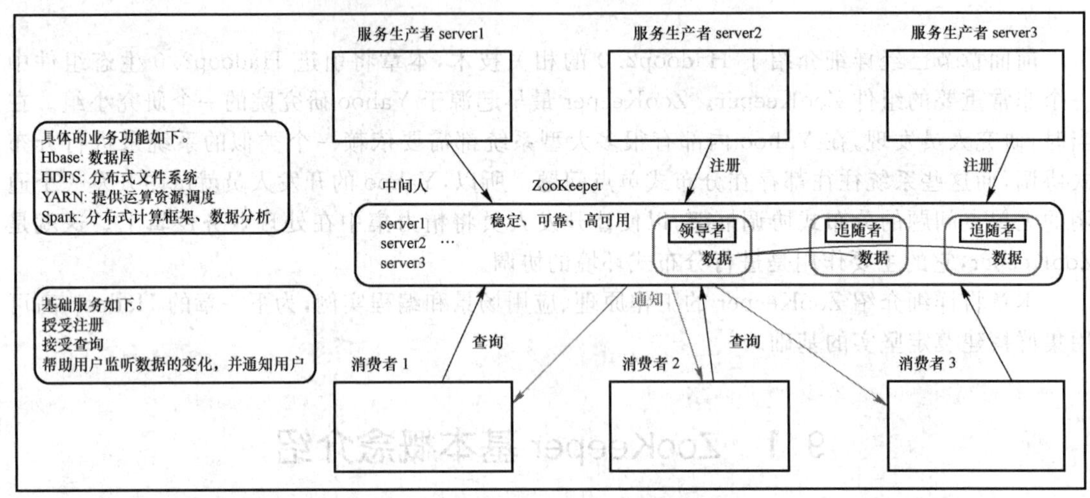

图 9-1　ZooKeeper 服务注册中心

9.1.3　ZooKeeper 的选举机制

1. 选举机制

集群中各台机器上的 ZooKeeper 服务启动后，它们首先会从中选择一个作为领导者，其他则作为追随者，如图 9-2 所示，当 3 个 ZooKeeper 服务启动后，三者会采取投票方式，以少数服从原则从中选取一个领导者。当发生客户端读/写操作时，规定读操作可以在各个节点上实现，写操作则必须发送到领导者，并经领导者同意才可执行。

ZooKeeper 集群内选举领导时，内部采用的是原子广播协议，此协议是对 Paxos 算法的修改与实现。集群内各个 ZooKeeper 服务选举领导的核心思想是：由某个新加入的服务器发起一次选举，如果该服务器获得 $n/2+1$ 个票数，则此服务器将成为整个 ZooKeeper 集群的领导者。当“领导者”服务器发生故障时，剩下的“追随者”将进行新一轮“领导者”选举。因此，集群中 ZooKeeper 个数必须以奇数出现，并且当构建 ZooKeeper 集群时，最少需要 3 个节点。

2. 角色介绍

ZooKeeper 是主从架构，ZooKeeper 集群中的角色分为领导者（Leader）、追随者（Follower）、观察者（Observer）。

（1）Leader

更新系统状态，处理事务请求[①]，负责发起投票和决议。

---

① 事务请求：改变集群状态的请求，例如，增、删、改。非事务请求：不改变集群状态的请求，例如，查看。

(2) Follower

处理客户端非事务请求，将事务转发给 Leader，同步 Leader 状态，选举过程中参与投票。

(3) Observer

处理非事务请求，选举过程中不参与投票（即不参加一致性协议的达成），只同步 Leader 节点的状态数据，它的主要作用是增加集群对非事务请求的处理能力。

ZooKeeper 不能修改文件名，没有这个命令。它的权限就是读取、写、创建目录、更改目录、删除目录和 ACL 权限列表控制；主要作用是监听节点和选举机制，协调框架的辅助角色，解决分布式的一致性问题。

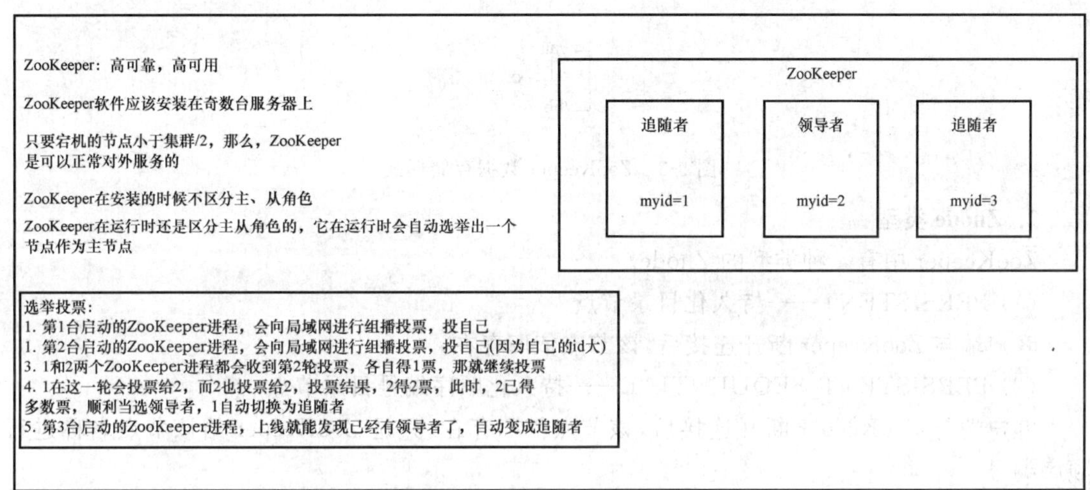

图 9-2　ZooKeeper 选举机制

3. 3 个端口的作用

(1) ZooKeeper 3 个端口及其作用

① 2181 对 Client 端提供服务。

② 3888 在选举 Leader 时使用。

③ 2888 在集群内机器通信时使用（Leader 监听此端口）。

(2) 部署时需注意不同集群端口的配置也不同

① 单机单实例，只要端口不被占用即可。

② 单机伪集群（单机，部署多个实例），3 个端口必须修改为组组不同，例如，

myid1：2181，3888，2888

myid2：2182，3788，2788

myid3：2183，3688，2688

③ 集群（一台机器部署一个实例）

集群配置如下。

```
clientPort = 2181
server.1 = master:2888:3888
server.2 = slaver1:2888:3888
server.3 = slaver2:2888:3888
```

9.1.4 ZooKeeper 的存储机制

1. 数据存储的形式

ZooKeeper 中对用户的数据采用< key,value >形式存储,key 是以路径的形式表示的,那就意味着,各 key 之间有父子关系,例如,“/”是顶层 key,用户建的 key 只能在“/”下作为子节点,如建 key“/aa”、“/aa/xx”。在 ZooKeeper 中,对每一个数据 key,称作一个 Znode。综上所述,ZooKeeper 中的数据存储形式如图 9-3 所示。

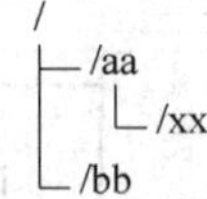

图 9-3 ZooKeeper 数据存储形式

2. Znode 类型

ZooKeeper 中有 4 种类型的 Znode。

(1) PERSISTENT——持久化目录节点

客户端与 ZooKeeper 断开连接后,该节点依旧存在。

(2) PERSISTENT_SEQUENTIAL——持久化顺序编号目录节点

客户端与 ZooKeeper 断开连接后,该节点依旧存在,只是 ZooKeeper 给该节点名称进行顺序编号。

(3) EPHEMERAL——临时目录节点

客户端与 ZooKeeper 断开连接后,该节点被删除。

(4) EPHEMERAL_SEQUENTIAL——临时顺序编号目录节点

客户端与 ZooKeeper 断开连接后,该节点被删除,只是 ZooKeeper 给该节点名称进行顺序编号。

9.2 ZooKeeper 集群部署

1. 上传安装包

上传 ZooKeeper3.4.6 版本安装包到集群服务器,然后解压和配置环境变量。

2. 修改配置文件

进入 ZooKeeper 的 conf 目录下,然后使用“vi zoo.cfg”修改 ZooKeeper 的配置文件,具体修改内容如下。

```
# The number of milliseconds of each tick
tickTime = 2000
initLimit = 10
syncLimit = 5
dataDir = /root/zkdata
clientPort = 2181
```

```
#autopurge.purgeInterval=1
server.1=kxt-hdp11:2888:3888
server.2=kxt-hdp11:2888:3888
server.3=kxt-hdp11:2888:3888
```

3. 复制 ZooKeeper 到其他节点

在 kxt-hdp11 节点上使用 scp(secure copy)命令，复制 ZooKeeper 安装目录到远程节点 kxt-hdp12 和 kxt-hdp13 上。

```
scp -r zookeeper-3.4.6/ kxt-hdp12:$PWD
scp -r zookeeper-3.4.6/ kxt-hdp13:$PWD
```

对 3 台节点，都创建目录 mkdir /root/zkdata。

对 3 台节点，在工作目录中生成 myid 文件，但内容要分别为各自的 id:1、2、3。

kxt-hdp11 上： echo 1 > /root/zkdata/myid;

kxt-hdp12 上： echo 2 > /root/zkdata/myid;

kxt-hdp13 上： echo 3 > /root/zkdata/myid。

4. 启动 ZooKeeper 集群

ZooKeeper 没有提供自动批量启动脚本，需要手动一台一台地启动 ZooKeeper 进程，在每一台节点上，运行命令:zkServer.sh start。启动后，用 jps 应该能看到一个进程:QuorumPeerMain。但是，光有进程不代表 ZooKeeper 已经能正常服务，需要用 zkServer.sh status 命令检查状态，当能看到角色模式为 leader 或 follower 时，即正常了。

5. ZooKeeper 的命令行客户端操作

(1) 数据管理命令

常用的数据管理命令主要包括增、删、查、改功能的命令，具体如下。

① 创建节点：create /aaa ‘ppppp’。

② 查看节点下的子节点：ls /aaa。

③ 获取节点的 value：get /aaa。

④ 修改节点的 value：set /aaa ‘mmmmm’。

⑤ 删除节点：rmr /aaa。

(2) 数据监听命令

常用的数据监听命令主要包括节点的路径变化监听和节点值变化监听，具体如下。

① 节点的路径变化监听(ls path watch)

ls /aaa watch 在查看/aaa 的子节点的同时，注册了一个监听“节点的子节点变化事件”的监听器。

② 节点值变化监听(get path watch)

get /aaa watch 获取/aaa 的 value 的同时，注册了一个监听“节点 value 变化事件”的监听器。

注意：注册的监听器在正常收到一次所监听的事件后，就失效。

9.3 ZooKeeper 编程实例

ZooKeeper 有一个绑定 Java 和 C 语言的官方 API。ZooKeeper 社区为大多数语言(.NET、Python 等)提供非官方 API。使用 ZooKeeper API,应用程序可以连接、交互、操作数据、协调,最后断开与 ZooKeeper 集合的连接。

ZooKeeper API 具有丰富的功能,它能够以简单和安全的方式获得 ZooKeeper 集合的所有功能。ZooKeeper API 提供同步和异步方法。ZooKeeper 集合和 ZooKeeper API 在各个方面相辅相成,对开发人员有很大的帮助。

9.3.1 ZooKeeper API 基础知识

与 ZooKeeper 集合进行交互的应用程序称为 ZooKeeper 客户端或简称客户端。

Znode 是 ZooKeeper 集合的核心组件,ZooKeeper API 提供了一组方法,它们使用 ZooKeeper 集合来操纵 Znode 的所有细节。

客户端与 ZooKeeper 集合进行交互应该遵循以下流程。

- 连接到 ZooKeeper 集合。ZooKeeper 集合为客户端分配会话 ID。
- 定期向服务器发送心跳。否则,ZooKeeper 集合将使会话 ID 过期,客户端需要重新连接。
- 只要会话 ID 处于活动状态,就可以获取/设置 Znode。
- 所有任务完成后,断开与 ZooKeeper 集合的连接。如果客户端长时间不活动,则 ZooKeeper 集合将自动断开客户端。

9.3.2 ZooKeeper API 介绍及编程实例

下面介绍最重要的一组 ZooKeeper API。ZooKeeper API 的核心部分是 ZooKeeper 类。它提供了在其构造函数中连接 ZooKeeper 集合的选项,并具有以下方法。

1. connect——连接到 ZooKeeper 集合

ZooKeeper 类通过其构造函数提供 connect 功能。构造函数为

```
ZooKeeper(String connectionString, int sessionTimeout, Watcher watcher)
```

其中:connectionString 为 ZooKeeper 集合主机;sessionTimeout 为会话超时(以 ms 为单位);watcher 为实现"监视器"界面的对象。ZooKeeper 集合通过监视器对象返回连接状态。

2. create——创建 Znode

ZooKeeper 类提供了在 ZooKeeper 集合中创建一个新的 Znode 的 create 方法。构造函数为

```
create(String path, byte[] data, List<ACL> acl, CreateMode createMode)
```

其中:path 为 Znode 路径,例如,/myapp1、/myapp2、/myapp1/mydata1、myapp2/mydata1/myanothersubdata;data 为要存储在指定 Znode 路径中的数据;acl 为要创建的节点的访问控制列表。ZooKeeper API 提供了一个静态接口 ZooDefs. Ids 来获取一些基本的 acl 列表。

例如，ZooDefs. Ids. OPEN_ACL_UNSAFE 返回打开 Znode 的 acl 列表。createMode 为节点的类型，即临时、顺序或两者。这是一个枚举。

3. exists——检查 Znode 是否存在及其信息

ZooKeeper 类提供了 exists 方法来检查 Znode 的存在。如果指定的 Znode 存在，则返回一个 Znode 的元数据。构造函数为

```
exists(String path, boolean watcher)
```

其中：path 为 Znode 路径；watcher 为布尔值，用于指定是否监视指定的 Znode。

4. getData——从特定的 Znode 获取数据

ZooKeeper 类提供 getData 方法来获取附加在指定 Znode 中的数据及其状态。构造函数为

```
getData(String path, Watcher watcher, Stat stat)
```

其中：path 为 Znode 路径。watcher 为监视器类型的回调函数。当指定的 Znode 的数据改变时，ZooKeeper 集合将通过监视器回调进行通知。这是一次性通知。stat 为返回 Znode 的元数据。

5. setData——在特定的 Znode 中设置数据

ZooKeeper 类提供 setData 方法来修改指定 Znode 中附加的数据。构造函数为

```
setData(String path, byte[] data, int version)
```

其中：path 为 Znode 路径；data 为要存储在指定 Znode 路径中的数据；version 为 Znode 的当前版本。每当数据更改时，ZooKeeper 会更新 Znode 的版本号。

6. getChildren——获取特定 Znode 中的所有子节点

ZooKeeper 类提供 getChildren 方法来获取特定 Znode 的所有子节点。构造函数为

```
getChildren(String path, Watcher watcher)
```

其中：path 为 Znode 路径；watcher 为监视器类型的回调函数。当指定的 Znode 被删除或 Znode 下的子节点被创建/删除时，ZooKeeper 集合将进行通知。这是一次性通知。

7. delete——删除特定的 Znode 及其所有子项

ZooKeeper 类提供了 delete 方法来删除指定的 Znode。构造函数为

```
delete(String path, int version)
```

其中：path 为 Znode 路径；version 为 Znode 的当前版本。

8. close——关闭连接

使用 ZooKeeper API 的编程示例如下。

```
package com.kxt.zookeeper;

import org.apache.zookeeper.*;
import org.apache.zookeeper.data.Stat;
import org.junit.Test;

import java.io.IOException;
import java.util.List;

/**
```

```
 * zookeeper 的编程示例
 */
public class ZooKeeperDemo {

    //向 zookeeper 中写数据
    /**
     * 写入持久数据节点
     * @throws Exception
     */
    @Test
    public void WriteDataTozk1() throws Exception {
        //参数 1:connectString —— zookeeper 服务器的地址
        //参数 2:sessionTimeout —— 客户端与服务器连接超时的时限
        //参数 3:watcher —— 客户端收到 zookeeper 集群的事件通知后，需要调用的
逻辑(由用户根据自己的需求来实现)
        ZooKeeper zk = new ZooKeeper("kxt-hdp11:2181,kxt-hdp12:2181,kxt-hdp13:
2181",2000,null);

        //参数 1:path —— 要写入数据的 key
        //参数 2:data —— 要写入数据的 value
        //参数 3:acl —— 设置要写入数据的权限
        //参数 4:CreateMode —— 设置要写入数据节点的类型
        //PERSISTENT —— 持久的，客户端一旦建立，zookeeper 会持久保存，除非有客
户端手动删除
        //EPHEMERAL —— 短暂的，创建这个节点的客户端一旦断开与 zookeeper 集群
的联系，zookeeper 集群就会自动将该节点删除
        //SEQUENTIAL —— 带序号的，在同一个父节点下，创建带序号的子节点，zookeeper
会自动给客户端指定的子节点名后拼接一个自增的序号 /aa0000000000000,ab0000000000001
        String data = zk.create("/bb", "hello zookeeper".getBytes(), ZooDefs.
Ids.OPEN_ACL_UNSAFE, CreateMode.PERSISTENT);

        System.out.println(data);
        zk.close();
    }

    /**
     * 写入短暂的数据节点
     * @throws Exception
     */
    @Test
```

```
    public void WriteDataTozk2() throws Exception {
        ZooKeeper zk = new ZooKeeper("kxt-hdp11:2181,kxt-hdp12:2181,kxt-hdp13:
2181",2000,null);
        String data = zk.create("/bb2", "hello word".getBytes(), ZooDefs.Ids.
OPEN_ACL_UNSAFE, CreateMode.EPHEMERAL);
        System.out.println(data);
        Thread.sleep(10000);
    }

    /**
     * 写入持久带序号的数据节点
     * @throws Exception
     */
    @Test
    public void WriteDataTozk3() throws Exception {
        ZooKeeper zk = new ZooKeeper("kxt-hdp11:2181,kxt-hdp12:2181,kxt-hdp13:
2181",2000,null);
        String data1 = zk.create("/bb/xx", "hello word".getBytes(), ZooDefs.
Ids.OPEN_ACL_UNSAFE, CreateMode.PERSISTENT_SEQUENTIAL);
        String data2 = zk.create("/bb/yy", "hello word".getBytes(), ZooDefs.
Ids.OPEN_ACL_UNSAFE, CreateMode.PERSISTENT_SEQUENTIAL);
        String data3 = zk.create("/bb/zz", "hello word".getBytes(), ZooDefs.
Ids.OPEN_ACL_UNSAFE, CreateMode.PERSISTENT_SEQUENTIAL);
        System.out.println(data1);
        System.out.println(data2);
        System.out.println(data3);
        zk.close();
    }

    //查看 zookeeper 中的数据

    /**
     * 获取指定 key 的数据
     * @throws Exception
     */
    @Test
    public void getDataFromzk() throws Exception {
        ZooKeeper zk = new ZooKeeper("kxt-hdp11:2181,kxt-hdp12:2181,kxt-hdp13:
2181",2000,null);
        //参数 1:path —— 要获取数据的 key
```

```
        //参数 2:Watcher —— 指定在获取数据时,是否向 zookeeper 注册这个数据的
    监听
        //参数 3:Stat —— 指定要获取数据的版本
        byte[] data = zk.getData("/bb", false, null);
        String value = new String(data);
        System.out.println(value);
        zk.close();
    }

    /**
     * 获取父节点的子节点信息(数据)
     * @throws Exception
     */
    @Test
    public void getChildren() throws Exception {
        ZooKeeper zk = new ZooKeeper("kxt-hdp11:2181,kxt-hdp12:2181,kxt-hdp13:
    2181",2000,null);

        List<String> children = zk.getChildren("/bb", false);
        for (String ch: children) {
            byte[] data = zk.getData("/bb/" + ch, false, null);
            String value = new String(data);
            System.out.println(ch);
            System.out.println(value);
        }
        zk.close();
    }


    /**
     * 删除 zookeeper 中的数据
     * @throws Exception
     */
    @Test
    public void deleteData() throws Exception {
        ZooKeeper zk = new ZooKeeper("kxt-hdp11:2181,kxt-hdp12:2181,kxt-hdp13:
    2181",2000,null);
        zk.delete("/bb/zz0000000005",-1);
        zk.close();
    }
```

```
    /**
     * 修改 zookeeper 中的数据
     */
    @Test
    public void updataData() throws Exception {
        ZooKeeper zk = new ZooKeeper("kxt-hdp11:2181,kxt-hdp12:2181,kxt-hdp13:
2181",2000,null);
        zk.setData("/aa","hello zhangsan".getBytes(),-1);
        zk.close();
    }

    /**
     * 判断一个数据节点是否存在
     */
    @Test
    public void exisData() throws Exception {
        ZooKeeper zk = new ZooKeeper("kxt-hdp11:2181,kxt-hdp12:2181,kxt-hdp13:
2181",2000,null);
        Stat exists = zk.exists("/aa", false);
        System.out.println(exists == null?"此节点不存在":exists);
        zk.close();
    }

    //让 zookeeper 帮助去监听指定数据,如果有变化,那么就发通知过来
    ZooKeeper zk = null;
    /**
     * 1.去监听指定的数据节点中的内容的事件
     * 2.去监听子节点变化的事件
     */
    @Test
    public void testWatchDataChange() throws Exception {
        zk = new ZooKeeper("kxt-hdp11:2181,kxt-hdp12:2181,kxt-hdp13:2181",
2000, new Watcher() {
            @Override
            public void process(WatchedEvent watchedEvent) {
                if (watchedEvent.getType() == Event.EventType.None){
                    return;
                }
```

```
                    System.out.println("监听到节点的类型:" + watchedEvent.getType());
                    System.out.println("监听到节点的key:" + watchedEvent.getPath());
                    System.out.println("监听到节点的状态:" + watchedEvent.getState());
                    System.out.println("\n*************************\n");
                    try {
                        zk.getData("/aa",true, null);
                    } catch (Exception e) {
                    }
                }
            });

            zk.getData("/aa",true, null);

            Thread.sleep(20000);
            zk.close();
        }

    /**
     * 2.去监听子节点变化的事件
     */
    @Test
    public void testWatchChildrenChange() throws Exception {
        zk = new ZooKeeper("kxt-hdp11:2181,kxt-hdp12:2181,kxt-hdp13:2181",
2000, new Watcher() {
                @Override
                public void process(WatchedEvent watchedEvent) {
                    if (watchedEvent.getType() == Event.EventType.None){
                        return;
                    }
                    System.out.println("监听到节点的类型:" + watchedEvent.getType());
                    System.out.println("监听到节点的key:" + watchedEvent.getPath());
                    System.out.println("监听到节点的状态:" + watchedEvent.getState());
                    System.out.println("\n*************************\n");
                    try {
                        zk.getChildren("/aa",true);
                    } catch (Exception e) {
                    }
                }
            });
```

```
        zk.getChildren("/aa",true);
        Thread.sleep(30000);
        zk.close();
    }
}
```

本章小结

本章首先介绍了分布式锁服务 ZooKeeper 的基本概念、基本原理、选举机制和存储机制；然后，又重点介绍了 ZooKeeper 集群的部署和配置；最后，介绍了 ZooKeeper API 的基础知识，并使用 API 编程示例详细介绍了如何创建 ZooKeeper 工具类，向 ZooKeeper 中写入不同节点类型的数据，查看数据信息，删除、修改、判断数据节点，监听指定的数据节点中的内容和监听子节点变化。

习题九

1. 请简述 ZooKeeper 的基本原理。
2. 请简述 ZooKeeper 的选举机制。
3. ZooKeeper 客户端数据管理功能命令有哪些？
4. 客户端与 ZooKeeper 集合交互应该遵循哪些流程？
5. ZooKeeper 类通过其构造函数提供 connect 功能，请描述其构造函数。
6. ZooKeeper 类提供了在 ZooKeeper 集合中创建一个新的 Znode 的 create 方法，请描述 create 方法。
7. ZooKeeper 类提供 getData 方法来获取附加在指定 Znode 中的数据及其状态，请描述 getData 方法。
8. ZooKeeper 类提供 getChildren 方法来获取特定 Znode 的所有子节点，请描述 getChildren 方法。

第10章 Hadoop高可用集群搭建

如果HDFS集群中只配置一个NameNode，那么当该NameNode所在的节点宕机，则整个HDFS不能进行文件的上传和下载。

如果YARN集群中只配置一个ResourceManager，那么当该ResourceManager所在的节点宕机，则整个YARN不能进行资源的管理。

在Hadoop2.0的高可用方案中，通常有两个NameNode，一个处于Active状态，另一个处于Standby状态。Active NameNode对外提供服务，而Standby NameNode则不对外提供服务，仅同步Active NameNode的状态，以便能够在它失败时快速进行切换。当状态为Active的节点出现宕机时，高可用提供快速故障转移，状态为Standby的节点会立刻接管所有对外提供的服务，那么就不会出现上述服务不可用的问题了。

在Hadoop2.2.0中依然存在一个问题，就是ResourceManager只有一个，存在单点故障，Hadoop2.6.4解决了这个问题，即有两个ResourceManager，一个处于Active状态，一个处于Standby状态，两种状态由ZooKeeper进行协调。

10.1 HDFS高可用的工作机制

Hadoop2.0官方提供了两种HDFS高可用(HA，High Avaliability)的解决方案(详细的方案描述请参考3.3.2节内容)，一种是网络文件系统(NFS，Network File System)，另一种是仲裁日志管理器(QJM，Quorum Journal Manager)。这里使用简单的QJM，如图10-1所示。在该方案中，主备NameNode之间通过一组JournalNode同步元数据信息，一条数据只要成功写入多数JournalNode即认为写入成功。通常配置奇数个JournalNode。

这里还配置了一个ZooKeeper集群，用于ZKFC(ZooKeeper Failover Controller)故障转移，当Active NameNode宕机了，会自动切换Standby NameNode为Active状态。

QJournalNode为日志存储系统，主要管理集群中的NameNode的元数据信息。Active状态的NameNode不间断地将元数据信息同步到QJournalNode中，QJournalNode实时更新到Standby状态的NameNode中，当Active状态的NameNode宕机，高可用集群会快速启动Standby状态的NameNode为Active状态，接替之前的NameNode工作。QJournalNode从外部看是一个整体，其实内部也是分布式的，由多台节点组成，各节点数据实时同步，防止单点故障或数据丢失。在QJournalNode内部最少需要3台节点，根据Paxos算法进行选举。

ZKFC监听NameNode所在节点状态，当所监听到Active状态的节点发生故障时，Active状态节点的ZKFC会与ZooKeeper进行交互，告知ZooKeeper所在节点出现故障，Standby状态节点的ZKFC会一直监听ZooKeeper，当得知NameNode宕机后，会通过SSH远程指令关闭Active状态节点的NameNode，如果SSH没有响应，则帮用户调用一个脚本，如果脚本运行成功，则返回 0，并且切换状态，这样做也是为了防止“脑裂场景”发生。ZKFC 也是基于 ZooKeeper 实现的。

QuorumPeerMain 为 ZooKeeper 集群的进程名称。

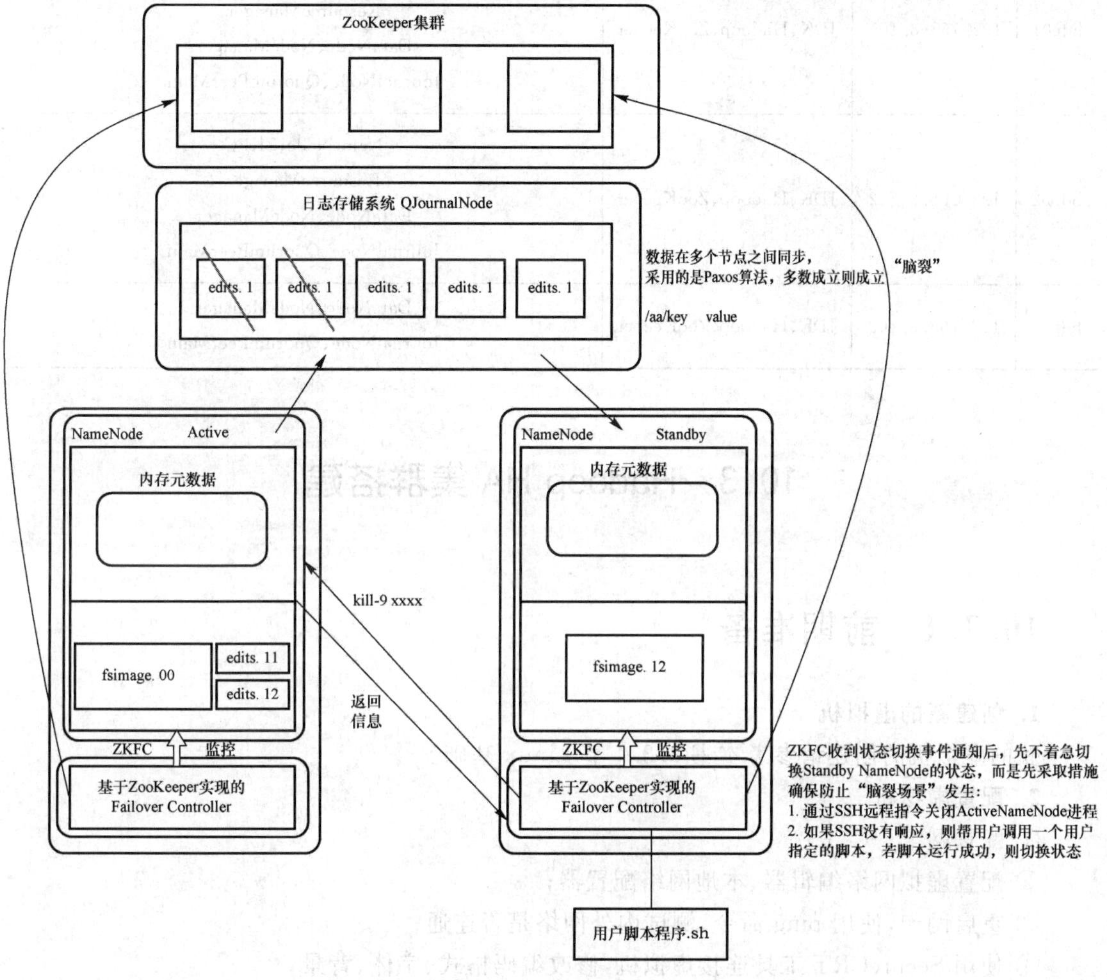

图 10-1　基于 QJM 的 HDFS HA 架构

10.2　集群规划

Hadoop 高可用集群规划如表 10-1 所示，采用 3 台节点主机，分别为 hdp01、hdp02 和 hdp03。其中：NameNode 需要有两个，一个 Active 状态，一个 Standby 状态，分别分配到 hdp01 和 hdp02 节点；ZKFC 监听 NameNode 所在节点，所以也分配到 hdp01 和 hdp02 节点；为了解决 ResourceManager 单点故障问题，可以将这两个节点作为管理节点，所以将 ResourceManager 也分配到这两个节点中；DataNode 和 NodeManager 为工作进程，所需资源较大，可将它们单独分配新的节点，但本书以 3 台节点为例，所以，每台节点都要分配 DataNode 和 NodeManager；因为 JournalNode 和 QuorumPeerMain 是分布式的，所以最少需要 3 台节点部署它们。

表 10-1 Hadoop 高可用集群规划

主机名	IP	安装软件	运行进程
hdp01	192.168.8.101	JDK、Hadoop、ZooKeeper	NameNode、ZKFC ResourceManager DataNode、NodeManager JournalNode、QuorumPeerMain
hdp02	192.168.8.102	JDK、Hadoop、ZooKeeper	NameNode、ZKFC ResourceManager DataNode、NodeManager JournalNode、QuorumPeerMain
hdp03	192.168.8.103	JDK、Hadoop、ZooKeeper	DataNode、NodeManager JournalNode、QuorumPeerMain

10.3 Hadoop HA 集群搭建

10.3.1 前期准备

1. 创建新的虚拟机

新的虚拟机的创建请参考本书 2.3.4 节 Linux 基础。

2. 配置虚拟机

① 配置网卡;

② 配置虚拟网络编辑器、本地网络配置器;

③ 重启网卡,使用 ping 命令,测试内外网络是否连通;

④ 使用 SecureCRT 工具连接虚拟机,修改编码格式、字体、背景;

⑤ 修改主机名;

⑥ 配置映射(3 台节点);

⑦ 关闭防火墙。

以上步骤详细说明请参考本书 2.3.4 节 Linux 基础。

3. 克隆虚拟机

① 克隆 hdp02 和 hdp03;

② 修改 hdp02 和 hdp03 的网络地址配置;

③ 重启网卡,使用 ping 命令,测试内外网络是否连通;

④ 使用 SecureCRT 工具连接虚拟机,修改编码格式、字体、背景;

⑤ 修改主机名;

⑥ 检查映射(3 台节点);

⑦ 检查防火墙;

⑧ 上传 JDK、Hadoop、ZooKeeper(主节点);

⑨ 配置 hdp01、hdp02、hdp03 上的环境变量，具体配置内容如下。

```
export JAVA_HOME = /opt/software/jdk1.8.0_162
export HADOOP_HOME = /opt/software/hadoop-2.7.3
export ZOOKEEPER_HOME = /opt/software/zookeeper-3.4.6
export PATH = $PATH:$JAVA_HOME/bin:$HADOOP_HOME/bin:$HADOOP_HOME/sbin:
$ZOOKEEPER_HOME/bin
```

以上步骤①～⑦详细说明请参考本书 2.3.4 节 Linux 基础，步骤⑧～⑨详细说明请参考本书 2.4.2 节全分布式安装部署。

10.3.2　安装 ZooKeeper 集群

1. 配置文件

输入如图 10-2 所示的命令，配置 zoo.cfg 文件。具体的命令如下：

```
cd /opt/software/zookeeper-3.4.6/conf/
cp zoo_sample.cfg zoo.cfg
vi zoo.cfg
```

```
[root@hdp01 ~]# cd /opt/software/zookeeper-3.4.6/conf/
[root@hdp01 conf]#
[root@hdp01 conf]#
[root@hdp01 conf]# cp zoo_sample.cfg zoo.cfg
[root@hdp01 conf]#
[root@hdp01 conf]# vi zoo.cfg
```

图 10-2　配置 zoo.cfg 文件

zoo.cfg 文件的具体配置内容如图 10-3 中的方框所示。

```
192.168.8.101 × | 192.168.8.102 | 192.168.8.103 | 192.168.8.101 (1)
# The number of ticks that the initial
# synchronization phase can take
initLimit=10
# The number of ticks that can pass between
# sending a request and getting an acknowledgement
syncLimit=5
# the directory where the snapshot is stored.
# do not use /tmp for storage, /tmp here is just
# example sakes.
dataDir=/opt/software/zookeeper-3.4.6/zkData
# the port at which the clients will connect
clientPort=2181
# the maximum number of client connections.
# increase this if you need to handle more clients
#maxClientCnxns=60
#
# Be sure to read the maintenance section of the
# administrator guide before turning on autopurge.
#
# http://zookeeper.apache.org/doc/current/zookeeperAdmin.html#sc_maintenance
#
# The number of snapshots to retain in dataDir
#autopurge.snapRetainCount=3
# Purge task interval in hours
# Set to "0" to disable auto purge feature
#autopurge.purgeInterval=1

server.1=hdp01:2888:3888
server.2=hdp02:2888:3888
server.3=hdp03:2888:3888
```

图 10-3　zoo.cfg 文件的具体配置内容

接着，执行以下两个命令，执行结果如图 10-4 所示。

```
mkdir /opt/software/zookeeper-3.4.6/zkData
echo 1 > /opt/software/zookeeper-3.4.6/zkData/myid
```

```
[root@hdp01 conf]# echo 1 > /opt/software/zookeeper-3.4.6/zkData/myid
[root@hdp01 conf]# cd /opt/software/zookeeper-3.4.6/zkData/
[root@hdp01 zkData]#
[root@hdp01 zkData]# ll
total 4
-rw-r--r--. 1 root root 2 Jul 11 19:55 myid
[root@hdp01 zkData]# cat myid
1
[root@hdp01 zkData]#
```

图 10-4　命令执行结果

2. 复制文件

① 复制 JDK、ZooKeeper 安装包文件到 hdp02 和 hdp03 节点，复制命令如下。

```
scp -r jdk1.8.0_162/ hdp02:$PWD
scp -r zookeeper-3.4.6/ hdp02:$PWD
scp -r jdk1.8.0_162/ hdp03:$PWD
scp -r zookeeper-3.4.6/ hdp03:$PWD
```

② 修改 02 和 03 节点的 myid 如下。

```
echo 2 > /opt/software/zookeeper-3.4.6/zkData/myid
echo 3 > /opt/software/zookeeper-3.4.6/zkData/myid
```

10.3.3　安装 Hadoop 集群

1. 配置文件

首先，使用命令“cd /opt/software/hadoop-2.7.3/etc/hadoop/”跳转到 Hadoop 的“etc/hadoop”目录，然后依次修改以下配置文件。

(1) hadoop-env.sh

修改 hadoop-env.sh 中的 JDK 的配置项 export JAVA_HOME=/opt/software/jdk1.8.0_162，具体如图 10-5 所示。

```
192.168.8.101 ×  192.168.8.102  192.168.8.103  192.168.8.101 (1)
# Licensed to the Apache Software Foundation (ASF) under one
# or more contributor license agreements.  See the NOTICE file
# distributed with this work for additional information
# regarding copyright ownership.  The ASF licenses this file
# to you under the Apache License, Version 2.0 (the
# "License"); you may not use this file except in compliance
# with the License.  You may obtain a copy of the License at
#
#     http://www.apache.org/licenses/LICENSE-2.0
#
# Unless required by applicable law or agreed to in writing, software
# distributed under the License is distributed on an "AS IS" BASIS,
# WITHOUT WARRANTIES OR CONDITIONS OF ANY KIND, either express or implied.
# See the License for the specific language governing permissions and
# limitations under the License.

# Set Hadoop-specific environment variables here.

# The only required environment variable is JAVA_HOME.  All others are
# optional.  When running a distributed configuration it is best to
# set JAVA_HOME in this file, so that it is correctly defined on
# remote nodes.

# The java implementation to use.
export JAVA_HOME=/opt/software/jdk1.8.0_162

# The jsvc implementation to use. Jsvc is required to run secure datanodes
# that bind to privileged ports to provide authentication of data transfer
# protocol.  Jsvc is not required if SASL is configured for authentication of
# data transfer protocol using non-erivileged ports.
#export JSVC_HOME=${JSVC_HOME}

export HADOOP_CONF_DIR=${HADOOP_CONF_DIR:-"/etc/hadoop"}

# Extra Java CLASSPATH elements.  Automatically insert capacity-scheduler.
for f in $HADOOP_HOME/contrib/capacity-scheduler/*.jar; do
  if [ "$HADOOP_CLASSPATH" ]; then
    export HADOOP_CLASSPATH=$HADOOP_CLASSPATH:$f
  else
"hadoop-env.sh"
```

图 10-5　配置 hadoop-env. sh

(2) core-site. xml

如图 10-6 所示，创建 Hadoop 临时目录 mkdir /opt/software/hadoop-2. 7. 3/hdpData，然后，配置 core-site. xml，修改内容如图 10-7 所示。

```
[root@hdp01 hadoop-2.7.3]# mkdir hdpData
[root@hdp01 hadoop-2.7.3]#
[root@hdp01 hadoop-2.7.3]#
[root@hdp01 hadoop-2.7.3]# cd hdpData/
[root@hdp01 hdpData]# pwd
/opt/software/hadoop-2.7.3/hdpData
```

图 10-6　创建 Hadoop 临时目录

core-site. xml 配置内容如下。

```
<configuration>
<!-- 指定 hdfs 的 nameservice 为 ns1 -->
<property>
<name>fs.defaultFS</name>
<value>hdfs://bi/</value>
```

```
</property>
<!-- 指定 hadoop 临时目录 -->
<property>
<name>hadoop.tmp.dir</name>
<value>/opt/software/hadoop-2.7.3/hdpData</value>
</property>

<!-- 指定 zookeeper 地址 -->
<property>
<name>ha.zookeeper.quorum</name>
<value>hdp01:2181,hdp02:2181,hdp03:2181</value>
</property>
</configuration>
```

```
192.168.8.101 × 192.168.8.102 192.168.8.103 192.168.8.101 (1)
<?xml-stylesheet type="text/xsl" href="configuration.xsl"?>
<!--
  Licensed under the Apache License, Version 2.0 (the "License");
  you may not use this file except in compliance with the License.
  You may obtain a copy of the License at

    http://www.apache.org/licenses/LICENSE-2.0

  Unless required by applicable law or agreed to in writing, software
  distributed under the License is distributed on an "AS IS" BASIS,
  WITHOUT WARRANTIES OR CONDITIONS OF ANY KIND, either express or implied.
  See the License for the specific language governing permissions and
  limitations under the License. See accompanying LICENSE file.
-->

<!-- Put site-specific property overrides in this file. -->

<configuration>

<!-- 指定hdfs的nameservice为ns1 -->
<property>
<name>fs.defaultFS</name>
<value>hdfs://bi/</value>
</property>
<!-- 指定hadoop临时目录 -->
<property>
<name>hadoop.tmp.dir</name>
<value>/opt/software/hadoop-2.7.3/hdpData</value>
</property>

<!-- 指定zookeeper地址 -->
<property>
<name>ha.zookeeper.quorum</name>
<value>hdp01:2181,hdp02:2181,hdp03:2181</value>
</property>

</configuration>
~
"core-site.xml" 38L, 1162C written
[root@hdp01 hadoop]#
```

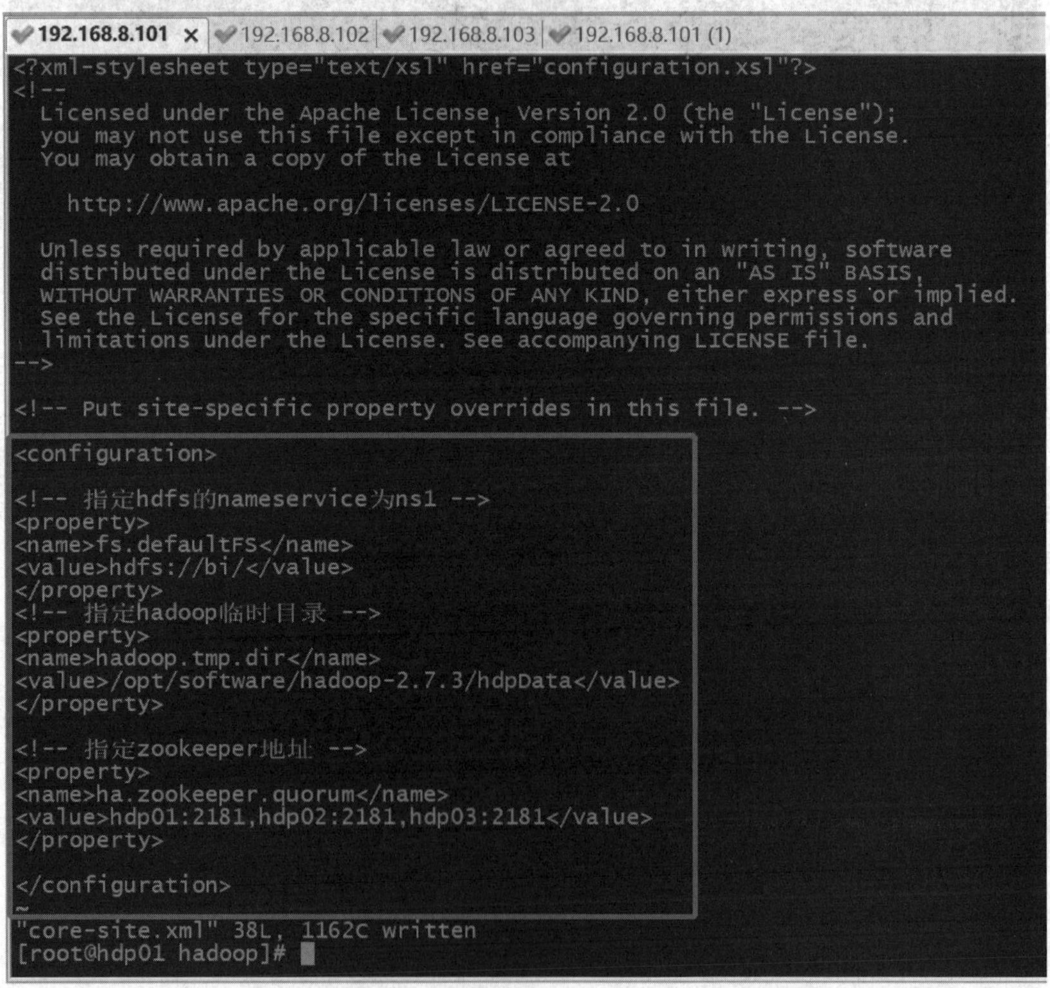

图 10-7 配置 core-site. xml

（3）hdfs-site. xml

执行命令 mkdir -p /root/hdpdata/journaldata 创建目录 journaldata，如图 10-8 所示。然后，修改 hdfs-site. xml 文件。

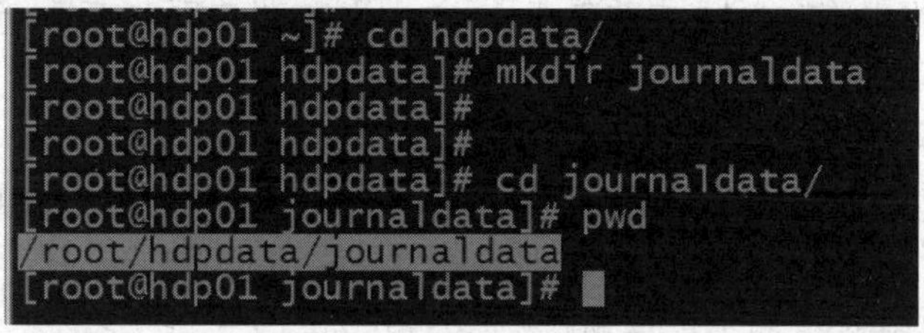

```
[root@hdp01 ~]# cd hdpdata/
[root@hdp01 hdpdata]# mkdir journaldata
[root@hdp01 hdpdata]#
[root@hdp01 hdpdata]#
[root@hdp01 hdpdata]# cd journaldata/
[root@hdp01 journaldata]# pwd
/root/hdpdata/journaldata
[root@hdp01 journaldata]#
```

图 10-8　创建目录 journaldata

hdfs-site. xml 配置内容如下。

```
<configuration>
<!--指定 hdfs 的 nameservice 为 bi，需要和 core-site.xml 中的保持一致 -->
<property>
<name>dfs.nameservices</name>
<value>bi</value>
</property>
<!-- bi 下面有两个 NameNode，分别是 nn1，nn2 -->
<property>
<name>dfs.ha.namenodes.bi</name>
<value>nn1,nn2</value>
</property>
<!-- nn1 的 RPC 通信地址 -->
<property>
<name>dfs.namenode.rpc-address.bi.nn1</name>
<value>hdp01:9000</value>
</property>
<!-- nn1 的 http 通信地址 -->
<property>
<name>dfs.namenode.http-address.bi.nn1</name>
<value>hdp01:50070</value>
</property>
<!-- nn2 的 RPC 通信地址 -->
<property>
<name>dfs.namenode.rpc-address.bi.nn2</name>
<value>hdp02:9000</value>
</property>
<!-- nn2 的 http 通信地址 -->
<property>
```

```
<name>dfs.namenode.http-address.bi.nn2</name>
<value>hdp02:50070</value>
</property>
<!-- 指定 NameNode 的 edits 元数据在 JournalNode 上的存放位置 -->
<property>
<name>dfs.namenode.shared.edits.dir</name>
<value>qjournal://hdp01:8485;hdp02:8485;hdp03:8485/bi</value>
</property>
<!-- 指定 JournalNode 在本地磁盘存放数据的位置 -->
<property>
<name>dfs.journalnode.edits.dir</name>
<value>/root/hdpdata/journaldata/</value>
</property>
<!-- 开启 NameNode 失败自动切换 -->
<property>
<name>dfs.ha.automatic-failover.enabled</name>
<value>true</value>
</property>
<!-- 配置失败自动切换实现方式 -->
<property>
<name>dfs.client.failover.proxy.provider.bi</name>
<value>org.apache.hadoop.hdfs.server.namenode.ha.ConfiguredFailoverProxyProvider
</value>
</property>
<!-- 配置隔离机制方法,多个机制用换行分隔,即每个机制暂用一行-->
<property>
<name>dfs.ha.fencing.methods</name>
<value>
sshfence
shell(/bin/true)
</value>
</property>
<!-- 使用 sshfence 隔离机制时需要 ssh 免登录 -->
<property>
<name>dfs.ha.fencing.ssh.private-key-files</name>
<value>/root/.ssh/id_rsa</value>
</property>
<!-- 配置 sshfence 隔离机制的超时时间 -->
<property>
<name>dfs.ha.fencing.ssh.connect-timeout</name>
```

```
<value>30000</value>
</property>
</configuration>
```

(4) mapred-site. xml

mapred-site. xml 配置内容如图 10-9 所示。

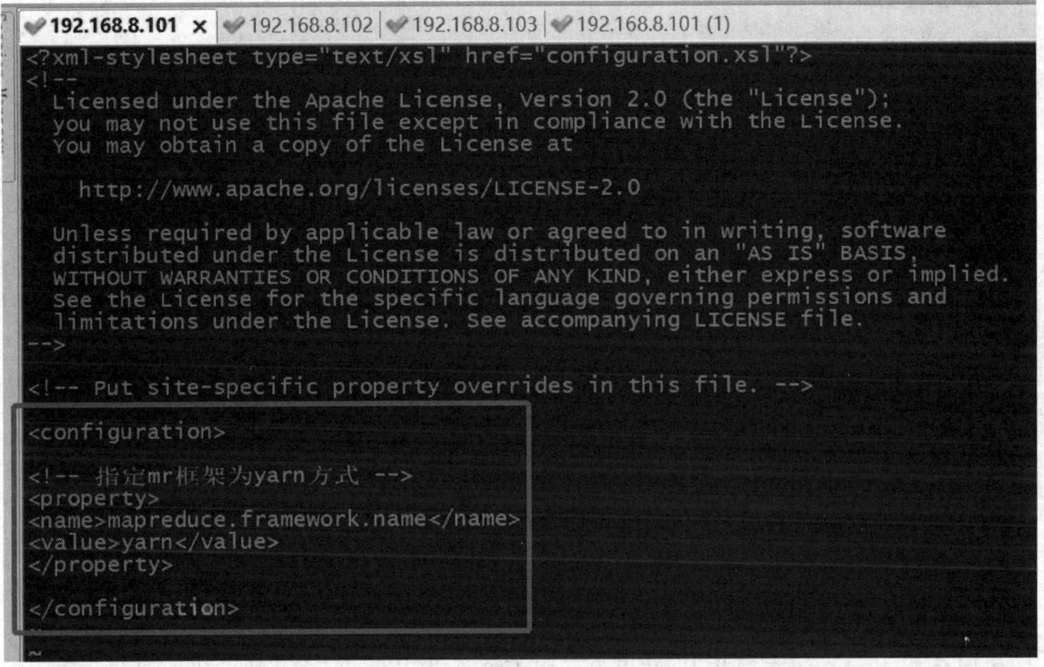

图 10-9　配置 mapred-site. xml

(5) yarn-site. xml

yarn-site. xml 的配置内容如下。

```
<configuration>
<!-- 开启 RM 高可用 -->
<property>
<name>yarn.resourcemanager.ha.enabled</name>
<value>true</value>
</property>
<!-- 指定 RM 的 cluster id -->
<property>
<name>yarn.resourcemanager.cluster-id</name>
<value>yrc</value>
</property>
<!-- 指定 RM 的名字 -->
<property>
<name>yarn.resourcemanager.ha.rm-ids</name>
<value>rm1,rm2</value>
```

```
</property>
<!-- 分别指定 RM 的地址 -->
<property>
<name>yarn.resourcemanager.hostname.rm1</name>
<value>hdp01</value>
</property>
<property>
<name>yarn.resourcemanager.hostname.rm2</name>
<value>hdp02</value>
</property>
<!-- 指定 ZooKeeper 集群地址 -->
<property>
<name>yarn.resourcemanager.zk-address</name>
<value>hdp01:2181,hdp02:2181,hdp03:2181</value>
</property>
<property>
<name>yarn.nodemanager.aux-services</name>
<value>mapreduce_shuffle</value>
</property>
</configuration>
```

(6) slaves

使用命令 vi slaves 查看节点，结果显示以下 3 个节点。

```
hdp01
hdp02
hdp03
```

2. 复制 Hadoop 文件到其他节点

(1) 删除 doc 文档

删除 doc 文档操作命令如下，具体操作如图 10-10 所示。

```
cd /opt/software/hadoop-2.7.3/share/
rm -rf doc/
```

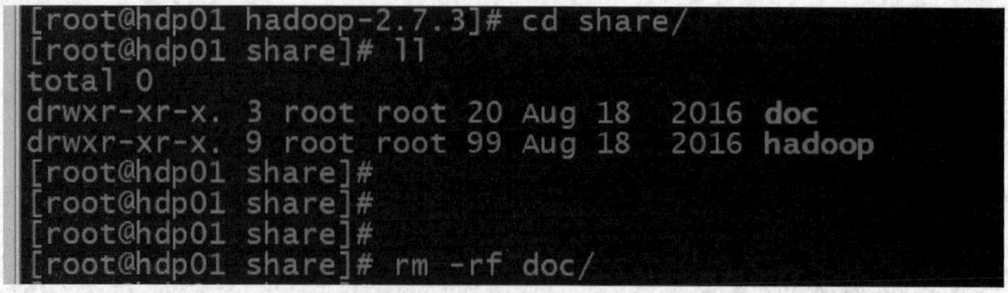

```
[root@hdp01 hadoop-2.7.3]# cd share/
[root@hdp01 share]# ll
total 0
drwxr-xr-x. 3 root root 20 Aug 18  2016 doc
drwxr-xr-x. 9 root root 99 Aug 18  2016 hadoop
[root@hdp01 share]#
[root@hdp01 share]#
[root@hdp01 share]#
[root@hdp01 share]# rm -rf doc/
```

图 10-10　删除文档

doc 文档占用空间较大，因此删除它以便于节约空间。

(2) 复制 Hadoop 文件

将配置好的 Hadoop 文件复制到 hdp02 和 hdp03 节点,命令如下。具体操作如图 10-11 所示。

```
scp -r hadoop-2.7.3/ hdp02:$PWD
scp -r hadoop-2.7.3/ hdp03:$PWD
```

```
[root@hdp01 software]# scp -r hadoop-2.7.3/ hdp02:$PWD
root@hdp02's password:
hadoop                                                   100% 6488     6.3KB/s   00:00
hadoop.cmd                                               100% 8514     8.3KB/s   00:00
rcc                                                      100% 1776     1.7KB/s   00:00
hdfs                                                     100%   12KB  11.9KB/s   00:00
hdfs.cmd                                                 100% 7238     7.1KB/s   00:00
container-executor                                       100%  106KB 106.3KB/s   00:00
test-container-executor                                  100%  122KB 122.3KB/s   00:00
yarn                                                     100%   13KB  13.0KB/s   00:00
yarn.cmd                                                 100%   11KB  10.8KB/s   00:00
mapred                                                   100% 5953     5.8KB/s   00:00
mapred.cmd                                               100% 6094     6.0KB/s   00:00
hadoop-env.cmd                                           100% 3589     3.5KB/s   00:00
```

图 10-11　复制到其他节点

(3) 设置免密

首先要配置 hdp01、hdp02、hdp03 的免密码登录。在 hdp01 上生成一对钥匙 ssh-keygen -t rsa,具体如图 10-12 所示。

```
[root@hdp01 software]# ssh-keygen -t rsa
Generating public/private rsa key pair.
Enter file in which to save the key (/root/.ssh/id_rsa):
Enter passphrase (empty for no passphrase):
Enter same passphrase again:
Your identification has been saved in /root/.ssh/id_rsa.
Your public key has been saved in /root/.ssh/id_rsa.pub.
The key fingerprint is:
cf:64:67:c4:0a:e7:c6:97:7a:5d:d2:7f:6a:9f:aa:14 root@hdp01
The key's randomart image is:
+--[ RSA 2048]----+
|                 |
|          .      |
|        . . o    |
|        = o . .  |
|       S BE= . o |
|        * =.. o. |
|         +.. . o |
|          .. ..o |
|          ..ooo. |
+-----------------+
[root@hdp01 software]#
```

图 10-12　hdp01 上生成钥匙

然后,将公钥复制到所有节点,包括本节点,具体操作如图 10-13 所示。命令如下:

```
192.168.8.101 ×  192.168.8.102  192.168.8.103  192.168.8.101 (1)
[root@hdp01 software]#
[root@hdp01 software]# ssh-copy-id hdp01
The authenticity of host 'hdp01 (192.168.8.101)' can't be established.
ECDSA key fingerprint is b8:62:3b:f8:f9:1f:fc:10:71:04:35:27:93:f5:3f:ca.
Are you sure you want to continue connecting (yes/no)? yes
/usr/bin/ssh-copy-id: INFO: attempting to log in with the new key(s), to filter out any that are already installed
/usr/bin/ssh-copy-id: INFO: 1 key(s) remain to be installed -- if you are prompted now it is to install the new keys
root@hdp01's password:

Number of key(s) added: 1

Now try logging into the machine, with:   "ssh 'hdp01'"
and check to make sure that only the key(s) you wanted were added.

[root@hdp01 software]#
[root@hdp01 software]#
[root@hdp01 software]#
[root@hdp01 software]# ssh-copy-id hdp02
/usr/bin/ssh-copy-id: INFO: attempting to log in with the new key(s), to filter out any that are already installed
/usr/bin/ssh-copy-id: INFO: 1 key(s) remain to be installed -- if you are prompted now it is to install the new keys
root@hdp02's password:

Number of key(s) added: 1

Now try logging into the machine, with:   "ssh 'hdp02'"
and check to make sure that only the key(s) you wanted were added.

[root@hdp01 software]#
[root@hdp01 software]#
[root@hdp01 software]# ssh-copy-id hdp03
/usr/bin/ssh-copy-id: INFO: attempting to log in with the new key(s), to filter out any that are already installed
/usr/bin/ssh-copy-id: INFO: 1 key(s) remain to be installed -- if you are prompted now it is to install the new keys
root@hdp03's password:

Number of key(s) added: 1

Now try logging into the machine, with:   "ssh 'hdp03'"
and check to make sure that only the key(s) you wanted were added.

[root@hdp01 software]#
```

图 10-13　复制公钥到所有节点

ssh-copy-id hdp01

ssh-copy-id hdp02

ssh-copy-id hdp03

注意：两个 NameNode 之间要配置 SSH 免密码登录，同时配置 hdp02 到 hdp01 的免密码登录，如图 10-14 所示。具体的操作是在 hdp02 上生产一对钥匙，然后，复制到 hdp01。命令如下：

ssh-keygen -t rsa

ssh-copy-id -i hdp01

图 10-14　配置 hdp02 到 hdp01 的免密码登录

10.3.4　启动集群

1. 同步时间

如图 10-15 所示，执行命令 date -s “2018-7-11 20:24:00”，同步时间。

图 10-15　同步时间

2. 启动 ZooKeeper 集群

如图 10-16 所示，分别在 hdp01、hdp02、hdp03 上执行 zkServer. sh start，然后，执行命令 zkServer. sh status，查看各节点的状态(结果应该是有一个 leader 和两个 follower)。

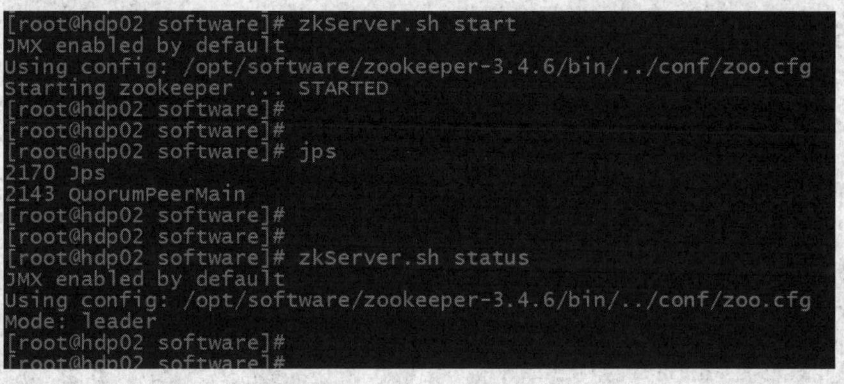

```
[root@hdp02 software]# zkServer.sh start
JMX enabled by default
Using config: /opt/software/zookeeper-3.4.6/bin/../conf/zoo.cfg
Starting zookeeper ... STARTED
[root@hdp02 software]#
[root@hdp02 software]#
[root@hdp02 software]# jps
2170 Jps
2143 QuorumPeerMain
[root@hdp02 software]#
[root@hdp02 software]#
[root@hdp02 software]# zkServer.sh status
JMX enabled by default
Using config: /opt/software/zookeeper-3.4.6/bin/../conf/zoo.cfg
Mode: leader
[root@hdp02 software]#
[root@hdp02 software]#
```

图 10-16　启动集群

3. 启动 JournalNode

如图 10-17 所示，分别在 hdp01、hdp02、hdp03 上执行 hadoop-daemon. sh start journalnode，然后，运行 jps 命令检验 hdp01、hdp02 和 hdp03 上是否多了 JournalNode 进程。

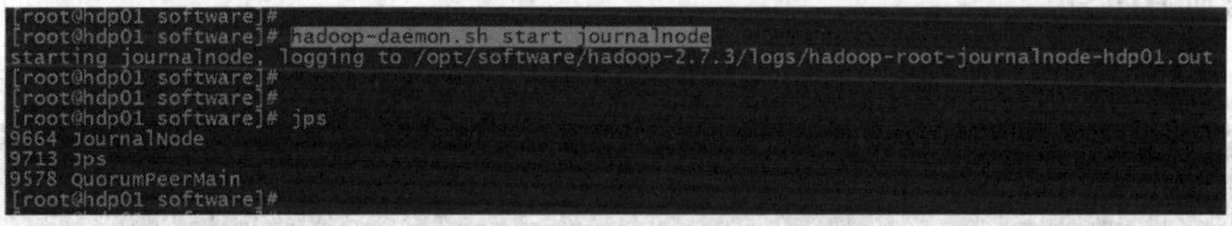

```
[root@hdp01 software]#
[root@hdp01 software]# hadoop-daemon.sh start journalnode
starting journalnode, logging to /opt/software/hadoop-2.7.3/logs/hadoop-root-journalnode-hdp01.out
[root@hdp01 software]#
[root@hdp01 software]#
[root@hdp01 software]# jps
9664 JournalNode
9713 Jps
9578 QuorumPeerMain
[root@hdp01 software]#
```

图 10-17　启动 JournalNode

4. 格式化 NameNode

在 hdp01 上执行命令 hdfs namenode -format，格式化后会再根据 core-site. xml 中的 hadoop. tmp. dir 配置生成一个文件，这里配置的是/opt/software/hadoop-2. 7. 3/hdpData，然后执行复制命令 scp -r dfs/ hdp02：$PWD，将/opt/software/hadoop-2. 7. 3/hdpData/复制到 hdp02 的/opt/software/hadoop-2. 7. 3/hdpData 下，如图 10-18 所示。

```
192.168.8.101 × | 192.168.8.102 | 192.168.8.103 | 192.168.8.101 (1)
18/07/11 20:33:52 INFO namenode.FSNamesystem: dfs.namenode.safemode.min.datanodes = 0
18/07/11 20:33:52 INFO namenode.FSNamesystem: dfs.namenode.safemode.extension     = 30000
18/07/11 20:33:52 INFO metrics.TopMetrics: NNTop conf: dfs.namenode.top.window.num.buckets = 10
18/07/11 20:33:52 INFO metrics.TopMetrics: NNTop conf: dfs.namenode.top.num.users = 10
18/07/11 20:33:52 INFO metrics.TopMetrics: NNTop conf: dfs.namenode.top.windows.minutes = 1,5,25
18/07/11 20:33:52 INFO namenode.FSNamesystem: Retry cache on namenode is enabled
18/07/11 20:33:52 INFO namenode.FSNamesystem: Retry cache will use 0.03 of total heap and retry cache entry expiry time is 600000 millis
18/07/11 20:33:52 INFO util.GSet: Computing capacity for map NameNodeRetryCache
18/07/11 20:33:52 INFO util.GSet: VM type       = 64-bit
18/07/11 20:33:52 INFO util.GSet: 0.029999999329447746% max memory 966.7 MB = 297.0 KB
18/07/11 20:33:52 INFO util.GSet: capacity      = 2^15 = 32768 entries
18/07/11 20:33:55 INFO namenode.FSImage: Allocated new BlockPoolId: BP-1518678404-192.168.8.101-1531312435109
18/07/11 20:33:55 INFO common.Storage: Storage directory /opt/software/hadoop-2.7.3/hdpData/dfs/name has been successfully formatted.
18/07/11 20:33:55 INFO namenode.FSImageFormatProtobuf: Saving image file /opt/software/hadoop-2.7.3/hdpData/dfs/name/current/fsimage.ckpt_0000
000000000000000 using no compression
18/07/11 20:33:55 INFO namenode.FSImageFormatProtobuf: Image file /opt/software/hadoop-2.7.3/hdpData/dfs/name/current/fsimage.ckpt_00000000000
00000000 of size 351 bytes saved in 0 seconds.
18/07/11 20:33:55 INFO namenode.NNStorageRetentionManager: Going to retain 1 images with txid >= 0
18/07/11 20:33:56 INFO util.ExitUtil: Exiting with status 0
18/07/11 20:33:56 INFO namenode.NameNode: SHUTDOWN_MSG:
/************************************************************
SHUTDOWN_MSG: Shutting down NameNode at hdp01/192.168.8.101
************************************************************/
[root@hdp01 hdpData]#
[root@hdp01 hdpData]#
[root@hdp01 hdpData]#
[root@hdp01 hdpData]# ll
total 0
drwxr-xr-x. 3 root root 18 Jul 11 20:33 dfs
[root@hdp01 hdpData]#
[root@hdp01 hdpData]#
[root@hdp01 hdpData]# scp -r dfs/ hdp02:/opt/software/hadoop-2.7.3/hdpData/
VERSION                                            100%  205     0.2KB/s   00:00
seen_txid                                          100%    2     0.0KB/s   00:00
fsimage_0000000000000000000.md5                    100%   62     0.1KB/s   00:00
fsimage_0000000000000000000                        100%  351     0.3KB/s   00:00
[root@hdp01 hdpData]#
[root@hdp01 hdpData]#
[root@hdp01 hdpData]#
[root@hdp01 hdpData]#
```

图 10-18　复制文件

5. 格式化 ZKFC

如图 10-19 所示，在 hdp01 执行格式化命令 hdfs zkfc -formatZK。

```
192.168.8.101 × | 192.168.8.102 | 192.168.8.103 | 192.168.8.101 (1)
drwxr-xr-x. 3 root root 18 Jul 11 20:33 dfs
[root@hdp01 hdpData]#
[root@hdp01 hdpData]#
[root@hdp01 hdpData]# scp -r dfs/ hdp02:/opt/software/hadoop-2.7.3/hdpData/
VERSION                                                   100%  205     0.2KB/s   00:00
seen_txid                                                 100%    2     0.0KB/s   00:00
fsimage_0000000000000000000.md5                           100%   62     0.1KB/s   00:00
fsimage_0000000000000000000                               100%  351     0.3KB/s   00:00
[root@hdp01 hdpData]#
[root@hdp01 hdpData]#
[root@hdp01 hdpData]#
[root@hdp01 hdpData]# hdfs zkfc -formatZK
18/07/11 20:35:44 INFO tools.DFSZKFailoverController: Failover controller configured for NameNode NameNode at hdp01/192.168.8.101:9000
18/07/11 20:35:44 INFO zookeeper.ZooKeeper: Client environment:zookeeper.version=3.4.6-1569965, built on 02/20/2014 09:09 GMT
18/07/11 20:35:44 INFO zookeeper.ZooKeeper: Client environment:host.name=hdp01
18/07/11 20:35:44 INFO zookeeper.ZooKeeper: Client environment:java.version=1.8.0_162
18/07/11 20:35:44 INFO zookeeper.ZooKeeper: Client environment:java.vendor=Oracle Corporation
18/07/11 20:35:44 INFO zookeeper.ZooKeeper: Client environment:java.home=/opt/software/jdk1.8.0_162/jre
18/07/11 20:35:44 INFO zookeeper.ZooKeeper: Client environment:java.class.path=/opt/software/hadoop-2.7.3/etc/hadoop:/opt/software/hadoop-2.7.
3/share/hadoop/common/lib/jaxb-impl-2.2.3-1.jar:/opt/software/hadoop-2.7.3/share/hadoop/common/lib/jaxb-api-2.2.2.jar:/opt/software/hadoop-2.7
.3/share/hadoop/common/lib/stax-api-1.0-2.jar:/opt/software/hadoop-2.7.3/share/hadoop/common/lib/activation-1.1.jar:/opt/software/hadoop-2.7.3
/share/hadoop/common/lib/jackson-core-asl-1.9.13.jar:/opt/software/hadoop-2.7.3/share/hadoop/common/lib/jackson-mapper-asl-1.9.13.jar:/opt/sof
tware/hadoop-2.7.3/share/hadoop/common/lib/jackson-jaxrs-1.9.13.jar:/opt/software/hadoop-2.7.3/share/hadoop/common/lib/jackson-xc-1.9.13.jar:/
opt/software/hadoop-2.7.3/share/hadoop/common/lib/jersey-server-1.9.jar:/opt/software/hadoop-2.7.3/share/hadoop/common/lib/asm-3.2.jar:/opt/so
ftware/hadoop-2.7.3/share/hadoop/common/lib/log4j-1.2.17.jar:/opt/software/hadoop-2.7.3/share/hadoop/common/lib/jets3t-0.9.0.jar:/opt/software
/hadoop-2.7.3/share/hadoop/common/lib/httpclient-4.2.5.jar:/opt/software/hadoop-2.7.3/share/hadoop/common/lib/httpcore-4.2.5.jar:/opt/software
/hadoop-2.7.3/share/hadoop/common/lib/java-xmlbuilder-0.4.jar:/opt/software/hadoop-2.7.3/share/hadoop/common/lib/commons-lang-2.6.jar:/opt/sof
tware/hadoop-2.7.3/share/hadoop/common/lib/commons-configuration-1.6.jar:/opt/software/hadoop-2.7.3/share/hadoop/common/lib/commons-digester-1
.8.jar:/opt/software/hadoop-2.7.3/share/hadoop/common/lib/commons-beanutils-1.7.0.jar:/opt/software/hadoop-2.7.3/share/hadoop/common/lib/commo
ns-beanutils-core-1.8.0.jar:/opt/software/hadoop-2.7.3/share/hadoop/common/lib/slf4j-api-1.7.10.jar:/opt/software/hadoop-2.7.3/share/hadoop/co
mmon/lib/slf4j-log4j12-1.7.10.jar:/opt/software/hadoop-2.7.3/share/hadoop/common/lib/avro-1.7.4.jar:/opt/software/hadoop-2.7.3/share/hadoop/co
mmon/lib/paranamer-2.3.jar:/opt/software/hadoop-2.7.3/share/hadoop/common/lib/snappy-java-1.0.4.1.jar:/opt/software/hadoop-2.7.3/share/hadoop/
common/lib/commons-compress-1.4.1.jar:/opt/software/hadoop-2.7.3/share/hadoop/common/lib/xz-1.0.jar:/opt/software/hadoop-2.7.3/share/hadoop/co
mmon/lib/protobuf-java-2.5.0.jar:/opt/software/hadoop-2.7.3/share/hadoop/common/lib/gson-2.2.4.jar:/opt/software/hadoop-2.7.3/share/hadoop/com
mon/lib/hadoop-auth-2.7.3.jar:/opt/software/hadoop-2.7.3/share/hadoop/common/lib/apacheds-kerberos-codec-2.0.0-M15.jar:/opt/software/hadoop-2.
7.3/share/hadoop/common/lib/apacheds-i18n-2.0.0-M15.jar:/opt/software/hadoop-2.7.3/share/hadoop/common/lib/api-asn1-api-1.0.0-M20.jar:/opt/sof
tware/hadoop-2.7.3/share/hadoop/common/lib/api-util-1.0.0-M20.jar:/opt/software/hadoop-2.7.3/share/hadoop/common/lib/zookeeper-3.4.6.jar:/opt/
software/hadoop-2.7.3/share/hadoop/common/lib/netty-3.6.2.Final.jar:/opt/software/hadoop-2.7.3/share/hadoop/common/lib/curator-framework-2.7.1
.jar:/opt/software/hadoop-2.7.3/share/hadoop/common/lib/curator-client-2.7.1.jar:/opt/software/hadoop-2.7.3/share/hadoop/common/lib/jsch-0.1.4
```

图 10-19　格式化 ZKFC

6. 启动 HDFS

如图 10-20 所示，在 hdp01 执行启动命令 start-dfs. sh。

```
[root@hdp01 hdpData]# start-dfs.sh
Starting namenodes on [hdp01 hdp02]
hdp02: starting namenode, logging to /opt/software/hadoop-2.7.3/logs/hadoop-root-namenode-hdp02.out
hdp01: starting namenode, logging to /opt/software/hadoop-2.7.3/logs/hadoop-root-namenode-hdp01.out
hdp03: starting datanode, logging to /opt/software/hadoop-2.7.3/logs/hadoop-root-datanode-hdp03.out
hdp01: starting datanode, logging to /opt/software/hadoop-2.7.3/logs/hadoop-root-datanode-hdp01.out
hdp02: starting datanode, logging to /opt/software/hadoop-2.7.3/logs/hadoop-root-datanode-hdp02.out
Starting journal nodes [hdp01 hdp02 hdp03]
hdp02: journalnode running as process 2227. Stop it first.
hdp01: journalnode running as process 9664. Stop it first.
hdp03: journalnode running as process 2189. Stop it first.
Starting ZK Failover Controllers on NN hosts [hdp01 hdp02]
hdp02: starting zkfc, logging to /opt/software/hadoop-2.7.3/logs/hadoop-root-zkfc-hdp02.out
hdp01: starting zkfc, logging to /opt/software/hadoop-2.7.3/logs/hadoop-root-zkfc-hdp01.out
[root@hdp01 hdpData]#
```

图 10-20　启动 HDFS

7. 启动 YARN

如图 10-21 所示，在 hdp01 执行启动命令 start-yarn. sh。

```
[root@hdp01 hdpData]# start-yarn.sh
starting yarn daemons
starting resourcemanager, logging to /opt/software/hadoop-2.7.3/logs/yarn-root-resourcemanager-hdp01.out
hdp02: starting nodemanager, logging to /opt/software/hadoop-2.7.3/logs/yarn-root-nodemanager-hdp02.out
hdp03: starting nodemanager, logging to /opt/software/hadoop-2.7.3/logs/yarn-root-nodemanager-hdp03.out
hdp01: starting nodemanager, logging to /opt/software/hadoop-2.7.3/logs/yarn-root-nodemanager-hdp01.out
[root@hdp01 hdpData]#
```

图 10-21　启动 YARN

注意：需要在 hdp02 节点单独启动 ResourceManager，如图 10-22 所示。

```
[root@hdp02 hdpData]# yarn-daemon.sh start resourcemanager
starting resourcemanager, logging to /opt/software/hadoop-2.7.3/logs/yarn-root-resourcemanager-hdp02.out
[root@hdp02 hdpData]#
```

图 10-22　启动 ResourceManager

8. jps 查看进程

分别在 3 个节点查看启动的进程，如图 10-23 所示，与集群规划中每个节点分配的进程比较，验证集群安装是否成功。

```
[root@hdp01 hdpData]# jps
10241 NameNode
9957 JournalNode
9879 QuorumPeerMain
10343 DataNode
10647 DFSZKFailoverController
10855 NodeManager
10760 ResourceManager
10891 Jps
[root@hdp01 hdpData]#
```

```
[root@hdp02 current]# jps
2289 NameNode
2497 DFSZKFailoverController
2357 DataNode
2103 QuorumPeerMain
2569 NodeManager
2764 ResourceManager
2796 Jps
2189 JournalNode
[root@hdp02 current]#
```

```
[root@hdp03 journaldata]# jps
2482 Jps
2260 DataNode
2105 QuorumPeerMain
2381 NodeManager
2174 JournalNode
```

图 10-23　查看启动进程

10.3.5　测试

首先，在 hdp01 上传一个测试文件到 HDFS，上传文件的命令是“hadoop fs-put/root/hdfsAPI. txt /”，具体操作如图 10-24 所示。

```
[root@hdp01 dfs]# cd /root/
[root@hdp01 ~]# ll
total 64
-rw-------. 1 root root  1525 Jul 11 19:09 anaconda-ks.cfg
-rw-r--r--. 1 root root 16957 Mar 29 15:10 hdfsAPI.txt
drwxr-xr-x. 3 root root    25 Jul 11 20:06 hdpdata
-rw-r--r--. 1 root root 38320 Jul 11 20:37 zookeeper.out
[root@hdp01 ~]#
[root@hdp01 ~]#
[root@hdp01 ~]# hadoop fs -put /root/
anaconda-ks.cfg    .bash_logout       .bashrc            hdfsAPI.txt        .oracle_jre_usage/ .tcshrc
.bash_history      .bash_profile      .cshrc             hdpdata/           .ssh/              zookeeper.out
[root@hdp01 ~]# hadoop fs -put /root/
anaconda-ks.cfg    .bash_logout       .bashrc            hdfsAPI.txt        .oracle_jre_usage/ .tcshrc
.bash_history      .bash_profile      .cshrc             hdpdata/           .ssh/              zookeeper.out
[root@hdp01 ~]# hadoop fs -put /root/hdfsAPI.txt /
[root@hdp01 ~]#
```

图 10-24　上传测试文件

然后，在 hdp01 节点的 Hadoop Web 监控页面查看上传的测试文件以及 NameNode 状态，如图 10-25 所示；接着，关闭状态为 Active 的 NameNode，具体操作如图 10-26 所示。

图 10-25　hdp01 节点上的测试文件

```
[root@hdp01 ~]# kill -9 9909
[root@hdp01 ~]#
[root@hdp01 ~]#
[root@hdp01 ~]# jps
9664 JournalNode
10513 NodeManager
10913 Jps
10002 DataNode
10418 ResourceManager
9578 QuorumPeerMain
10315 DFSZKFailoverController
[root@hdp01 ~]#
```

图 10-26　关闭 hdp01 上的 NameNode 进程

随后，马上在 hdp02 节点的 Hadoop Web 监控页面上查看上传的测试文件以及 NameNode 状态，如图 10-27 所示，如果 NameNode 状态由 Standby 变为 Active，并且也能查看到上传的测试文件，则表明集群安装没有问题，可以继续测试。

图 10-27　查看 hdp02 节点上 NameNode 状态

接着继续测试，再次启动在 hdp01 节点刚刚被关闭的 NameNode，如图 10-28 所示。

在 hdp01 节点的 Hadoop Web 监控页面查看 NameNode 状态变为 Standby，如图 10-29 所示。所有测试完成，Hadoop 高可用集群安装成功。

```
[root@hdp01 ~]# hadoop-daemon.sh start namenode
starting namenode, logging to /opt/software/hadoop-2.7.3/logs/hadoop-root-namenode-hdp01.out
[root@hdp01 ~]#
[root@hdp01 ~]#
[root@hdp01 ~]#
[root@hdp01 ~]# jps
9664 JournalNode
10992 Jps
10513 NodeManager
10002 DataNode
10418 ResourceManager
10949 NameNode
9578 Quorum eerMain
10315 DFSZKFailoverController
```

图 10-28　启动 hdp01 节点的 NameNode

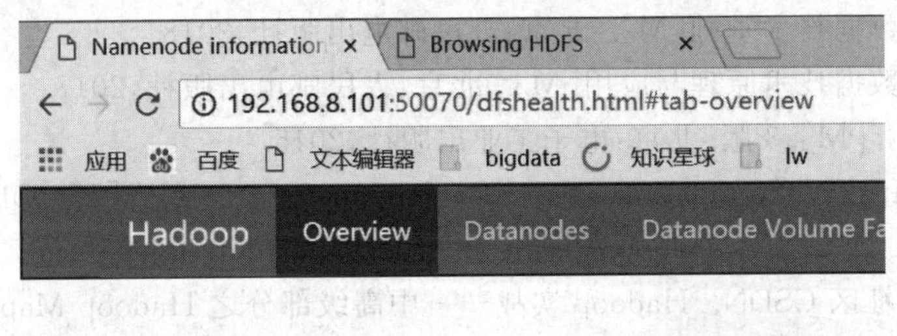

图 10-29　查看 hdp01 节点上 NameNode 状态

本章小结

因为 Hadoop 实际的工作环境是高可用和高可扩展的集群环境，所以，本章主要介绍了 Hadoop 高可用集群的工作原理，HDFS 高可用集群的工作机制，集群规划，集群搭建前的准备工作。接下来，详细介绍了如何安装 ZooKeeper 集群、Hadoop 集群以及如何启动和测试集群。大家学习本章时，需要亲自动手操作，按照书中的内容一步一步地在自己的主机上安装部署 Hadoop 高可用集群。

习　题　十

1. 简述 HDFS 高可用集群的工作机制。
2. 如果高可用集群选择在 3 台节点上安装，简述应该如何进行规划。
3. 请按照本章的 Hadoop 高可用集群安装过程，自己动手安装 Hadoop 集群。

参考文献

[1] 中科开普. 大数据技术基础[M]. 北京:清华大学出版社,2016.

[2] 刘鹏. 大数据[M]. 北京:电子工业出版社,2017.

[3] 薛志东. 大数据技术基础[M]. 北京:人民邮电出版社,2018.

[4] 林子雨. 大数据技术原理与应用[M]. 北京:人民邮电出版社,2017.

[5] 刘鹏. 云计算[M]. 3 版. 北京:电子工业出版社,2015.

[6] Apache Software Foundation. Apache Hadoop 2.9.2 文档[EB/OL]. (2018-11-13)[2019-02-21]. http://hadoop.apache.org/docs/current/index.html.

[7] 中国开发者社区 CSDN. Hadoop 实战——中高级部分之 Hadoop MapReduce 高级编程[EB/OL]. (2012-09-09)[2019-02-25]. https://blog.csdn.net/iteye_9286/article/details/82407885.

[8] NTCE 教师资格证. 大数据＋人工智能时代的十三大具体应用场景[EB/OL]. (2018-06-01)[2019-02-26]. http://baijiahao.baidu.com/s?id＝1602056626019387715&wfr＝spider&for＝pc.

[9] 中国开发者社区 CSDN. 几个有关 Hadoop 生态系统的架构图[EB/OL]. (2016-09-13)[2019-02-28]. https://blog.csdn.net/babyfish13/article/details/52527665.

[10] 中国开发者社区 CSDN. Hadoop2.0 体系结构[EB/OL]. (2015-01-04)[2019-03-04]. https://blog.csdn.net/woshisap/article/details/42399233.

[11] 中国开发者社区 CSDN. CentOS7 常用命令大全[EB/OL]. (2018-02-25)[2019-03-06]. https://blog.csdn.net/qq_40087415/article/details/79367151.

[12] 中国开发者社区 CSDN. API 实现 HDFS 的读写数据流 JAVA 代码及流程详解[EB/OL]. (2017-09-05)[2019-03-08]. https://blog.csdn.net/leen0304/article/details/77852178.

[13] 简书. HDFS(4)——数据流之读取[EB/OL]. (2017-09-15)[2019-03-11]. https://www.jianshu.com/p/c99863a02d6e.

[14] 简书. HDFS(5)——数据流之写入[EB/OL]. (2017-09-17)[2019-03-14]. https://www.jianshu.com/p/852c4448e272.

[15] 博客园. HDFS 笔记(一):Hadoop 的 RPC 机制[EB/OL]. (2014-09-22)[2019-03-16]. https://www.cnblogs.com/DianaCody/p/5425663.html.

[16] 简书. MapReduce 工作流程最详细解释[EB/OL]. (2018-10-18)[2019-03-18]. https://www.jianshu.com/p/461f86936972.

[17] 简书. MapReduce:详解 Shuffle 过程[EB/OL]. (2018-01-16)[2019-03-21]. https://www.jianshu.com/p/1dd3d0391ebe.

[18] 简书. YARN(一)产生原因及概述[EB/OL]. (2018-10-30)[2019-03-25]. https://

www.jianshu.com/p/7ed127d9a3ef.

[19] 新浪博客. YARN 上 MapReduce 作业运行机制(MRv2)[EB/OL]. (2017-10-20)[2019-03-27]. http://blog.sina.com.cn/s/blog_62970c250102xfn7.html.

[20] 中国开发者社区 CSDN. YARN 调度器 Scheduler 详解[EB/OL]. (2015-10-30)[2019-03-29]. https://blog.csdn.net/suifeng3051/article/details/49508261.

[21] 中国开发者社区 CSDN. MapReduce 常用三大组件[EB/OL]. (2018-11-13)[2019-03-31]. https://blog.csdn.net/qq_1018944104/article/details/84035298#4.MapReduce%E4%B8%AD%E7%9A%84Sort.

[22] 中国开发者社区 CSDN. Hadoop 的计数器[EB/OL]. (2018-08-18)[2019-04-03]. https://blog.csdn.net/shenchaohao12321/article/details/81809633.

[23] 博客园. Hadoop 学习笔记——11. MapReduce 中的排序和分组[EB/OL]. (2015-02-25)[2019-04-11]. https://www.cnblogs.com/edisonchou/p/4299085.html.

[24] 中国开发者社区 CSDN. MapReduce:实现 Join 的几种方法[EB/OL]. (2018-07-28)[2019-04-15]. https://blog.csdn.net/sofuzi/article/details/81265402.

[25] OSCHINA 社区. 使用 MapReduce 实现 Join 操作[EB/OL]. (2016-12-29)[2019-04-21]. https://my.oschina.net/xiaoluobutou/blog/814485.

[26] 中国开发者社区 CSDN. MapReduce 功能实现六——最大值(Max)、求和(Sum)、平均值(Avg)[EB/OL]. (2017-07-27)[2019-04-25]. https://blog.csdn.net/m0_37739193/article/details/76169108.

[27] 博客园. Hadoop 阅读笔记(二)利用 MapReduce 求平均数和去重[EB/OL]. (2014-12-25)[2019-05-06]. http://www.cnblogs.com/bigdataZJ/p/hadoopreading2.html.

[28] 简书. MapReduce 案例之倒排索引[EB/OL]. (2018-09-15)[2019-05-12]. https://www.jianshu.com/p/c12ca6b1d94c.

[29] 中国开发者社区 CSDN. MapReduce 求平均值[EB/OL]. (2018-07-19)[2019-05-15]. https://blog.csdn.net/weixin_42685589/article/details/81110855.

[30] W3cschool-随时随地学编程. ZooKeeper API[EB/OL]. (2016-12-27)[2019-05-21]. https://www.w3cschool.cn/zookeeper/zookeeper_api.html.